全国普通高校电子信息与电气学科基础规划教材

半导体物理基础教程

郭子政 编著

U0252835

清华大学出版社
北京

内容简介

本书全面介绍半导体物理学的基本理论，以物理科学、材料科学与工程、电子技术的眼光全面审视半导体物理的发展过程和进展情况。

本书内容包括半导体的晶体结构、常见半导体的能带结构、半导体中杂质和缺陷效应、载流子的统计计算方法、半导体导电特性、光电导效应、光伏效应、金属-半导体的接触特性、半导体同质PN结、半导体异质结构、MOS结构的特性及应用、半导体发光特性、半导体量子限域效应、半导体磁效应、半导体隧穿效应等，以及建立在此基础之上的各种半导体器件的原理和应用问题。

本书可作为高等院校电子信息类本科专业的半导体物理课程教材，也可供相关科技人员参考。

图书在版编目(CIP)数据

半导体物理基础教程/郭子政编著. —北京：清华大学出版社，2017（2023.8重印）
（全国普通高校电子信息与电气学科基础规划教材）
ISBN 978-7-302-45904-0

Ⅰ. ①半… Ⅱ. ①郭… Ⅲ. ①半导体物理－高等学校－教材 Ⅳ. ①O47

中国版本图书馆CIP数据核字(2016)第302436号

责任编辑：曾　珊
封面设计：傅瑞学
责任校对：焦丽丽
责任印制：杨　艳

出版发行：清华大学出版社
网　　址：http://www.tup.com.cn，http://www.wqbook.com
地　　址：北京清华大学学研大厦A座　　**邮　　编**：100084
社 总 机：010-83470000　　**邮　　购**：010-62786544
投稿与读者服务：010-62776969，c-service@tup.tsinghua.edu.cn
质量反馈：010-62772015，zhiliang@tup.tsinghua.edu.cn
课件下载：http://www.tup.com.cn，010-83470236
印 装 者：三河市春园印刷有限公司
经　　销：全国新华书店
开　　本：185mm×260mm　　**印　　张**：10.25　　**字　　数**：251千字
版　　次：2017年2月第1版　　**印　　次**：2023年8月第8次印刷
定　　价：29.00元

产品编号：070728-01

前言

20 世纪是发明的世纪。半导体科学和技术在这个发明的世纪中无疑是主角。关于这一点可以从诺贝尔奖的历史中窥见一斑。

1909 年，布劳恩(Carl Braun)因为无线电报的发明而与马可尼一道获得了诺贝尔奖，布劳恩的贡献包括半导体整流效应的发现，这对于信号检测非常重要。

1956 年，Bell 实验室的肖克莱(W. B. Shockley)、巴丁(J. Bardeen)和布拉顿(W. H. Brattain)因为发明半导体晶体管(1948 年)获得诺贝尔物理学奖。

肖克莱后来被称作"硅谷之父"，他在 1958—1960 年任肖克莱晶体管公司经理，管理着硅谷的第一家半导体企业。他手下曾出现过诺伊斯、摩尔这样的 IT 精英人物，他们曾创办仙童公司和英特尔公司。而巴丁是历史上唯一一个两次获得诺贝尔物理学奖的人，他将低温超导的 BCS 理论这样的财富留给了后人。

1973 年，IBM 公司的江崎玲玉奈(L. Easki)因为发现半导体量子隧道效应获得诺贝尔物理学奖。

1978 年，当时还在 Bell 实验室，后来在普林斯顿大学的安德森(P. W. Anderson)和英国剑桥大学卡文迪许教授和物理系主任的莫特(N. F. Mott)因为发现金属和半导体中的无序效应及量子输运获得诺贝尔物理学奖。

1985 年，德国马普固体物理研究所所长克林青(K. von Klitzing)因为发现半导体二维结构中的整数量子霍尔效应获得诺贝尔物理学奖。

1998 年，当时还在 Bell 实验室，后来分别在哥伦比亚大学、普林斯顿大学和斯坦福大学的斯托默(H. L. Störmer)、崔琦(D. C. Tsui)、劳克林(R. B. Laughlin)因为发现半导体二维结构中的分数量子霍尔效应获得诺贝尔物理学奖。

2000 年，苏联科学院物理问题研究所阿尔弗雷夫(Z. I. Alferov)、美国加州大学克罗默(H. Kroemer)和德州仪器公司的基尔比(J. S. Kilby)共同获得诺贝尔物理学奖。前两位因为发明了半导体异质结构，从而奠定了半导体微电子和光电子技术基础而获奖，而基尔比则是因为于 1958 年发明硅集成电路，即成功地实现了把电子器件集成在一块半导体材料上的构想。

2009 年，高锟因为光纤而获奖，Bell 实验室的博伊尔(Willard S. Boyle)和史密斯(George E. Smith)因发明电荷耦合器件(CCD)图像传感器而获奖。

2010 年，诺贝尔物理学奖授予英国曼彻斯特大学科学家安德烈·海姆(Andre Geim)和康斯坦丁·诺沃肖洛夫(Konstantin Novoselov)，以表彰他们在石墨烯材料方面的卓越研究。

2014 年，诺贝尔物理奖授予发明有效蓝色发光二极管(Light-emitting diode，LED)的赤崎勇(Isamu Akasaki)、天野浩(Hiroshi Amano)和中村修二(Shuji Nakamura)。赤崎勇于 1929 年出生在日本知览町(Chiran，Japan)，1964 年于日本名古屋大学获得博士学位。现为日本名城大学教授、日本名古屋大学特聘教授。天野浩于 1960 年出生于日本滨松，

1989年于日本名古屋大学获得博士学位，现为日本名古屋大学教授。中村修二，美国国籍，1954年出生于日本伊方町(Ikata, Japan)。1994年于日本德岛大学获得博士学位。现为美国加州大学圣巴巴拉分校教授。

从上述诺贝尔物理奖获奖情况可以看出：半导体物理的研究不但可以揭示崭新的物理现象，而且为人类社会特别是信息社会的发展奠定了几乎全部的基础和支柱(从信息的接受、处理、发射到传输，无一不是基于半导体器件)。

人类使用材料的历史就是人类的进步史。到目前为止，人类历史经历了石器时代-铜器时代-铁器时代-硅器时代。硅器时代即半导体时代，我们现在处于半导体时代。可以预期的是，今后很长一段时间内，仍将处于半导体时代。

为什么历史选择了半导体？半导体材料为何能够担此重任？主要是因为其特性。实际上，半导体确实具有一些重要特性，主要包括：(1)温度升高使半导体导电能力增强，电阻率下降。例如，室温附近的纯硅(Si)，温度每增加8℃，电阻率ρ相应地降低50%左右；(2)微量杂质含量可以显著改变半导体的导电能力，以纯硅中每100万个硅原子掺进一个Ⅴ族杂质(比如磷)为例，这时硅的纯度仍高达99.9999%，但电阻率ρ在室温下却由大约214 000Ωcm降至0.2Ωcm以下；(3)适当波长的光照可以改变半导体的导电能力，例如在绝缘衬底上制备的硫化镉(CdS)薄膜，无光照时的暗电阻为几十兆欧，当受光照后电阻值可以下降为几十千欧。此外，半导体的导电能力还随电场、磁场等的作用而改变。

概括起来，半导体的性质容易受到温度、光照、磁场、电场和微量杂质含量等因素的影响而发生改变，而正是半导体的这些特性使其获得了广泛的应用。除此之外，半导体在与半导体以及与其他材料接触而形成界面(结)时，也会表现出与众不同的效应来，这些效应成为各种半导体器件的基础。

为什么半导体会有这些出众的表现？材料的性能主要决定于什么？实际上，关于这个问题的困惑久已有之。例如，在化学元素周期表上，铜和金在一族，但它们的性质有天壤之别。铜很容易生锈，而金则可以永葆青春。由不同元素组成的材料，它们的差别究竟是如何造成的呢？即使是同一种材料，当尺度减小时性质也会剧变，例如纳米级别的金会失去其富贵之色而呈现黑色。这其中的缘由又是怎样的呢？

对这些问题的回答不是简单几句话就可以完成的。一般而言，材料的性质决定于材料的结构，性质是结构的外在反映，对材料的使用性能有决定性影响，而使用性能又与材料的使用环境密切相关。材料的结构取决于其组成、形成条件(包括制备工艺及加工过程)等因素。

材料结构包括三个层次：第一个层次是原子的空间排列，第二个层次是原子及电子结构，第三个层次是组织结构或相结构。如果材料中的原子排列非常规则且具有严格的周期性，就形成晶态结构；反之则为非晶态结构。不同的结晶状态具有不同的性能，如玻璃态的聚乙烯是透明的，而结晶聚乙烯是半透明的。原子中电子的排列在很大程度上决定了原子间的结合方式，决定了材料类型(金属、非金属、聚合物等)，决定了材料的热学、力学、光学、电学、磁学等性质。晶粒之间的原子排列变化改变了它们之间的取向，从而影响材料的性能。其中晶粒的大小和形状起关键作用。另外，大多数材料属于多相材料，其中每一相都有自己独特的原子排列和性能，因而控制材料结构中相的种类、大小、分布和数量就成为控制性能的有效方法。

作为材料结构第一个层次，本书将首先介绍半导体的晶体结构。在此基础之上讨论半导体中的电子状态与能带结构(材料结构第二个层次)。为什么材料会有导体、半导体、绝缘体之分呢？或者换句话说，什么样的材料可能是导体、半导体或绝缘体呢？固体能带理论很好地回答了这个问题。能带理论告诉我们，导体、半导体或绝缘体的差别在于它们的能带结构，材料导电的条件是存在部分填充的能带和小的禁带。这一点会在第2章详述。

如前所述，半导体对掺杂十分敏感，其原因还需要从量子力学能带理论来理解，本书第3章介绍了杂质半导体及其杂质能级。半导体工艺就是控制掺杂的工艺。从而控制电流，即控制载流子的流动。在本书的第4、5章介绍电流的计算方法。首先在第4章介绍载流子浓度的计算方法，在第5章则具体讨论半导体中漂移电流、扩散电流等各种电流的计算和影响因素。其中温度对迁移率和电子浓度等的影响非常巨大，正如前文所述，这是半导体的一个重要性质。第6章介绍光照对半导体的影响。讨论了非平衡载流子的产生与复合。

半导体pn结结构、半导体-金属结构、MOS结构、半导体异质结构是搭建半导体器件的4种基本结构。本书将在第7～10章分别介绍。

目前，硅(Si)和砷化镓(GaAs)是半导体器件和集成电路生产中使用最多的半导体材料。本书的讨论也主要以这两种半导体材料为主。

半导体科学与技术经过半个多世纪的发展，仍然充满活力。2014年蓝光LED获得诺贝尔奖就是实例。关于LED以及白光照明等现状及原理肯定是读者所关心的。这部分内容将在第11章介绍。半导体另一个活跃的领域是所谓低维系统。量子限域效应带来的新效应正逐渐获得应用。关于半导体低维结构将在第12章简介。另一方面，从前面关于诺贝尔物理学奖的介绍似乎还可以总结出一个结论，那就是：诺贝尔物理学奖越来越接近“电子奖”。应用问题始终是物理发现的原动力，这一点对后摩尔时代的人们也是如此。目前，传统电子学理论面临发展的瓶颈，发展新型器件是解决问题的关键。自旋电子器件是近年研究的热点之一。另一种新型器件是隧穿场效应管。关于这方面的内容将在第13、14章做简要介绍。

作者30年前毕业于半导体专业，与半导体物理渊源深厚。30年前的半导体物理教学与今天的半导体教学应该有什么样的差别？首先是课时减少了，目前，很多学校进行了教学改革，减少课时量，提倡学生自主学习。另外，学生对象和学习目的不同了。随着学分制改革的不断深入，要求课程适应性更强，对象更广。当然，还有学生兴趣的差别，学生对实践应用内容的要求。所有这些，都对应了教学上的改革，首先应从教材入手。目前，相比于慕课、视频公开课等方面，高校教材改革相对滞后。尽管目前已经出版了不少新教材，但主要是为了满足新专业的需求。传统领域(如半导体物理)的教材改革步伐不大，除强调内容的更新、概念的准确、体系的严密之外，乏善可陈。实际上，教材改革还有一个经常被人忽略的方面，就是教材的科普化。这也是本书编写的初衷之一。

教材的科普化就是尽量从科普的角度、用科普的语言对相关内容进行介绍，力求通俗易懂。这对于教材写作还是有一定难度的，所以本书的科普还只限于部分内容。例如第1、2章，本书的科普重点侧重于以下内容。材料的性质究竟是由什么决定的？是晶体结构还是电子结构？第3章讲述杂质和缺陷的作用：从青铜到铸铁，都是杂质掺杂的结果，半导体工艺就是控制掺杂的工艺。半导体器件多是电流控制型器件，如何计算电流是一个关键问题。实际上，电流就是载流子的运动，载流子浓度的计算其实就是加权平均。这一点成为第4章的科普重点。1833年，英国科学家法拉第(Michal Faraday)发现了半导体的温度效应，即本征半导体电阻率随温度下降，半导体理论如何解释这一古老的发现成为第5章的科普重点。第6章是关于非平衡载流子的理论，并以光导材料为例进行说明。实际上史密斯(W. Smith)于1873年发现的硒的性质是现代激光打印机和复印机的基础。第7章介绍pn结，我们科普的重点是广义欧姆定理。利用广义欧姆定理可以很好地解释平衡时能带平直的现象。第8章的内容是金属和半导体的接触现象，科普重点有两个，首先1874年德国的布劳恩(K. F. Braun)发现硫化物的电导率与所加电压的方向有关的现象就是肖特基结的整流特性；另外，费米能级是表征掺杂水平的，如果费米能级发生钉扎(不随掺杂改变)会发生什么效应。第9章介绍MOS结构和利用浮栅场效应管的闪存的基本原理，我们看到MOS场效应管类似于水龙头。第10章在半导体异质结构理论中，我们指出钢筋水泥蕴含的材料生长原则对半导体同样适用，另外强调超晶格(人工晶格)和超晶体(人工晶体)是有区别的。第11章的科普重点包括光是如何产生的，另外，目前荧光灯正被白光LED取代、液晶显示正被OLED显示取代，这种变化是如何发生的。第12章半导体低维结构中特别指出电子运动受限是其能量量子化的根源。第13章介绍基于半导体的传统电子学的发展遇到了哪些瓶颈。第14章介绍隧道型量子器件。随着半导体工艺由微米发展到纳米，隧穿原理的应用已经日益广泛。在量子器件中有一类共振隧穿器件，这里的共振技术早有高端应用，例如微波炉等。

教材科普化是当前教学改革和形势发展的需要，本书的尝试还只是初步的，希望能得到广大读者的认可。

作　者

主要参数和符号表

k_0　玻尔兹曼常数 $k_0=1.381\times10^{-23}$J/K

k　波矢量

K　开尔文,热力学温度单位

ε_0　真空介电常数 $\varepsilon_0=8.85\times10^{-12}$F/m

ε　电场强度

T　温度,热能 k_0T,室温下 $k_0T=0.026$eV

h　普朗克常数 $h=6.625\times10^{-34}$J·s,约化普朗克常数 $\hbar=h/(2\pi)$

q　电子电荷量 $q=1.6\times10^{-19}$C

Q　总电荷量

V_t　电子热电压 $V_t=k_0T/q$,室温下 $V_t=0.026$V

m_0　自由电子质量 $m_0=9.1\times10^{-31}$kg

m_n^*　电子有效质量

m_p^*　空穴有效质量

E_c　导带底

E_v　价带顶

E_g　禁带宽度(能隙),$E_g=E_c-E_v$

E_D　施主能级

E_A　受主能级

ΔE_D　施主杂质电离能 $\Delta E_D=E_c-E_D$

ΔE_A　受主杂质电离能 $\Delta E_A=E_A-E_v$

μ　迁移率

μ_n　电子迁移率

μ_p　空穴迁移率

ρ　电阻率

σ　电导率,$\sigma=1/\rho$

$\rho_n(\sigma_n)$　电子电阻率(电导率)

$\rho_p(\sigma_p)$　空穴电阻率(电导率)

P　散射几率

Pi　电离杂质散射的散射几率

Ps　声学波散射几率

P_o　离子晶体中光学波对载流子的散射几率

τ　平均自由时间

τ_n　电子的平均自由时间

τ_p　空穴的平均自由时间

τ_i　电离杂质散射的平均自由时间

τ_s　声学波散射的平均自由时间

τ_o　离子晶体中光学波对载流子的散射的平均自由时间

$f(E)$　电子的费米分布函数

$1-f(E)$　空穴的费米分布函数

$f_B(E)$　电子的玻尔兹曼分布函数

$f_D(E)$　电子占据施主能级 E_D 的几率

$g(E)$　单位体积、单位能量间隔态密度

$g_C(E)$　导带底附近态密度

$g_V(E)$　价带顶附近态密度

τ　非平衡载流子寿命(非子寿命)

E_F　平衡费米能级

E_F^n　非平衡电子费米能级

E_F^p　非平衡空穴费米能级

E_i　本征费米能级

n_i　本征载流子浓度

n_0　平衡电子浓度

p_0　平衡态空穴浓度

Δn　非平衡电子浓度

Δp　非平衡空穴浓度

S　扩散流密度

S_n　电子的扩散流密度

S_p　空穴的扩散流密度

D_n　电子扩散系数

D_p　空穴扩散系数

L_n　电子扩散长度

$L_n=\sqrt{D_n\tau_n}$

L_p　空穴扩散长度

$L_p=\sqrt{D_p\tau_p}$

n_p　p型半导体电子浓度

n_n　n型半导体电子浓度
p_p　p型半导体空穴浓度
p_n　n型半导体空穴浓度
n_{p0}　平衡态p型半导体电子浓度
n_{n0}　平衡态n型半导体电子浓度
p_{p0}　平衡态p型半导体空穴浓度
p_{n0}　平衡态n型半导体空穴浓度
N_i　杂质浓度
N_D　施主浓度
N_A　受主浓度
n_D　未电离的施主杂质浓度
p_A　未电离的受主杂质浓度
n_D^+　离化施主浓度
p_A^-　离化受主浓度
$N_D = n_D + n_D^+$
$N_A = p_A + p_A^-$
N_c　导带有效状态密度
N_v　价带有效状态密度
W　功函数
E_0　真空能级
$W = E_0 - E_F$
χ　半导体亲和能，$\chi = E_0 - E_c$
$q\phi_{ns}$　金属-n型半导体接触的金属势垒高度
$q\phi_{ns} = E_c(\text{表面}) - E_F$
$q\phi_{ps}$　金属-p型半导体接触的金属势垒高度
$q\phi_{ps} = F_F - E_v(\text{表面})$
E_n　n型半导体中导带底与费米能级之差
$E_n = E_c(\text{体内}) - E_F(\text{体内})$
E_p　p型半导体中费米能级与价带顶之差
$E_p = E_F(\text{体内}) - E_c(\text{体内})$
qV_D　pn结自建势，$qV_D = E_F^n - E_F^p$
X_D　pn结空间电荷区宽度，$X_D = x_n + x_p$
x_n　pn结空间电荷区n区一边的宽度
x_p　pn结空间电荷区p区一边的宽度
C_T　势垒电容
C_D　扩散电容
qV_B　半导体中本征费米能级与费米能级之差，$qV_B = E_i - E_F$
V_s　空间电荷区两端的电势差(表面势)
l、w、d　长、宽、厚等长度变量

教学建议

1. 本书定位

本书不只面向电子技术专业的学生，本书面向的是学分制下对电子技术、微电子学感兴趣、并希望了解一些这个领域专业知识的所有年轻人。因此，教学中应尽量减少数学内容，特别是公式推导。另外，尽量理论联系实际，从应用出发。

2. 建议授课学时

32～48 学时。

3. 教学内容、重点和难点提示、课时分配

序号	教学内容	教学重点	教学难点	课时分配
绪论	半导体简史	与半导体有关的诺贝尔物理学奖		1学时
第1章	半导体晶体结构	晶体的特点和数学描述	宝石和晶体的关系	1学时
第2章	半导体的能带	能带的形成、有效质量、空穴	利用能带理论解释材料的导电性	3～4学时
第3章	杂质半导体和杂质能级	掺杂的重要性、施主杂质、受主杂质、杂质补偿	杂质补偿及应用	2学时
第4章	半导体中的平衡载流子	态密度和电子浓度的计算、费米能级、本征半导体和杂质半导体	态密度和简并度的区别、统计方法计算电子浓度的基本思想	2～3学时
第5章	半导体中载流子的输运现象	欧姆定律的微分形式、散射、迁移率、强电场效应、耿氏效应、负微分电导现象	双谷模型理论	2学时
第6章	非平衡载流子	平衡载流子和非平衡载流子、光导材料、准费米能级、漂移和扩散电流、爱因斯坦关系	光导材料应用、如何用平衡统计理论处理非平衡情况	2学时
第7章	pn结	pn结的性质、广义欧姆定律、隧道效应	隧穿发生的条件	4学时
第8章	金属-半导体接触	肖特基接触、欧姆接触、费米能级钉扎效应、肖特基整流二极管理论	费米能级钉扎效应、欧姆接触条件	2～4学时
第9章	MOS结构	MOS结构、耗尽、反型、二维电子气、MOS电容、MOSFET原理、半导体存储器、浮栅MOS管、鳍式晶体管	栅压如何控制MOS结构的耗尽和反型、浮栅场效应管作为存储单元的原理、鳍式晶体管的特点	3～4学时

续表

序号	教学内容	教学重点	教学难点	课时分配
第 10 章	半导体异质结构	异质结、量子阱和超晶格、半导体激光器、晶格匹配和热匹配	Lattice 和 crystal 的区别、光纤传输窗口	2～3 学时
第 11 章	半导体的电光和光电转换效应	LED 原理、白光 LED、OLED、光伏效应	pn 结光伏效应的光电转换机制	2～4 学时
第 12 章	半导体低维结构	量子阱、量子线、量子点、量子限域效应、态密度	低维体系态密度计算	2～3 学时
第 13 章	半导体磁效应	自旋、自旋电子学、半导体的磁效应、霍尔效应、量子霍尔效应、自旋霍尔效应	各种霍尔效应的区别	2～4 学时
第 14 章	隧穿型量子器件原理	共振隧穿二极管、隧穿场效应晶体管、WKB 近似、传输矩阵方法、隧穿电流计算、齐纳隧穿、Fowler-Nordheim 隧穿、Simmons 公式	隧穿电流的计算方法	2～3 学时

4. 网上资源利用

如果课时宽裕，教师可选取一些专家讲座或公开课视频在课堂上播放，以扩大学生的眼界。在今天“互联网＋”的时代，某门课程的师资水平已经不是很重要，我们的年轻人很幸运，他们可以跨越时间、跨越空间、跨越语言，聆听世界范围内大师的声音。

网上资源包括很多种，各个学校的精品课程、慕课、网上可下载的教学课件、可网上观看的教学视频、讲座等等。与本课程相关的视频有很多，例如：

(1)《材料科学是一门科学》，见科学网的科学大讲堂，链接为 http://video.sciencenet.cn/20150127/player/，主讲人为中国科学院物理所的曹则贤研究员。

(2)《半导体元件物理》，见好大学在线 2014 年慕课视频，链接为 http://www.cnmooc.org/portal/course/30/34.mooc，主讲人为台湾交通大学施敏教授。

(3)《藏在 LED 灯里的秘密》见半导体所科学传播中的科普视频，链接为 www.semi.ac.cn/kxcb/kpsp/201408/P020140818518167466788.mp4，主讲人为中国科学院半导体所陈雄武博士。

(4)《通信革命——LED 灯》，见半导体所科学传播中的科普视频，链接为 www.semi.ac.cn/kxcb/kpsp/201408/P020140818518173387475.mp4，主讲人为中国科学院半导体所段靖远博士。

(5)《诺贝尔物理学奖解读：蓝光“LED”照亮世界》，见物理所公开课，链接为 http://www.iop.cas.cn/xwzx/jcspjj/201410/t20141014_4223565.html，主讲人为物理所陈弘研究员。

目录

第1章 半导体晶体结构

阅读提示：什么决定了材料性质？晶体结构吗？

1.1 晶体与非晶体

固体可以分成两种：晶体(crystal)和非晶体(non-crystal)。晶体具有一定的外形、固定的熔点，更重要的是，组成晶体的原子(或离子)在至少是微米量级的较大范围内都是按一定的方式规则排列而成，称为长程有序。晶体又分为单晶与多晶，单晶是指整个晶体主要由原子(或离子)的一种规则排列方式所贯穿，多晶则是由很多小晶粒杂乱地堆积而成。非晶没有规则的外形，也没有固定熔点，内部结构不存在长程有序，只是在若干原子间距内的较小范围内存在结构上的有序排列，称作短程有序。二维情形下的非晶、多晶和单晶如图 1.1 所示。

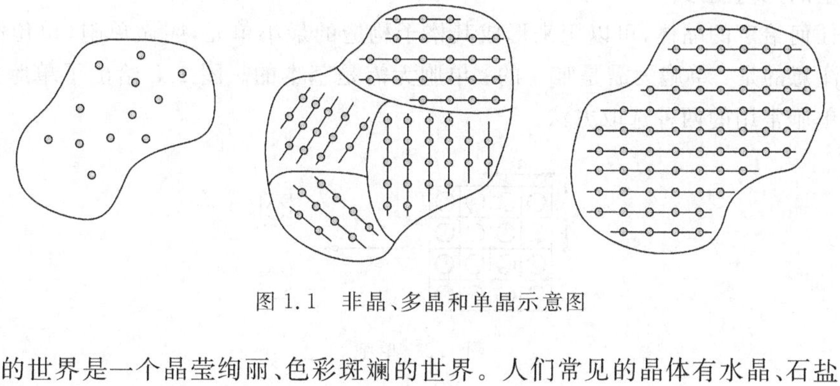

图 1.1 非晶、多晶和单晶示意图

晶体的世界是一个晶莹绚丽、色彩斑斓的世界。人们常见的晶体有水晶、石盐、蔗糖等，当然，还有宝石。蓝宝石常用作材料生长的衬底，红宝石是最早的激光器材料；而提到硅，就不能不说到金刚石结构。

宝石就是典型的单晶体，除了上述的红宝石、蓝宝石，祖母绿、海蓝宝石、碧玺、黄玉、橄榄石、金绿宝石、透辉石、拉长石、月光石等也是名闻海外的。除了宝石，在中国比较流行的还有玉石，不同于宝石，玉石是多晶体，包括翡翠、软玉、岫玉等。

宝石并不只是"中看不中用"的摆设。很多宝石具有许多优良的性质，从而在广泛的领域获得应用。例如，上面提到的蓝宝石。蓝宝石单晶的透光范围为 0.14～6.0μm，覆盖紫外、可见、近红外到中红外波段，且在 3～5μm 波段具有很高的光学透过率；具有高硬度(仅次于金刚石)、高强度、高热导率、高抗热冲击品质因子的力学及热学性能；具有耐雨水、沙尘、盐雾等腐蚀的稳定化学性能；具有高表面平滑度、高电阻率及高介电性能。这些优良的光学、力学、热学、化学及电学性能决定了它在军事及民用领域中的重要地位和作用。在电子学领域，蓝宝石以其综合性能最好，成为使用最广泛的氧化物衬底材料(substrate materials)，主要用作半导体薄膜衬底材料、大规模集成电路衬底等。

天然的蓝宝石十分稀少，因此价格昂贵。使用天然宝石加工制作电子产品是不现实的。因此，人工制作的宝石晶体有较高的需求。要想制作人工宝石，首先要知道其化学组成。蓝宝石的组成为氧化铝(Al_2O_3),是由三个氧原子和两个铝原子以共价键形式结合而成。就颜色而言,单纯的氧化铝结晶是呈现透明无色的,而不同颜色元素离子渗透于生长中的蓝宝石,可使蓝宝石显现出不同的颜色。在自然界中,蓝宝石晶体内含有钛离子(Ti^{3+})与铁离子(Fe^{3+})时,会使晶体呈现蓝色而成为蓝色蓝宝石(Blue Sapphire)。当晶体内含有铬离子(Cr^{3+})时,会使晶体呈现红色,而成为红宝石(ruby)。当晶体内含有镍离子(Ni^{3+})时,晶体会呈现黄色,而成为黄色蓝宝石。目前蓝宝石晶体的生长技术已经十分成熟。

1.2 晶体结构

一般人认为晶体就像水晶和石盐那样,具有规则的几何多面体形状。在矿物学、岩石学等许多学科中,习惯上将具有几何多面体外形的结晶质固体称为晶体;不具有几何多面体外形的固体称为结晶质/晶质体。

严格地说,晶体是内部质点在三维空间呈周期性重复排列的固体;或者说,晶体是具有格子(lattice)构造的固体。所谓格子构造,是指内部质点(原子、离子或分子)作规律排列,并构成一定的几何图形。

对于任何给定的晶体,可以用来形成其格子构造的最小单元,叫做单胞(单位晶胞,unit cell)。应注意的是:单胞无需是唯一的;单胞无需是基本的。图 1.2 给出了单胞的示意图以及这种单胞常用的两种选取方法。

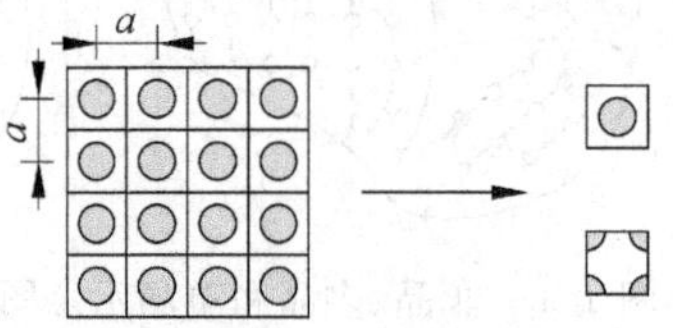

图 1.2 单胞

例如,常见的三维立方单胞有:简立方(cubic)、体心立方(Body-Centered Cubic,BCC)、面心立方(Face-Centered Cubic,FCC)。所谓简立方就是一个有 8 个顶角的正立方体,体心立方是指一个正立方体的 8 个顶角和中心(对角线交点处)各有一个原子的结构,面心立方是指一个正立方体的 8 个顶角和 6 个面心各有一个原子的结构,它们的示意图如图 1.3 所示。

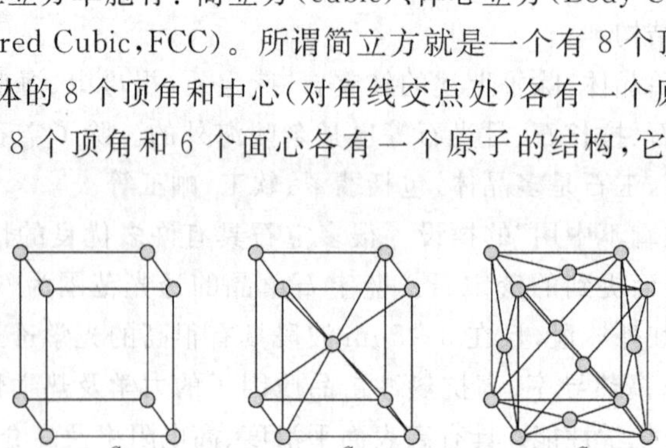

图 1.3 三维立方单胞

晶体的最大特点是具有对称性。所谓对称性,就是借助某一要素,可使相同部分完全重复的性质。这种对称要素可以是对称面(P)、对称轴(L),也可以是对称中心(C)。根据对称类型的不同，晶体可分为三大晶族，七大晶系。即高级晶族：等轴晶系；中级晶族：三方晶系、四方晶系、六方晶系；低级晶族：斜方晶系、单斜晶系、三斜晶系。

各种晶体中，人们最熟悉的可能是宝石了。表 1.1 给出了按晶系分类的常见宝石。谈到宝石，人们也会常常想到玉石，但很多人不清楚宝石和玉石的区别。实际上，宝石是单晶体，而玉石是多晶体。

表 1.1　按晶系分类的常见宝石

晶　族	晶　系	常见宝石
高级晶族	等轴	金刚石、石榴石、尖晶石
中级晶族	六方	祖母绿、海蓝宝石
	三方	红宝石、蓝宝石、碧玺、水晶
	四方	锆石
低级晶族	斜方	黄玉、橄榄石、金绿宝石
	单斜	软玉、硬玉、透辉石
	三斜	拉长石、月光石

1.3　半导体的晶体结构

自然界物质有气态、液态、固态和等离子体态等几种形态。如果按照固体的导电能力（用电阻率 ρ 或电导率 σ 描述）不同，可以区分为导体、半导体和绝缘体，导体、半导体和绝缘体的电阻率范围分别是 $<10^{-3}\,\Omega\text{cm}$、$10^{-3}\sim10^{9}\,\Omega\text{cm}$ 和 $>10^{9}\,\Omega\text{cm}$。可见，半导体的导电能力介于导体和绝缘体之间。

半导体分类如下：

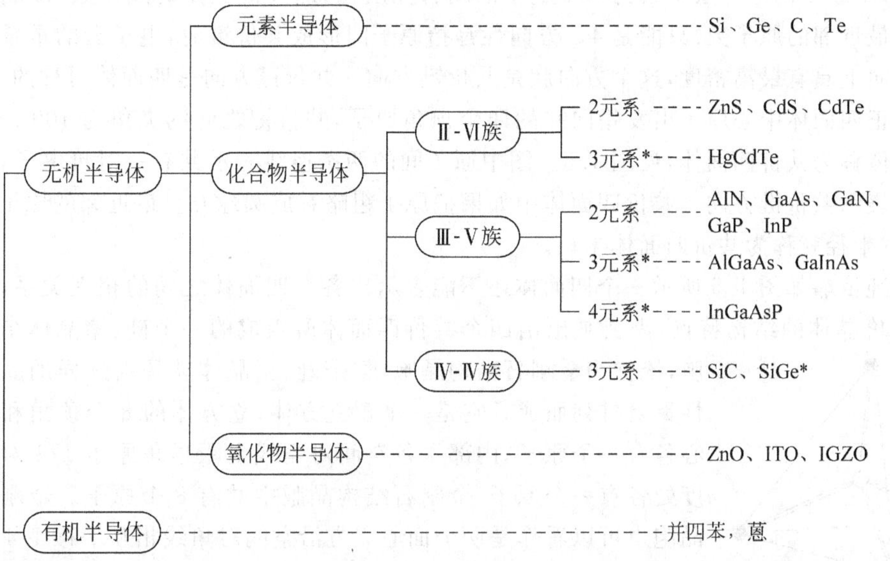

本书主要讨论无机半导体，例如元素半导体锗（Ge）、硅（Si）、化合物半导体砷化镓（GaAs）等，并且只讨论它们的单晶状态。

半导体材料的晶体结构常见的有金刚石（Diamond Structure）、闪锌矿（Zincblende Structure）、纤锌矿（Wurtzite Structure）等（见图 1.4）。这些结构都可以在如图 1.3 所示的基本单胞的基础上构成。例如，在面心立方对角线四分之一处放置 4 个原子，即构成金刚石结构。金刚石结构就是金刚石晶体的结构。金刚石晶体又称钻石，由碳原子组成。在金刚石晶体中，每个碳原子都以 sp3 杂化轨道与另外 4 个碳原子形成共价键，构成正四面体。由于金刚石中的 C-C 键很强，所以金刚石硬度大，熔点极高；又因为所有的价电子都被限制在共价键区域，没有自由电子，所以金刚石不导电。具有金刚石结构的半导体主要是元素半导体，如硅、锗等。虽然拥有同样的晶体结构，但金刚石是绝缘体，而硅和锗是半导体或准导体，在一定条件下可以导电。这说明晶体结构不能完全决定材料的性质。决定材料性质的另外一个重要因素是原子对价电子的束缚能力，碳原子对价电子的束缚能力比硅和锗都要强，这是由它们的能带结构决定的。

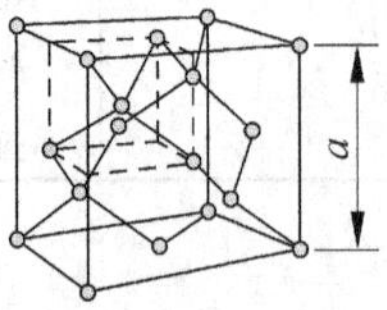

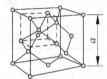

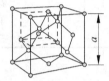

图 1.4　金刚石和闪锌矿

对于单晶硅或锗，它们分别由同一种原子组成，通过两个原子间共有一对自旋相反配对的价电子把原子结合成晶体。这种依靠共有自旋相反配对的价电子所形成的原子间的结合力，称为共价键。由共价键结合而成的晶体称为**共价晶体**，硅、锗都是典型的共价晶体。

共价键具有饱和性和方向性。饱和性指每个原子与周围原子之间的共价键数目有一定的限制。硅、锗等Ⅳ族元素有 4 个未配对的价电子，每个原子只能与周围 4 个原子共价键合，使每个原子的最外层都成为 8 个电子的闭合壳层，因此共价晶体的配位数（即晶体中一个原子最近邻的原子数）只能是 4。方向性是指原子间形成共价键时，电子云的重叠在空间一定方向上具有最高密度，这个方向就是共价键方向。共价键方向是四面体对称的，即共价键是从正四面体中心原子出发指向它的四个顶角原子，共价键之间的夹角为 $109°28'$，这种正四面体称为共价四面体，见图 1.5。图中原子间的两条连线表示共有一对价电子，两条线的方向表示共价键方向。共价四面体中如果把原子粗略看成圆球并且最近邻的原子彼此相切，圆球半径就称为共价四面体半径。

单纯依靠如图 1.5 所示一个四面体还不能表示出各个四面体之间的相互关系，为充分展示共价晶体的结构特点，需要画出由四个共价四面体所组成的一个硅、锗晶体结构的晶胞，统称为金刚石结构晶胞，整个硅、锗晶体就是由这样的晶胞周期性重复排列而成。它是一个正立方体，立方体的 8 个顶角和 6 个面心各有一个原子，内部 4 条空间对角线上距顶角原子 1/4 对角线长度处各有一个原子，金刚石结构晶胞中共有 8 个原子。金刚石结构晶胞也可以看作是两个面心立方沿空间对角线相互平移 1/4 对角线长度套构而成的。图 1.6(a) 为硅晶体结构的晶胞，具有典型的金刚石结构。

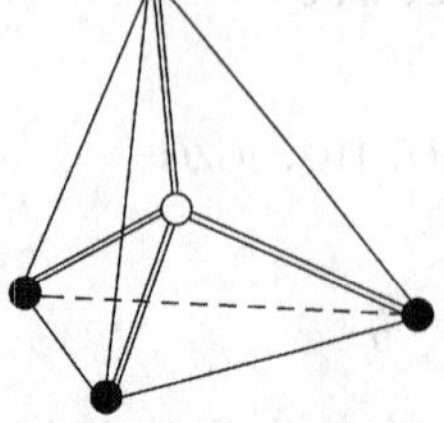
图 1.5　共价四面体

在面心立方对角线四分之一处放置 4 个不同原子，即构成闪锌矿结构。闪锌矿的化学成分为硫化锌(ZnS)。闪锌矿含锌 67.1%;通常含铁,铁含量最高可达 30%,含铁量大于 10%的称为铁闪锌矿。具有闪锌矿结构的半导体主要是化合物半导体,如砷化镓、磷化铟(InP)、硫化锌等。

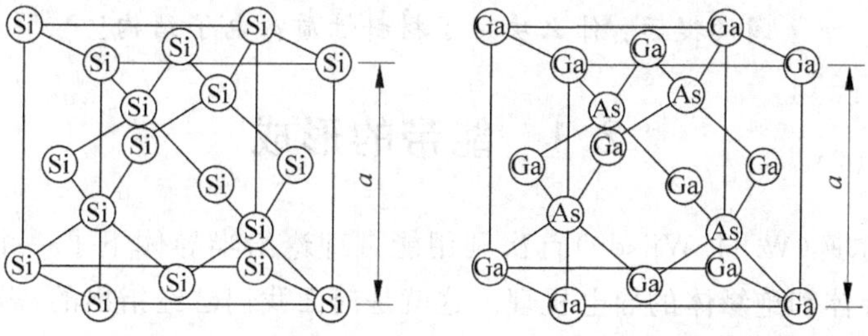

(a) 硅，金刚石结构，晶格常数a=0.543nm　　(b) 砷化镓，闪锌矿结构，晶格常数a=0.565nm

图 1.6　硅和砷化镓的晶体结构

Ⅲ-Ⅴ族化合物半导体材料砷化镓称做第二代半导体材料的代表。砷化镓晶体中每个镓原子和砷原子共有一对价电子,形成 4 个共价键,组成共价四面体。图 1.6(b)为砷化镓的晶胞,闪锌矿结构和金刚石结构的不同之处在于套构成晶胞的两个面心立方分别是由两种不同原子组成的。

在金刚石结构和闪锌矿结构中,正立方体晶胞的边长称为晶格常数,通常用 a 表示。表 1.2 给出了硅、锗的晶体结构的部分参数。

表 1.2　硅、锗的晶体结构参数

材　　料	晶格常数 a	原子体密度 $\frac{8}{a^3}$	原子共价半径 $\frac{1}{2}\frac{\sqrt{3}}{4}a$	原子最小间距 $\frac{\sqrt{3}}{4}a$
硅	5.430 89Å	$5.00\times10^{22}/cm^3$	1.17Å	2.35Å
锗	5.65754Å	$4.42\times10^{22}/cm^3$	1.22Å	2.45Å

习　　题

(1) 写出 3 种立方单胞的名称,并分别计算单胞中所含的原子数。

(2) 计算金刚石型单胞中的原子数。

第2章　半导体的能带

阅读提示：什么决定了材料性质？电子结构！

2.1　能带的形成

1931年，威尔逊（W. H. Wilson）首次利用能带理论给半导体下了一个明确的定义，并阐明了导体、半导体和绝缘体的导电机理。这就是前面我们已经指出的，需要根据能带来划分导体、半导体和绝缘体。那么，能带是如何形成的呢？

根据物质结构理论，物质都是由原子构成的，而原子是由原子核和核外电子构成的。20世纪初，丹麦物理学家玻尔（Nicels Boler，1885—1962，1922获得诺贝尔奖）建立了量子理论，他指出，电子能级是分立的。电子壳层用量子数来标志，而主壳层量子数 $n=1,2,3\cdots$。不同支壳层的电子分别用1s；2s，2p；3s，3p，3d等符号表示。电子在壳层的分布遵循能量最小和泡利不相容原理。图2.1给出了电子壳层结构的示意图。硅（Si）的原子核外有14个电子，它们的壳层分布为 $1s^2 2s^2 2p^6 3s^2 3p^2$，而锗（Ge）的原子核外有32个电子，它们的壳层分布为 $1s^2 2s^2 2p^6 3s^2 3p^6 3d^{10} 4s^2 4p^2$。

当 N 个原子相距很远时，每个原子的电子壳层完全相同，即电子有相同的能级，此时为简并的。当 N 个原子相互靠近时，由于原子间的相互作用，原子的状态会发生改变，形成成键态与反键态（见图2.2），从而造成原子的能级的分裂。

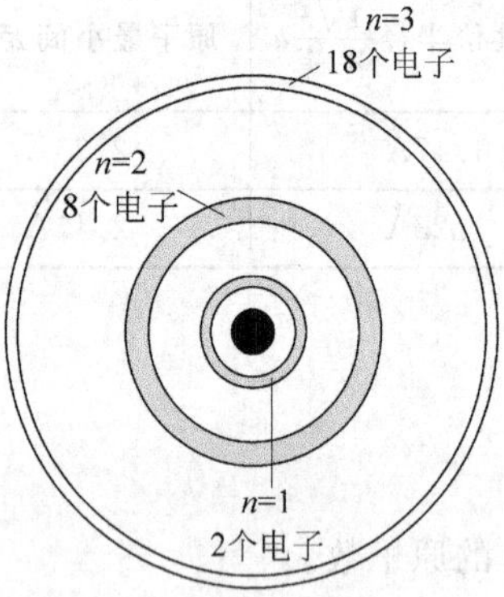

图2.1　电子壳层结构示意图

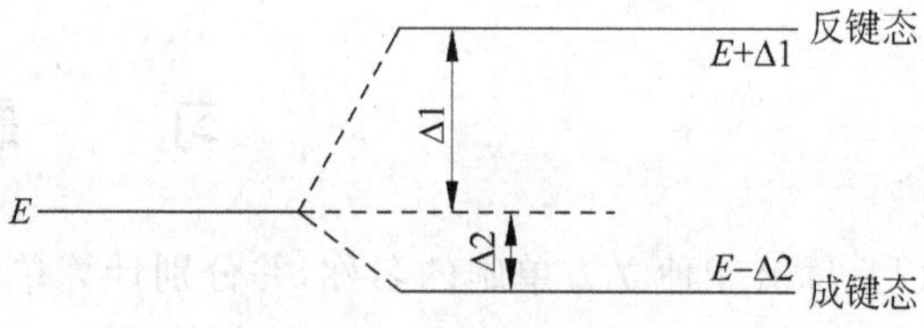

图2.2　成键态和反键态

从电子轨道的角度讲，相邻原子的电子轨道开始交叠，电子不再局限在一个原子上，通过交叠的轨道，可以转移到相邻原子的相似壳层上，由此导致电子在整个晶体上的“共有化”运动。另外，由于2个电子不能有完全相同的能量，交叠的壳层发生分裂，形成相距很近的能级带以容纳原来能量相同的电子。原子相距越近，分裂越厉害，能级差越大。由此导致简并的消失。内壳层的电子，轨道交叠少，共有化运动弱，可忽略。外层的价电子，轨道交叠多，共有化运动强，能级分裂大，被视为“准自由电子”。

原来简并的 N 个原子的s能级，结合成晶体后分裂为 N 个十分靠近的能级，形成能带

(允带),所以一个能带的能级个数都是 N 个,因 N 值极大,能带被视为“准连续的”。由于每一个能级可以容纳两个自旋方向相反的电子,所以每个能带可以容纳 $2N$ 个电子。

总之,能带的形成是原子间相互作用的结果。从原子能级分裂为能带,即能带形成的过程可用图 2.3 展示出来。

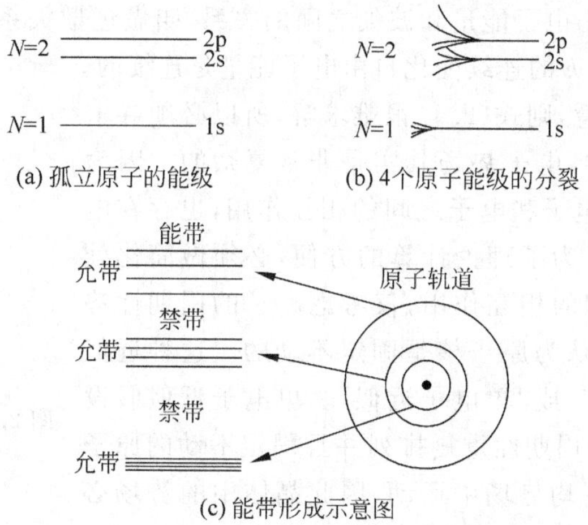

图 2.3　原子能级分裂为能带,即能带形成示意图

2.2　半导体中电子共有化运动与能带的量子力学描述

半导体中的电子能量状态和运动特点及其规律决定了半导体的性质容易受到外界温度、光照、电场、磁场和微量杂质含量的作用而发生变化。为便于说明半导体中的电子状态及其特点,首先回顾一下孤立原子中的电子状态和自由电子状态。

孤立原子中,电子是在原子核势场和其他电子的势场中运动,氢原子中电子能量为 $E_n=-\frac{m_0q^4}{2(4\pi\varepsilon_0)^2\hbar^2}\cdot\frac{1}{n^2}=-13.6\frac{1}{n^2}(n=1,2,3\cdots)$,其中 m_0 为电子惯性质量,q 是电子电荷,$\hbar$ 为普朗克常数,ε_0 是真空中介电常数。根据此式可以得到如图 2.4 所示的氢原子能级图,表明氢原子中电子能量是各个分立的能量确定值,称为能级,其值由主量子数 n 决定。对于多电子原子,电子能量同样是不连续的。

一维恒定势场中的电子,遵守薛定谔方程

$$-\frac{\hbar^2}{2m_0}\cdot\frac{d^2\psi(x)}{dx^2}+V(x)\psi(x)=E\psi(x) \tag{2.1}$$

如果势场 V=0,即电子是自由的,式(2.1)的解为

$$\psi(x)=Ae^{i2\pi kx} \tag{2.2}$$

式中,$\psi(x)$ 为自由电子的波函数;A 为振幅;k 为平面波的波数,$k=1/\lambda$,λ 为波长。规定 $\vec{k}$ 为矢量,称为波矢,波矢 $\vec{k}$ 的方向为波面的法线方向。式(2.2)代表一个沿 x 方向传播的平面波,k 具有量子数的作用。

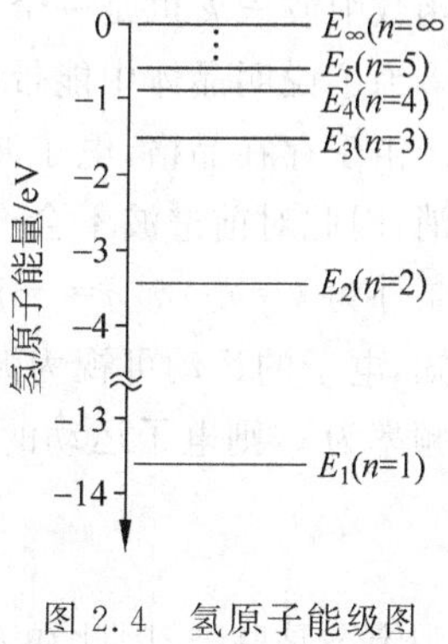

图 2.4　氢原子能级图

但电子同时又具有粒子性，所以可用描写粒子性的概念（诸如能量、动量等）来描述。由粒子性有$\vec{P}=m_0\vec{v}$，$E=P^2/(2m_0)$，又由德布罗意关系$\vec{P}=\hbar\vec{k}$，$E=h\nu$，因此

$$\vec{v}=\frac{\hbar\vec{k}}{m_0},\quad E=\frac{\hbar^2k^2}{2m_0} \tag{2.3}$$

式(2.3)给出了自由电子能量和波矢之间的关系，叫做色散关系。式(2.3)的色散关系如图2.5所示。随波矢k的连续变化自由电子能量是连续的。

如果势场$V(x)$任意，则式(2.1)很难求解，所以必须寻求化简之法。在半导体中，电子势场其实是非常复杂的。因为晶体中的电子，存在着电子和电子之间的相互作用，也存在电子与离子的相互作用。为了理论计算的方便，必须做简化处理。一般忽略电子之间的相互作用，仅考虑离子的周期性势场对电子的影响，同时认为原子核是固定不动的。这种近似也叫做“独立电子近似”，或“单电子近似”。单电子近似假设晶体中的电子是在严格周期性重复排列并且固定不动的原子核势场和其他电子的平均势场中运动，因此晶体中的势场必定是一个与晶格同周期的周期性函数，即

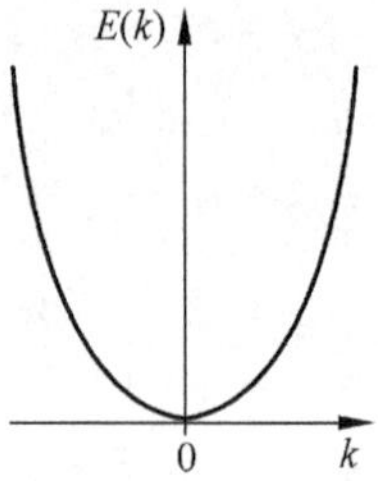

图2.5　自由电子的色散关系

$$V(x)=V(x+na) \tag{2.4}$$

式中，n为整数，a为晶格常数。布洛赫定理指出，式(2.1)在式(2.4)的势场限制下，其解必有下面的形式

$$\begin{cases}\psi_k(x)=u_k(x)\mathrm{e}^{i2\pi kx}\\ u_k(x)=u_k(x+na)\end{cases} \tag{2.5}$$

其中，$\psi_k(x)$称为布洛赫波函数。

布洛赫波函数$\psi_k(x)$与式(2.2)自由电子波函数$\psi(x)$形式相似，都表示了波长是$1/k$、沿$\vec{k}$方向传播的平面波；但晶体中电子是周期性调制振幅$u_k(x)$，而自由电子是恒定振幅A；另外，自由电子$|\psi(x)\psi(x)^*|=A^2$，即自由电子在空间等几率出现，也就是作自由运动；而晶体中的电子$|\psi_k(x)\psi_k(x)^*|=|u_k(x)u_k(x)^*|$，是与晶格同周期的周期性函数，表明晶体中该电子出现的几率是周期性变化的，这说明电子不再局限于某一个原子，而具有从一个原子“自由”运动到其他晶胞对应点的可能性，称之为电子在晶体中的共有化运动。布洛赫波函数中波矢k也是一个量子数，不同的k表示了不同的共有化运动状态。

为了说明晶体中能带的形成，考虑准自由电子的情形，即设想把一个电子“放到”晶体中去。由于存在晶格，电子波的传播要受到格点原子的反射。一般情况下，各个反射波会有所抵消，因此对前进波不会产生重大影响，但是当满足布喇格反射条件（一维晶体的布喇格反射条件为$k=n/2a$，$n=\pm1,\pm2\cdots$）时，就要形成驻波，因此其定态一定为驻波。由量子力学可知，电子的运动可视为波包的运动，而波包的群速度就是电子运动的平均速度υ。如果波包频率为ν，则电子运动的平均速度$\upsilon=2\pi\mathrm{d}\nu/\mathrm{d}k$，而$E=h\nu$，因此电子的共有化运动速度

$$\upsilon=\frac{1}{\hbar}\frac{\mathrm{d}E}{\mathrm{d}k} \tag{2.6}$$

因为定态是驻波，因此在$k=n/2a(n=\pm1,\pm2\cdots)$处$\upsilon=0$（即$\mathrm{d}E/\mathrm{d}k=0$），得到如图2.6所

示的准自由电子的 $E(k)\sim k$ 关系,图中的虚线是自由电子 $E(k)\sim k$ 关系。它表明原先自由电子的连续能量由于晶格的作用而被分割为一系列允许的和不允许的相间隔的能带。因此晶体中电子状态既不同于孤立原子中的电子状态,又不同于自由电子状态,晶体中电子形成了一系列相间的允带和禁带。

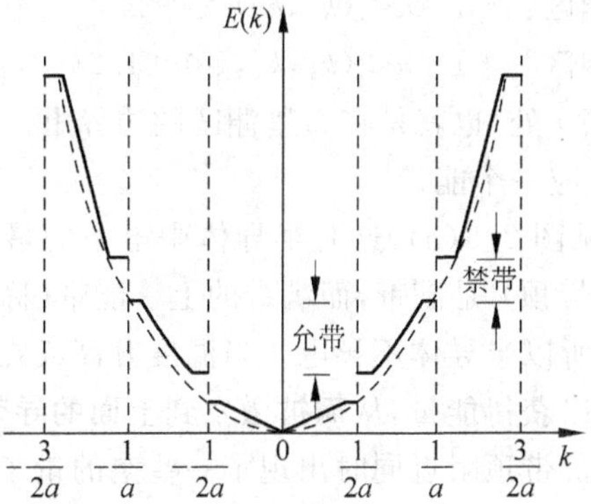

图 2.6　准自由电子的 $E(k)\sim k$ 关系

求解在式(2.4)的势场限制下的薛定谔方程即式(2.1),可以得到如图 2.7 所示的晶体中电子的 $E(k)\sim k$ 关系,图中虚线是自由电子 $E(k)\sim k$ 关系。根据图 2.7 可以得出以下结论:

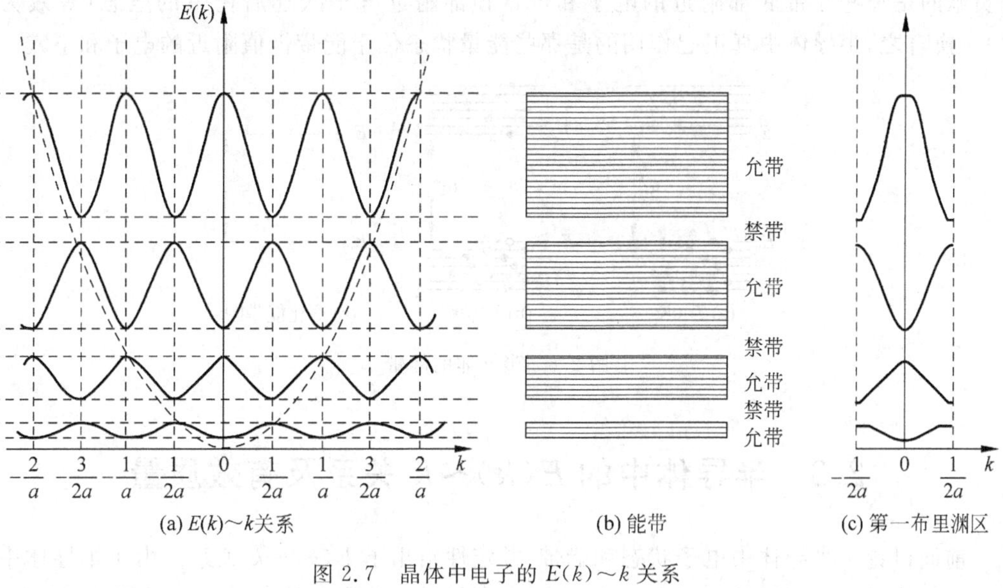

图 2.7　晶体中电子的 $E(k)\sim k$ 关系

(1) 当 $k=n/2a(n=\pm1、\pm2、\cdots)$时,能量不连续,形成一系列相间的允带和禁带。允带的 k 值位于下列几个称为布里渊区的区域中。

第一布里渊区:$-1/2a<k<1/2a$

第二布里渊区:$-1/a<k<-1/2a,1/2a<k<1/a$

第三布里渊区:$-3/2a<k<-1/a,1/a<k<3/2a$

……

第一布里渊区称为简约布里渊区,相应的波矢称为简约波矢。

(2) $E(k)=E(k+n/a)$,即 $E(k)$是 k 的周期性函数,周期为 $1/a$。因此,在考虑能带结构时,只需考虑 $-1/2a<k<1/2a$ 的第一布里渊区就可以了。推广到二维和三维情况:

二维晶体的第一布里渊区: $-1/2a<(k_x,k_y)<1/2a$

三维晶体的第一布里渊区: $-1/2a<(k_x,k_y,k_z)<1/2a$

(3) 禁带出现在 $k=n/2a$ 处,也就是在布里渊区的边界上。

(4) 每一个布里渊区对应一个能带。

$T=0$K 的半导体能带见图 2.8(a),这时半导体中电子的最高填充带(称作价带,价带中电子最高能级 E_v 称为价带顶)是满带,而满带的上一能带(称作导带,导带中电子最低能级 E_c 称为导带底)是空带,所以半导体不导电。当温度升高或在其他外界因素作用下,价带顶 E_v 附近的一些电子就可以获得能量,从而被激发到上面的导带底 E_c 附近,结果使得原先空着的导带变为半满带,而价带顶附近同时出现了一些空的量子态也成为半满带,这时导带和价带中的电子都可以参与导电,见图 2.8(b)。常温下半导体价带中已有不少电子被激发到导带中,因而具备一定的导电能力。图 2.8(c)是最常用的简化能带图,图中 E_c 与 E_v 之间禁止电子状态存在,也就是禁带。E_c 与 E_v 之差称为禁带宽度,用符号 E_g 表示,即 $E_g=E_c-E_v$。

由上述激发过程不难看出,受电子跃迁过程和能量最低原理制约,半导体中真正对导电有贡献的是那些导带底部附近的电子和价带顶部附近电子跃迁后留下的空态(等效为空穴)。换言之,半导体中真正起作用的是那些能量状态位于能带极值附近的电子和空穴。

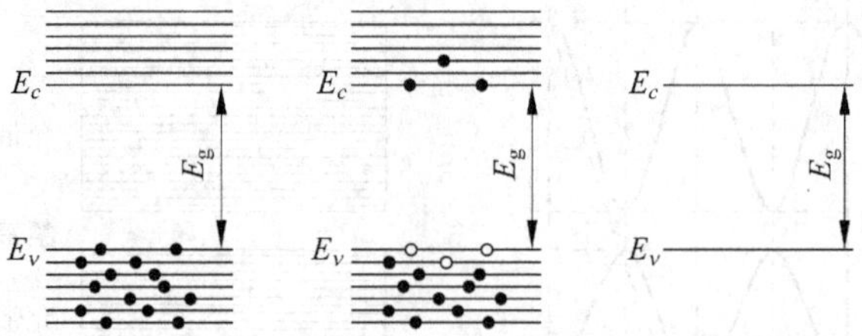

(a) T=0K　(b) T>0K　(c) 简化能带图

图 2.8 半导体的能带

2.3 半导体中的 $E(k)\sim k$ 关系及有效质量

前面讨论了半导体中电子状态和能带,并定性给出了 $E(k)\sim k$ 关系。由于半导体中起作用的是能带极值附近的电子和空穴,因此只要知道极值附近的 $E(k)\sim k$ 关系就足够了。

一维情况下,设导带极小值位于 $k=0$ 处(布里渊区中心),极小值为 E_c,在导带极小值附近 k 值必然很小,将 $E(k)$在 $k=0$ 附近按泰勒级数展开

$$E(k)=E_c+\left(\frac{\mathrm{d}E}{\mathrm{d}k}\right)_{k=0}k+\frac{1}{2}\left(\frac{\mathrm{d}^2E}{\mathrm{d}k^2}\right)_{k=0}k^2+\cdots \tag{2.7}$$

忽略 k^2 以上高次项,因在 $k=0$ 处 $E(k)$极小,故$(\mathrm{d}E/\mathrm{d}k)_{k=0}=0$,因此

$$E(k)-E_c=\frac{1}{2}\left(\frac{\mathrm{d}^2E}{\mathrm{d}k^2}\right)_{k=0}k^2 \tag{2.8}$$

对于确定的半导体，$(\mathrm{d}^2E/\mathrm{d}k^2)_{k=0}$是确定的。将式(2.8)与式(2.3)的自由电子能量相比，令

$$\frac{1}{m_n^*}=\frac{1}{\hbar^2}\left(\frac{\mathrm{d}^2E}{\mathrm{d}k^2}\right)_{k=0} \tag{2.9}$$

代入式(2.8)得到

$$E(k)-E_c=\frac{\hbar^2k^2}{2m_n^*} \tag{2.10}$$

比较式(2.10)和式(2.3)，可见半导体中电子与自由电子的$E(k)\sim k$关系相似，只是半导体中出现的是m_n^*，称m_n^*为导带底电子有效质量。因导带底附近$E(k)>E_c$，所以$m_n^*>0$。

同样假设价带极大值在$k=0$处，价带极大值为E_v，可以得到

$$E(k)-E_v=\frac{\hbar^2k^2}{2m_n^*} \tag{2.11}$$

其中，$\frac{1}{m_n^*}=\frac{1}{\hbar^2}\left(\frac{\mathrm{d}^2E}{\mathrm{d}k^2}\right)_{k=0}$，而价带顶附近$E(k)<E_v$，所以价带顶电子有效质量$m_n^*<0$。

$m_n^*>0$意味着$\frac{\mathrm{d}^2E}{\mathrm{d}k^2}>0$，一个函数的二次导数为正，说明该函数在该点是下凹的。反之，$m_n^*<0$意味着$\frac{\mathrm{d}^2E}{\mathrm{d}k^2}<0$，一个函数的二次导数为负，说明该函数在该点是上凸的。图2.7(c)证明了以上分析。

回旋共振实验可以测出电子有效质量m_n^*，因此价带顶和导带底附近电子的$E(k)\sim k$关系是确定的。

引入了电子有效质量m_n^*后，除$E(k)\sim k$关系与自由电子相似外，半导体中电子的速度

$$v=\frac{1}{\hbar}\frac{\mathrm{d}E}{\mathrm{d}k}=\frac{\hbar k}{m_n^*} \tag{2.12}$$

与式(2.3)中自由电子的速度表达式形式也相似，只是半导体中出现的是有效质量m_n^*。而在外力的作用下，半导体中电子的加速度为

$$a=\frac{\mathrm{d}v}{\mathrm{d}t}=\frac{\mathrm{d}}{\mathrm{d}t}\left(\frac{1}{\hbar}\frac{\mathrm{d}E}{\mathrm{d}k}\right)=\frac{1}{\hbar}\frac{\mathrm{d}^2E}{\mathrm{d}k\mathrm{d}t}=\frac{1}{\hbar}\frac{\mathrm{d}^2E}{\mathrm{d}k^2}\cdot\frac{\mathrm{d}k}{\mathrm{d}t} \tag{2.13}$$

能带理论认为电子能够导电是因为在外力的作用下电子的能量状态发生了改变，当晶体中电子受到外力作用时，电子能量的增加等于外力对电子所做的功

$$\mathrm{d}E=F\mathrm{d}s=Fv\mathrm{d}t=F\frac{1}{\hbar}\cdot\frac{\mathrm{d}E}{\mathrm{d}k}\mathrm{d}t$$

即

$$F=\hbar\frac{\mathrm{d}k}{\mathrm{d}t} \tag{2.14}$$

将式(2.14)代入式(2.13)，得到

$$a=\frac{1}{\hbar}\frac{\mathrm{d}^2E}{\mathrm{d}k^2}\frac{F}{\hbar}=\frac{1}{\hbar^2}\frac{\mathrm{d}^2E}{\mathrm{d}k^2}F \tag{2.15}$$

上式中$\frac{1}{\hbar^2}\left(\frac{\mathrm{d}^2E}{\mathrm{d}k^2}\right)=\frac{1}{m_n^*}$，因此$F=m_n^*a$，半导体中出现的仍然是电子的有效质量$m_n^*$。图2.9

分别给出了自由电子和半导体中电子的 $E(k)\sim k$,$v\sim k$ 和 $m\sim k$ 关系曲线。

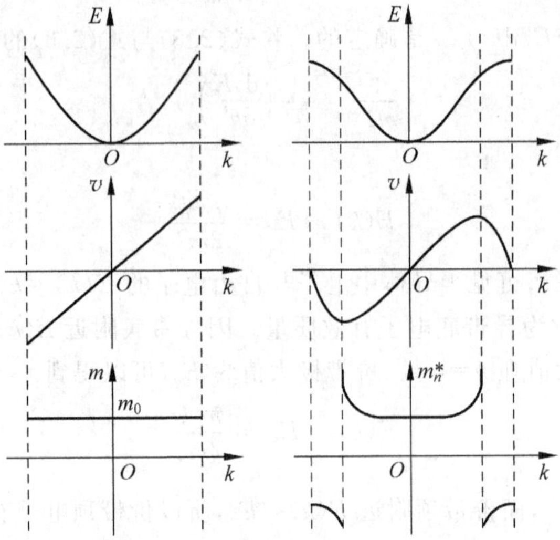

图 2.9　自由电子、晶体中电子 $E\sim k$,$v\sim k$ 和 $m\sim k$ 关系

由式(2.3)可知,在能带极值附近 $v(k)=-v(-k)$。由图 2.10 可知,无电场时无论满带还是半满带都是左右对称的。正向电子数目等于反向电子数目 $n_+=n_-$,则

$$j=(-q)n_+\,v(k)+(-q)n_-\,v(-k)=0 \tag{2.16}$$

有电场时,所有电子都逆电场方向运动,对于满带,由于 A 点的状态和 a 点的状态完全相同,也就是由布里渊区一边运动出去的电子在另一边同时补充进来,所以左右仍对称,正向电子数目仍等于反向电子数目 $n_+=n_-$,$j=0$ 仍成立。但对于半满带,左右不再对称。正向电子数目不等于反向电子数目 $n_+\neq n_-$,$j\neq 0$。因此半满带中的电子在外电场的作用下可以参与导电。

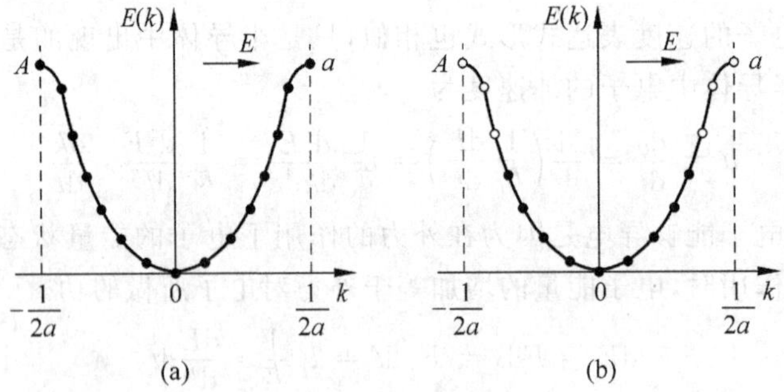

图 2.10　满带与半满带

上述半导体中电子的运动规律公式都出现了有效质量 m_n^*,这反映出晶体中的电子与自由电子的差别。自由电子只受外力作用,而晶体中的电子除了外力作用外,还要受到格点原子和其他电子的作用。当存在外力时,电子所受合力等于外力再加上原子核势场和其他电子势场力。由于找出原子势场和其他电子势场力的具体形式非常困难,这部分势场的作用就由有效质量 m_n^* 加以概括,m_n^* 有正有负,反映了晶体内部势场的作用。既然 m_n^* 概括

了半导体内部势场作用，外力 F 与晶体中电子的加速度就通过 m_n^* 联系了起来，而不必再涉及内部势场。

$$m_n^* = \frac{\hbar^2}{\frac{d^2E}{dk^2}} \approx \left(\frac{\hbar}{\frac{dE}{dk}}\right)^2$$

所以有效质量与色散曲线的斜率成反比。色散曲线的斜率小的能带比较窄，所以窄带的电子有效质量比较大。原子核外不同壳层电子其有效质量大小不同，内层电子占据了比较窄的满带，这些电子的有效质量 m_n^* 比较大，外力作用下不易运动；而价电子所处的能带较宽，电子的有效质量 m_n^* 较小，在外力的作用下可以获得较大的加速度。

不同半导体的 $E(k)\sim k$ 关系各不相同。即便对于同一种半导体，沿不同 k 方向的 $E(k)\sim k$ 关系也不相同。换言之，半导体的 $E(k)\sim k$ 关系可以是各向异性的。因为 $\frac{1}{m_n^*}=\frac{1}{\hbar^2}\left(\frac{d^2E}{dk^2}\right)$，沿不同 k 方向 $E(k)\sim k$ 关系不同就意味着半导体中电子的有效质量 m_n^* 是各向异性的。

例如：光子的色散关系为 $E(k)=chk$，其中 c 为光速。另外，石墨烯中的电子在能量较低时的色散关系为 $E(k)=v_F hk$，其中 v_F 为费米速度。这两个色散关系都是线性关系。根据有效质量的定义可知，光子和石墨烯中的电子的有效质量都是零。所以，石墨烯中的电子在能量较低时像光子一样运动。这个性质是石墨烯中电子的相对论效应造成的，所以称石墨烯中的电子为狄拉克电子。

2.4　硅、锗和砷化镓的能带结构

如前所述，求解薛定谔方程可以得到材料的能带结构。图 2.11 是硅和二氧化硅(SiO_2)的能带示意图。为了说明硅是半导体，而二氧化硅是绝缘体，这里只突出了它们禁带宽度的差别。

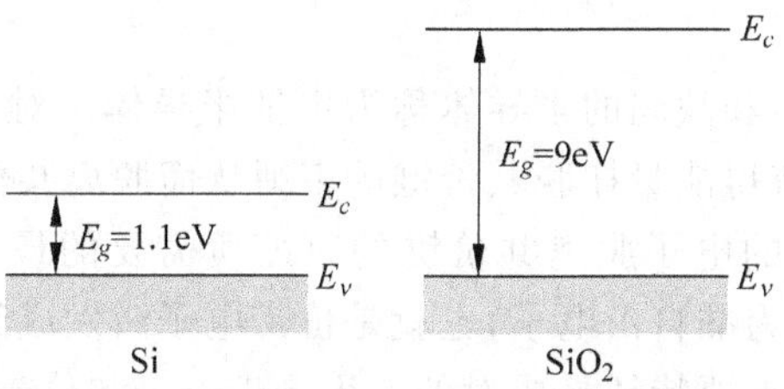

图 2.11　硅、二氧化硅能带示意图

实际上，理论分析和回旋共振实验指出，硅和锗的价带结构非常复杂。硅和锗价带顶位于布里渊区中心 $k=0$ 处，并且价带是简并的，也就是说，对于同一个能量值有不同的 k_x、k_y、k_z 值。由于能带简并，硅和锗分别具有有效质量不同的两种空穴，有效质量较大的 $(m_p^*)_h$ 称为重空穴，有效质量较小的 $(m_p^*)_l$ 称为轻空穴。另外，由于自旋-轨道耦合作用，还给出了第 3 种空穴有效质量 $(m_p^*)_3$，这个能带偏离了价带顶，空穴不常出现，对硅和锗性质起作用的主要是重空穴和轻空穴。

砷化镓(GaAs)的导带极小值 E_c 位于 $k=0$ 处(布里渊区中心),导带极小值附近具有球形等能面(导带底电子有效质量 m_n^* 各向同性),$m_n^*=0.068m_0$。在<111>方向上还存在导带的另一个次极小值(上能谷),其能量比布里渊区中心的极小值约高 0.29eV。

砷化镓价带由一个极大值稍许偏离布里渊区中心的重空穴带 V_1、一个极大值位于布里渊区中心的轻空穴带 V_2 和一个自旋-轨道耦合分裂出来的第 3 个能带构成。第 3 个能带的极大值与重空穴带和轻空穴带的极大值相差 0.34eV。

图 2.12 给出了硅、锗和砷化镓的能带结构。室温下,硅的禁带宽度 $E_g=1.12\text{eV}$,锗的禁带宽度 $E_g=0.67\text{eV}$,砷化镓的禁带宽度 $E_g=1.43\text{eV}$。禁带宽度 E_g 具有负温度系数。

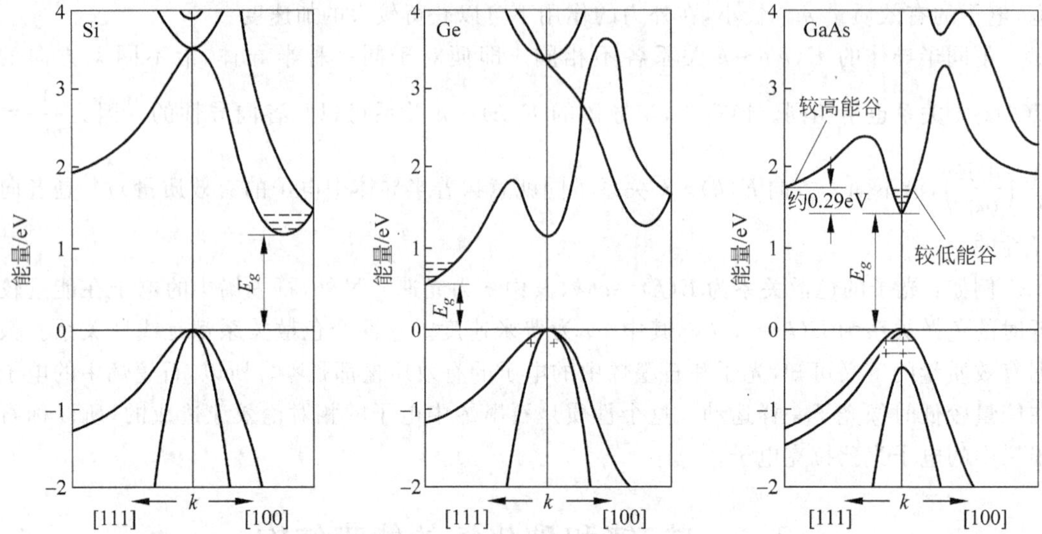

图 2.12 硅、锗和砷化镓的能带结构

2.5 本征半导体、本征激发和空穴

纯净的、不含任何杂质和缺陷的半导体称为本征半导体。对于一定温度下的本征半导体,共价键上的电子可以获得能量挣脱共价键的束缚从而脱离共价键,成为参与共有化运动的"自由"电子。共价键上的电子脱离共价键的束缚所需要的最低能量就是禁带宽度 E_g。将共价键上的电子激发成为准自由电子,也就是价带电子激发成为导带电子的过程,称为本征激发。本征激发的一个重要特征是成对的产生导带电子和价带空穴。

一定温度下,价带顶附近的电子受激跃迁到导带底附近,此时导带底电子和价带中剩余的大量电子都处于半满带当中,在外电场的作用下,它们都要参与导电。对于价带中电子跃迁出现空态后所剩余的大量电子的导电作用,可以等效为少量空穴的导电作用。空穴具有以下的特点:

(1) 带有与电子电荷量相等但符号相反的电荷;

(2) 空穴的浓度(即单位体积中的空穴数)就是价带顶附近空态的浓度;

(3) 空穴的共有化运动速度就是价带顶附近空态中电子的共有化运动速度;

(4) 空穴的有效质量是一个正常数 m_p^*,它与价带顶附近空态的电子有效质量 m_n^* 大小相等,符号相反,即 $m_p^* = -m_n^*$。图 2.13 示出了半导体硫化镉(CdS)中因为本征激发产生空穴的过程,而图 2.14 是空穴导电的示意图。

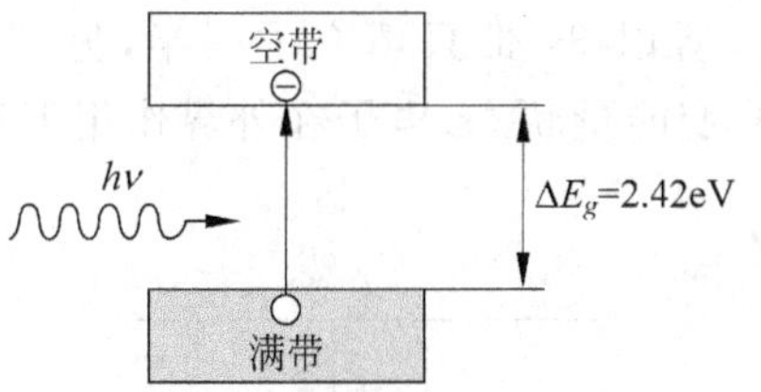

图 2.13　半导体硫化镉中因为本征激发产生的空穴

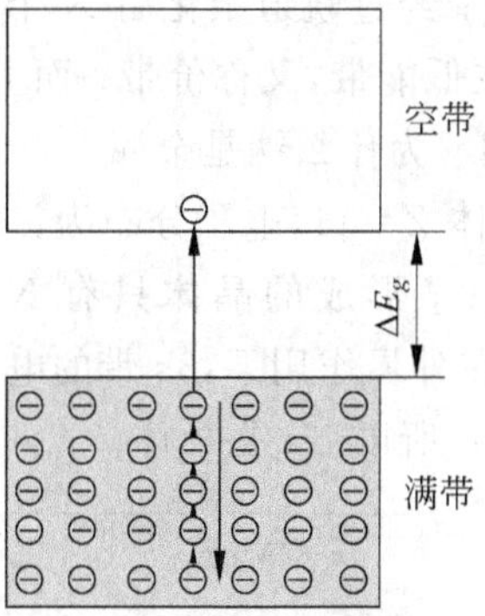

图 2.14　空穴导电示意图

在外电场作用下,空穴下面能级上的电子可以跃迁到空穴上来,这相当于空穴向下跃迁。形成电流,称为空穴导电。

本征半导体的导带电子参与导电,同时价带空穴也参与导电,存在着两种荷载电流的粒子,统称为载流子。

2.6　能带理论应用举例

根据电子填充能带的情况,可以解释导体、半导体、绝缘体的导电性。例如,碱金属、碱土金属(见图 2.15)。为什么是金属?碳为什么是绝缘体?硅、锗为什么是半导体?能带理论的回答是:N 个碱金属原子的 s 能级分裂后形成了 N 个准连续的能级,可容纳 $2N$ 个电子。因此,N 个电子填充为半满,导电。

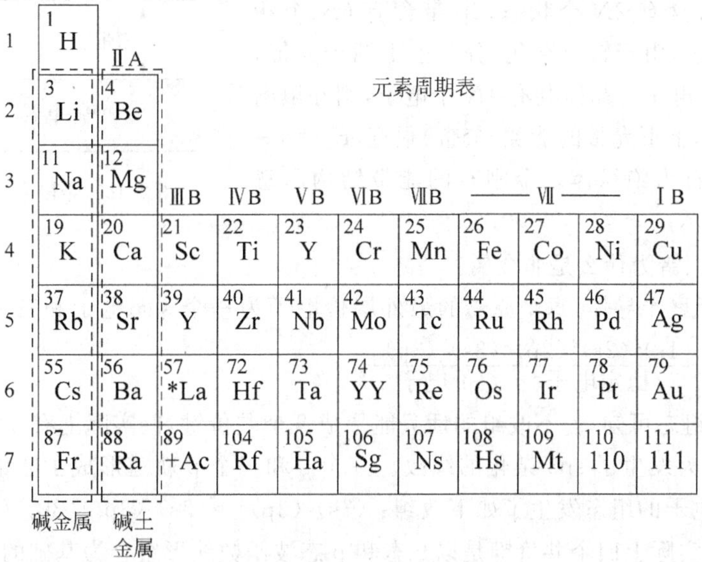

图 2.15　碱金属和碱土金属

N 个碱土金属的 s 能级被 $2N$ 个电子填满，因上下能带交叠而导电。

金刚石、硅、锗单个原子的价电子为 2 个 s 和 2 个 p 电子；形成晶体后为 1 个 s 电子和 3 个 p 电子；经过轨道杂化后 N 个原子形成了复杂的 $2N$ 个低能带和 $2N$ 个高能带，$4N$ 个电子填充在低能带，又称价带；而上面的能带为空带，又称导带。两者之间为禁带。

【例 1】 为什么钠是金属？

Na 晶体 $Z=11$，电子分布为：$1s^2 2s^2 2p^6 3s^1$，其 3s 带可容纳 $2N$ 个电子。

N 个原子形成的晶体只有 N 个价电子，所以 3s 带只填充了一半，另一半空着，见图 2.16。在外界作用下，3s 带的电子很容易改变能量状态，电子在外界作用下运动并形成电流（导电），所以 Na 是导体。

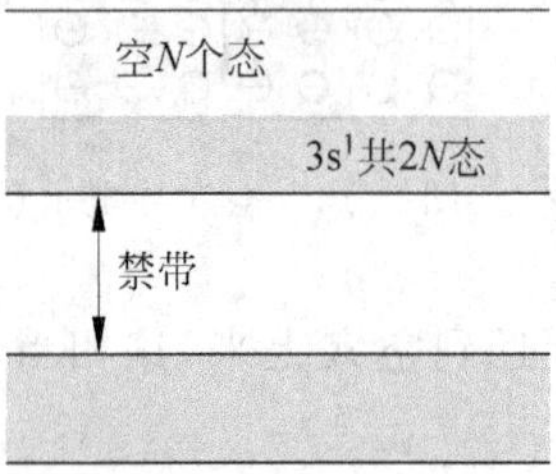

图 2.16　钠的能带结构

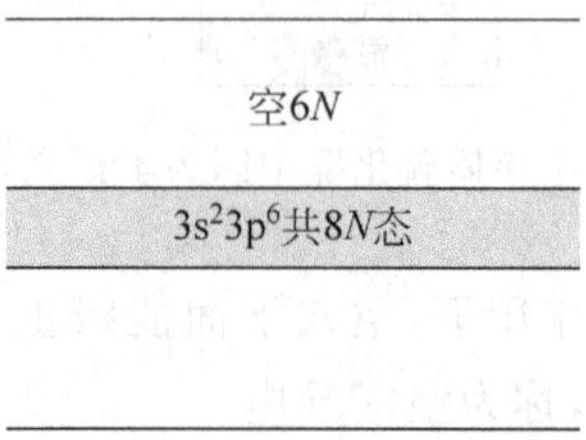

图 2.17　镁的能带结构

【例 2】 为什么 Mg 仍是金属？

Mg 晶体 $Z=12$，电子分布为：$1s^2 2s^2 2p^6 3s^2$。

3s 带可容纳 $2N$ 个电子，3s 带是填满的，应为绝缘体。但是实际上 3s 带与 3p 带发生重叠（杂化），形成一个带（$8N$ 态），见图 2.17。所以镁的导带有大量的空能级，Mg 仍为导体。

【例 3】 为什么金刚石是绝缘体？

对于金刚石，$Z=6$，电子分布 $1s^2 2s^2 2p^2$。

金刚石为四价元素，N 个原子有 $4N$ 个价电子。考虑自旋，2s 带含有 $2N$ 个状态，2p 带含有 $6N$ 个状态，共 $8N$ 个状态，由于轨道杂化，分为上下两个允带，每带可容 $4N$ 个电子。晶体共有 $4N$ 个电子，刚好填满下带，上带空着，上下允带的能隙（禁带）很宽，$E_g=6\sim 7\text{eV}$，所以金刚石为绝缘体。金刚石的能带结构示意图如图 2.18 所示。

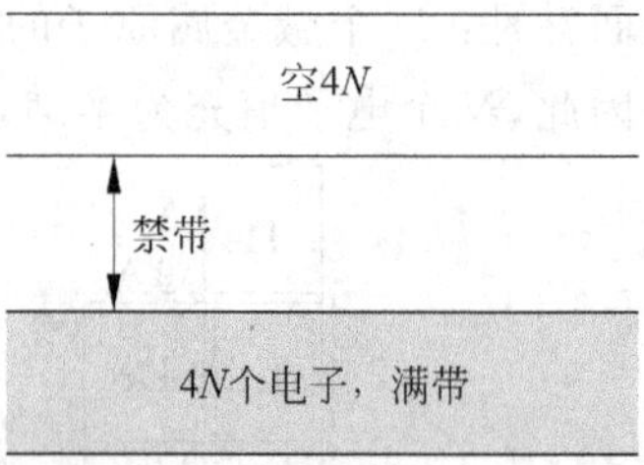

图 2.18　金刚石的能带结构

【例 4】 硅、锗为什么是非金属？

解：Si 为元素半导体，每个原子的最外层价电子为一个 s 态电子和三个 p 态电子。Si 的原子组态为：$\underbrace{(1s)^2(2s)^2(2p)^6}_{\text{稳定电子}}\underbrace{(3s)^2(3p)^2}_{\text{价电子}}$。

由 Si 原子组态可知，若不改组的话只能形成 2 个共价键，但实际上有 4 个共价键，成为四面体，这是因为发生了 sp3 杂化的缘故。一个 s 和三个 p 轨道形成了能量相同的 sp3 杂化轨道。即价电子的组态发生了如下改组：$(3s)^2(3p)^2 \rightarrow (3s)(3p_x)(3p_y)(3p_z)$，组成了新的 4 个轨道态，实际上四个共价键是以 s 态和 p 态波函数线形组合为基础的，这样使得系统能量最低。

杂化的好处：(1)成键数增多，四个杂化态上全部是未成对电子；(2)成键能力增强，电子云集中在四面体方向，电子重叠大，使能量下降更多，抵消杂化的能量，使总能量减小。

与金刚石相似，N 个原子有 $4N$ 个价电子。考虑自旋，2s 带含有 $2N$ 个状态，2p 带含有 $6N$ 个状态，共 $8N$ 个状态。这 $8N$ 个状态，分成上下两个允带(成键态和反键态)，每带可容 $4N$ 个电子，如图 2.19 所示。但这两个允带间隔(E_g)小，少量价带电子可以获得能量进入空带，空带成为导带；而满带产生空状态成为价带。导带、价带均不满，具有弱导电性。

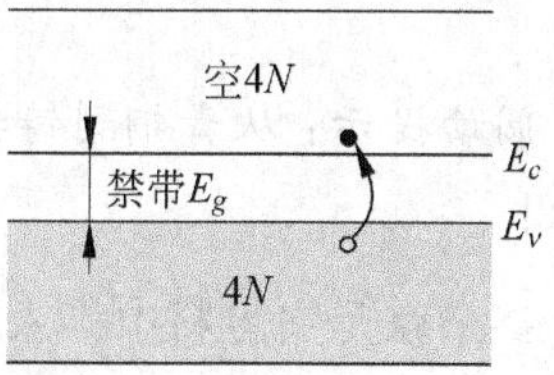

图 2.19　硅、锗的能带结构

同理可解释锗的导电性。

习　题

请选择正确答案填入括号内。

(1) 与绝缘体相比，半导体的价带电子激发到导带所需要的能量(　　)。

A. 比绝缘体的大　　B. 比绝缘体的小　　C. 和绝缘体的相同

(2) 空穴是(　　)。

A. 带正电的质量为正的粒子　　B. 带正电的质量为正的准粒子

C. 带正电的质量为负的准粒子　　D. 带负电的质量为负的准粒子

(3) 砷化镓的能带结构是(　　)能隙结构。

A. 直接　　B. 间接

(4) 在硅和锗的能带结构中，在布里渊中心存在两个极大值重合的价带，外面的能带(　　)，对应的有效质量(　　)，称该能带中的空穴为(　　)。

A. 曲率大　　B. 曲率小　　C. 大　　D. 小

E. 重空穴　　F. 轻空穴

(5) 在通常情况下，氮化镓(GaN)呈(　　)型结构，具有(　　)，它是(　　)半导体材料。

A. 纤锌矿型　　B. 闪锌矿型　　C. 六方对称性　　D. 立方对称性

E. 间接带隙　　F. 直接带隙

第3章　杂质半导体和杂质能级

阅读提示：从青铜到铸铁，都是掺杂的结果，掺杂的作用原来如此之大位错原来大有用处！

掺杂就是向材料中掺入杂质。掺杂对材料性能的影响早在青铜时代就被人类所认识。铜的熔点很高，约为1100摄氏度，但如果向铜中掺入5%～10%的锡形成铜和锡的合金，这就是青铜。青铜的熔点只有800摄氏度，更便于冶炼和加工成型，因此获得广泛应用，以致后人将此时期称为青铜时代。类似的例子还有铁。铁的熔点大约是1450摄氏度，但向铁中掺入4%的碳，就形成所谓的铸铁。铸铁的熔点变成1100摄氏度，远低于纯铁。铸铁大量应用于农业和军事，是为铸铁时代。当然，提起铁，我们不能不说钢。人类社会面貌得以极大改变的原因之一就是发明了钢，或者说是冶金技术的发展。钢是含碳量为0.03%～2%的铁碳合金。

青铜、铸铁、钢都是合金。合金具有以下几个通性：

(1) 多数合金熔点低于其组分中任一种组成金属的熔点。这就是前面提到的青铜和铸铁熔点的下降。合金熔点下降的最典型例子是保险丝，即所谓“伍德合金”。它是锡、铋、镉、铅按1∶4∶1∶2质量比组成的合金，熔点仅67℃，比水的沸点还低。因此，当电路上电流过大、电线发热到70℃左右，保险丝即可熔化，自动切断电路，保证用电安全。

(2) 硬度比其组分中任一金属的硬度大，所以青铜可以铸剑，用做武器，而纯铜太软，没有这个功能。

(3) 合金的导电性和导热性低于任一组分金属，如电炉子中的电阻丝常常用$Ni_{80}Cr_{20}$镍铬合金制成。

(4) 有的抗腐蚀能力强。例如，在普通钢中掺入一定比例的铬就可制成一种新的合金：不锈钢。可见，只有掺杂，才是彻底改变材料性质的王道。

类似的故事也发生在半导体材料中。研究表明，即使极微量的杂质，也会对半导体材料的物理性质和化学性质产生决定性的影响，同时也严重影响半导体器件的质量。例如，10^5个硅原子中有一个杂质硼原子，室温电导率增加10^3个数量级。所以，半导体材料对掺杂非常敏感，称作杂质效应。半导体中的缺陷也会取得异曲同工之效。任何工艺都不会是完美的，这种工艺的不完美可能造成晶体偏离其理想状态，即形成缺陷。晶格中的缺陷包括点缺陷(空位、间隙原子)、线缺陷(位错)、面缺陷(层错)等(见图3.1)。

位错是一种线缺陷。晶体在结晶时受到杂质、温度变化或振动产生的应力作用，或由于晶体受到打击、切削、研磨等机械应力的作用，使晶体内部质点排列变形，原子行间相互滑移，而不再符合理想晶体的有秩序的排列，由此形成的缺陷称**位错**。位错是原子的一种特殊组态，是一种具有特殊结构的晶格缺陷，因为它在一个方向上尺寸较长，所以被称为线状缺陷。位错的假说是在20世纪30年代为了解释金属的塑性变形而提出来的，并于50年代得到证实。位错听起来很“糟”，其实大有用处。金属之所以能成为制作工具、切割器和刀刃的好材料，就是因为位错，因为它能让金属改变形状。

缺陷对半导体器件的影响也非常显著，硅平面器件要求位错密度控制在10^3cm^2以下。

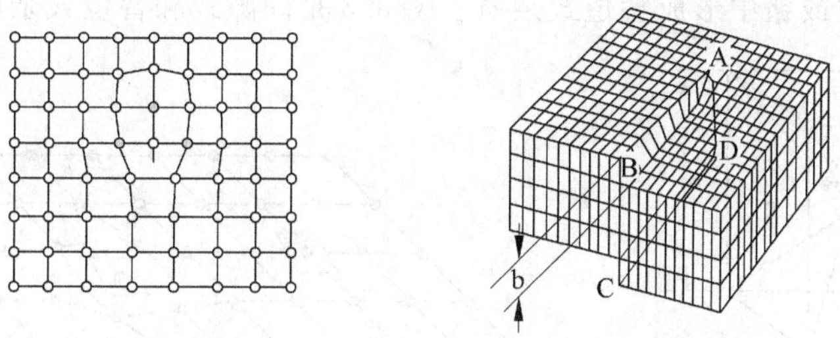

(a) 刃型位错　　(b) 螺旋位错

图 3.1 位错

为什么杂质和缺陷会对半导体的性质产生如此大的影响呢？原因还得归结到能带的变化。杂质和缺陷破坏了周期性势场，并在禁带中引入了杂质能级。这样允许电子在禁带中存在，从而使半导体的性质发生改变。

为了控制半导体的性质，需要人为地在半导体中或多或少地掺入某些特定的杂质。半导体器件和集成电路制造的基本过程之一就是控制半导体各部分所含的杂质类型和数量。可以说，半导体工艺就是控制掺杂的工艺。

3.1 间隙式杂质和替位式杂质

杂质分为间隙式杂质和替位式杂质。首先，晶体有间隙，所以杂质可以位于晶体的间隙内形成间隙式杂质。

硅和锗都具有金刚石结构(见图 3.2)，一个晶胞内含有 8 个原子。如图 3.2 所示的金刚石结构，其晶格常数为 a，六个面对角线长度为$\sqrt{2}a$，则大对角线长度为$\sqrt{3}a$，此对角线的 1/4 长度为$\frac{\sqrt{3}}{4}a=0.4a$。由于晶胞内空间对角线上相距 1/4 对角线长度的两个原子为最近邻原子，$\sqrt{3}a/4$ 恰好就是共价半径的 2 倍。设原子半径为 r，则

$$2r=\frac{1}{4}\times\sqrt{3}a$$

从而

$$r=\frac{\sqrt{3}}{8}a$$

原子占原胞体积的比例为$\frac{8\times\frac{4}{3}\pi r^3}{a^3}=\frac{\sqrt{3}}{16}\pi=0.34$。因此晶胞内 8 个原子的体积与立方晶胞体积之比为 34%，换言之，晶胞内存在着 66%的空隙。所以杂质进入半导体后可以存在于晶格原子之间的间隙位置上，称为间隙式杂质，间隙式杂质原子一般较小，如硅、锗、砷化镓材料中的离子锂(0.068nm)。

杂质也可以取代晶格原子而位于格点上，称为替位式杂质或代位式杂质。替位式杂质通常与被取代的晶格原子大小比较接近，而且其电子壳层结构也相似。对于Ⅳ族的硅或锗来说，原子大小、电子结构比较接近的元素首选其周期表上的邻居，即Ⅲ、Ⅴ族元素。Ⅲ、Ⅴ

族元掺入Ⅳ族的硅或锗中形成替位式杂质。图 3.3 是间隙式和替位式杂质示意图。

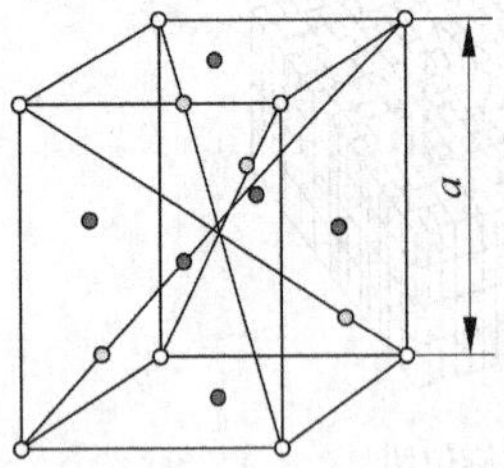

图 3.2　金刚石结构

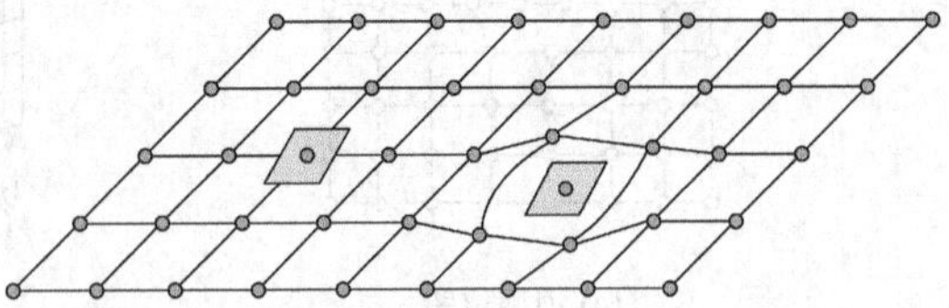

图 3.3　间隙式杂质和替位式杂质示意图

材料中杂质含量多少用单位体积中的杂质原子数，也就是杂质浓度来定量描述，杂质浓度的单位为 $1/cm^3$。

【例】 硅中掺入百万分之一的砷，求砷的掺杂浓度。

解　“硅中掺入百万分之一的砷”是指砷占硅原子密度的百万分之一，硅原子密度是 $5.22\times10^{22}/cm^3$，所以，实际砷的掺杂浓度是 $5.22\times10^{22}\times\frac{1}{10^6}=5.22\times10^{16}\,cm^{-3}$。

3.2　施主和受主

如前所述，Ⅲ、Ⅴ族元素由于其原子大小、电子结构比较接近Ⅳ族的硅或锗，所以成为硅或锗最常用的替位式杂质。如图 3.4 所示的是硅中掺入Ⅴ族元素磷(P)和Ⅲ族元素硼(B)时的情况。由于硅中每一个硅原子的最近邻有四个硅原子，当五个价电子的磷原子取代硅原子而位于格点上时，磷原子五个价电子中的四个与周围的四个硅原子组成四个共价键，还多出一个价电子，磷原子所在处也多余一个称为正电中心磷离子的正电荷。多余的这个电子虽然不受共价键的束缚，但被正电中心磷离子所吸引只能在其周围运动，不过这种吸引要远弱于共价键的束缚，只需要很小的能量 ΔE_D 就可以使其挣脱束缚(称为电离 ionization)，形成能在整个晶体中“自由”运动的导电电子。而正电中心磷离子被晶格所束缚，不能运动。由于以磷为代表的Ⅴ族元素在 Si 中能够释放导电电子，称Ⅴ族元素为施主杂质(donor impurity)或 N 型杂质。电子脱离施主杂质的束缚成为导电电子的过程称为施主电离，所需要的能量 ΔE_D 称为施主杂质电离能(ionization energy)。ΔE_D 的大小与半导体材料和杂质种类有关，但远小于硅和锗的禁带宽度 E_g。施主杂质未电离时是中性的，称为束缚态或中性态，电离后称为施主离化态。硅中掺入施主杂质后，通过杂质电离增加了导电电子数量，从而增强了半导体的导电能力，把主要依靠电子导电的半导体称为 N 型半导体。N 型半导体中的电子称为多数载流子，简称多子；而空穴称为少数载流子，简称少子。

图 3.4 中硅掺Ⅲ族元素硼(B)时，硼只有三个价电子，为了与周围四个硅原子形成四个共价键，必须从附近的硅原子共价键中夺取一个电子，这样硼原子就多出一个电子，形成负电中心硼离子，同时在硅的共价键中产生了一个空穴，这个被负电中心硼离子依靠静电引力束缚的空穴还不是自由的，不能参加导电，但这种束缚作用同样很弱，很小的能量 ΔE_A 就使其成为可以“自由”运动的导电空穴，而负电中心硼离子被晶格所束缚，不能运动。

由于以硼原子为代表的Ⅲ族元素在硅、锗中能够接受电子而产生导电空穴，称Ⅲ族元素

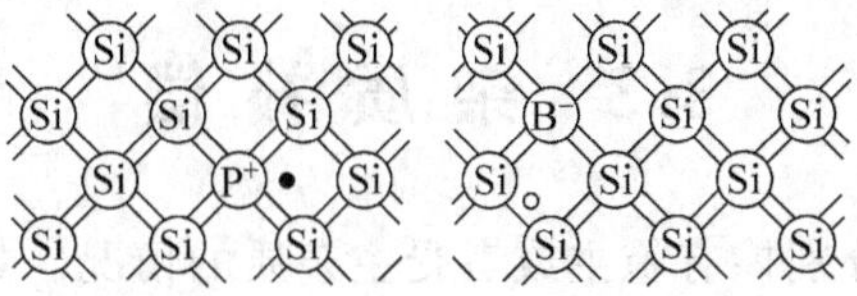

图 3.4　硅中的Ⅴ族杂质和Ⅲ族杂质

为受主杂质(acceptor impurity)或 P 型杂质。空穴挣脱受主杂质束缚的过程称为受主电离,而所需要的能量 ΔE_A 称为受主杂质电离能。不同半导体和不同受主杂质其 ΔE_A 也不相同,但 ΔE_A 通常远小于硅和锗的禁带宽度 E_g。受主杂质未电离时是中性的,称为束缚态或中性态,电离后成为负电中心,称为受主离化态。硅中掺入受主杂质后,受主电离增加了导电空穴,增强了半导体导电能力,把主要依靠空穴导电的半导体称作 P 型半导体。P 型半导体中,空穴是多子,电子是少子。表 3.1 列出了硅、锗晶体中Ⅲ、Ⅴ族杂质的电离能。

表 3.1　Ⅲ、Ⅴ族杂质在硅、锗晶体中的电离能(eV)

晶　体	Ⅴ族杂质电离能 ΔE_D			Ⅲ族杂质电离能 ΔE_A			
	P	**As**	**Sb**	**B**	**Al**	**Ga**	**In**
Si	0.044	0.049	0.039	0.045	0.057	0.065	0.16
Ge	0.0126	0.0127	0.0096	0.01	0.01	0.011	0.011

掺入施主杂质的半导体,施主能级 E_D 上的电子获得能量 ΔE_D 后由束缚态跃迁到导带成为导电电子,因此施主能级 E_D 位于比导带底 E_c 低 ΔE_D 的禁带中,且 $\Delta E_D \ll Eg$。空穴由于带正电,能带图中能量自上向下是增大的。对于掺入Ⅲ族元素的半导体,被受主杂质束缚的空穴能量状态(称为受主能级 E_A)位于比价带顶 E_v 低 ΔE_A 的禁带中,$\Delta E_A \ll Eg$,当受主能级上的空穴得到能量 ΔE_A 后,就从受主的束缚态跃迁到价带成为导电空穴。图 3.5 是用能带图表示的施主杂质和受主杂质的电离过程。

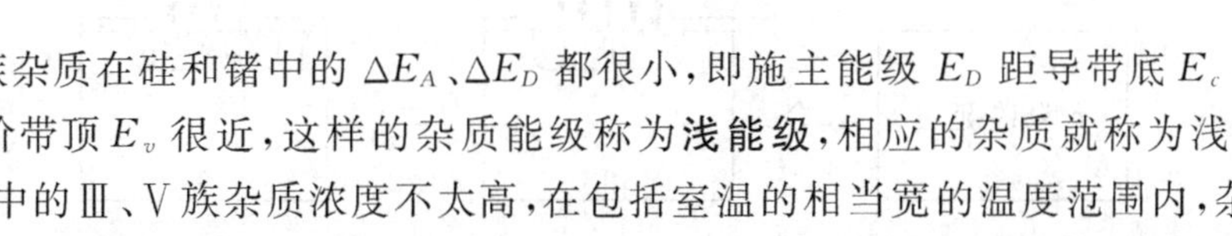

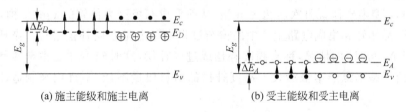

(a) 施主能级和施主电离　　(b) 受主能级和受主电离

图 3.5　杂质能级和杂质电离

Ⅲ、Ⅴ族杂质在硅和锗中的 ΔE_A、ΔE_D 都很小,即施主能级 E_D 距导带底 E_c 很近,受主能级 E_A 距价带顶 E_v 很近,这样的杂质能级称为**浅能级**,相应的杂质就称为浅能级杂质。如果硅和锗中的Ⅲ、Ⅴ族杂质浓度不太高,在包括室温的相当宽的温度范围内,杂质几乎全部离化。通常情况下,半导体中杂质浓度不是特别高,半导体中杂质分布很稀疏,因此不必考虑杂质原子间的相互作用,被杂质原子束缚的电子(空穴)就像单个原子中的电子一样,处在互相分离的、能量相等的杂质能级上而不形成杂质能带。只有当杂质浓度很高(称为重掺杂)时,杂质能级才会交叠,形成杂质能带。

3.3 杂质补偿

上面讨论了半导体中分别掺有施主或者受主杂质的情况。如果在半导体中既掺入施主杂质，又掺入受主杂质，施主杂质和受主杂质具有相互抵消的作用，称为杂质的补偿作用(impurity compensation effect)。如果用 N_D 和 N_A 表示施主和受主浓度，对于杂质补偿的半导体，如果 N_D 大于 N_A，在 $T=0\text{K}$ 时，电子按顺序填充能量由低到高的各个能级，由于受主能级 E_A 比施主能级 E_D 低，电子将先填满受主能级 E_A，然后再填充施主能级 E_D，因此施主能级上的电子浓度为 N_D-N_A。通常，当温度达到大约 100K 以上时，施主能级上的 N_D-N_A 个电子就全部被激发到导带，这时导带中的电子浓度 $n_0=N_D-N_A$，为 n 型半导体。图 3.6 画出了 $N_D>N_A$ 时的杂质补偿作用。类似分析不难得出：当 N_A 大于 N_D 时，将呈现 p 型半导体的特性，价带空穴浓度 $p_0=N_A-N_D$。如果半导体中 $N_D\gg N_A$，则 $n_0=N_D-N_A\approx N_D$；如果 $N_A\gg N_D$，那么 $p_0=N_A-N_D\approx N_A$。通过补偿以后半导体中的净杂质浓度称为有效杂质浓度。如果 $N_D>N_A$，称 N_D-N_A 为有效施主浓度；如果 $N_A>N_D$，那么 N_A-N_D 称为有效受主浓度。

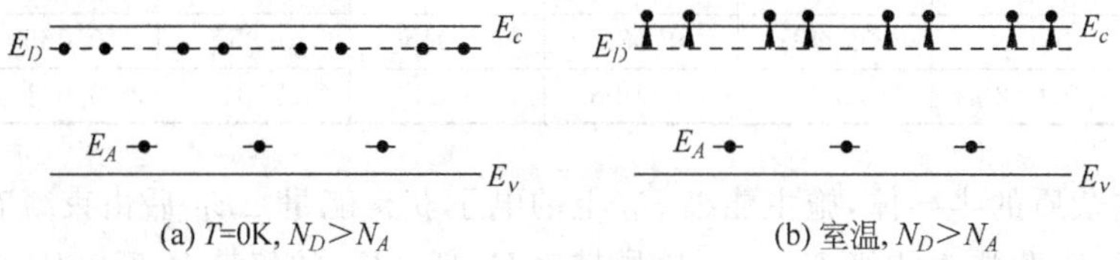

图 3.6 杂质补偿

半导体器件和集成电路生产中就是利用杂质补偿作用，在 n 型硅外延层上的特定区域掺入比原先 n 型外延层浓度更高的受主杂质，通过杂质补偿作用就形成了 p 型区，而在 n 型区与 p 型区的交界处就形成了 pn 结。如果再次掺入比 p 型区浓度更高的施主杂质，在二次补偿区域内，p 型半导体就再次转化为 n 型，从而形成双极型晶体管的 npn 结构，见图 3.7。很多情况下，晶体管和集成电路生产中的掺杂过程实际上是杂质补偿过程。杂质补偿过程中如果出现 $N_D\approx N_A$ 的情况，称为高度补偿或过度补偿，这时施主和受主杂质都不能提供载流子，载流子基本源于本征激发。高度补偿的材料质量不佳，不宜用来制造器件和集成电路。

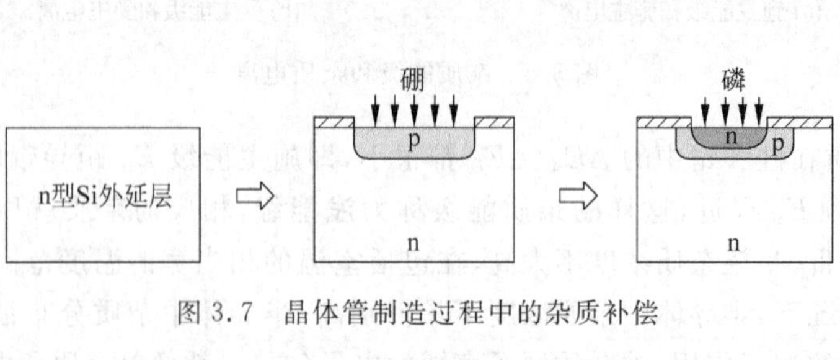

图 3.7 晶体管制造过程中的杂质补偿

上述晶体管制造过程中，硼和磷的掺杂一般通过扩散工艺进行。扩散前需要光刻开窗。图 3.8 给出了光刻工艺的主要步骤。

除了上述扩散工艺之外，杂质掺杂还可借助离子注入方法完成。离子注入是目前

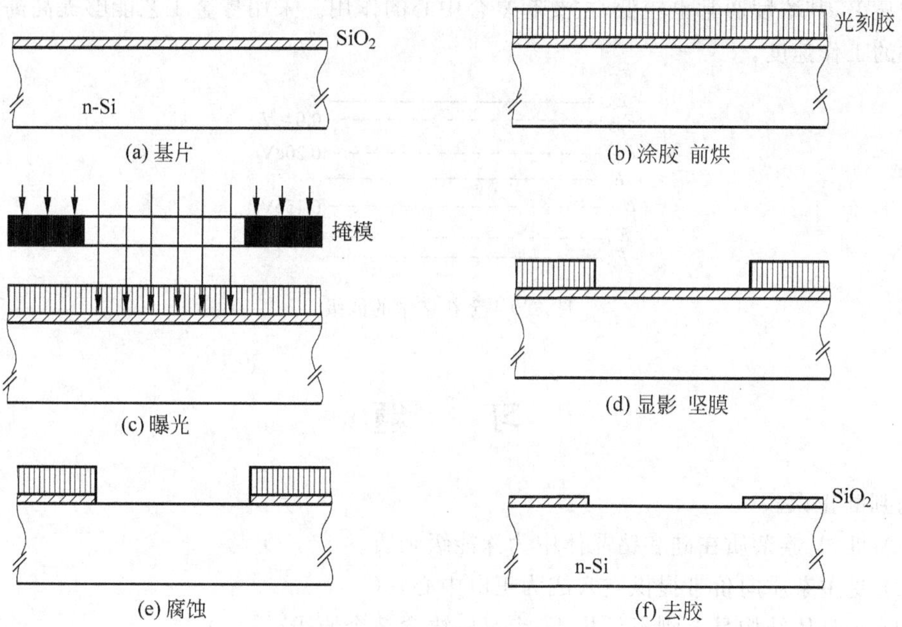

图 3.8　光刻工艺

VLSI 优越的掺杂工艺。随着离子注入技术的不断发展和成熟，目前许多原来由扩散工艺所完成的加工工序，都已经被离子注入取代了，这是时代发展的必然结果。

3.4　深能级杂质

除Ⅲ、Ⅴ族杂质在硅和锗的禁带中产生浅杂质能级外，实验表明，掺入其他各族元素也要在硅和锗禁带中产生能级，但非Ⅲ、Ⅴ族元素在硅和锗禁带中产生的施主能级 E_D 距导带底 E_c 较远，产生的受主能级 E_A 距价带顶 E_v 较远，这种杂质能级称为**深能级**，对应的杂质称为深能级杂质(Deep-levels impurities)。深能级杂质可以多次电离，每一次电离相应有一个能级，有的杂质既引入施主能级又引入受主能级。

金(Au)在锗中产生的能级情况见图 3.9。图中 E_i 表示禁带中线位置，E_i 以上注明的是杂质能级距导带底 E_c 的距离，E_i 以下标出的是杂质能级距价带顶 E_v 的距离。位于格点位置上的中性金原子 Au^0 的一个价电子可以电离释放到导带，形成施主能级 E_D，其电离能为 E_c-E_D，从而成为带一个正电荷的单重电施主离化态 Au^+。这个价电子因受共价键束缚，它的电离能仅略小于禁带宽度 E_g，所以施主能级 E_D 很接近 $E_v(E_v+0.04\text{eV})$。另外，中性 Au^0 为与周围 4 个锗原子形成共价键，还可以依次由价带再接受 3 个电子，分别形成 E_{A1}、E_{A2}、E_{A3} 三个受主能级。价带激发一个电子给 Au^0 使之成为单重电受主离化态 Au^-，相应的电离能为 $E_{A1}-E_v$；从价带再激发一个电子给 Au^- 使之成为二重电受主离化态 $Au^{=}$，所需能量为 $E_{A2}-E_v$；从价带激发第 3 个电子给 $Au^{=}$ 使之成为三重电受主离化态 $Au^{\equiv}$，所需能量为 $E_{A3}-E_v$。由于电子间存在库仑斥力，金在接受价带电子过程中所需要的电离能越来越大，也就是 $E_{A3}>E_{A2}>E_{A1}$。硅和锗中其他一些深能级杂质引入的深能级也可以类似地做出解释。深能级杂质对半导体中载流子浓度和导电类型的影响不像浅能级杂质那样显著，其浓度通常也较低，主要起复合中心的作用。采用掺金工艺能够提高高速半导体器件的工作速度。

图 3.9　金在锗中的能级

习　题

请判断正误。

(1) Ⅲ、Ⅴ族杂质在硅和锗晶体中为深能级杂质。(　　)

(2) 受主杂质向价带提供空穴成为正电中心。(　　)

(3) 硅晶体结构是金刚石结构，每个晶胞中含 8 个原子(　　)。

(4) “半导体工艺是控制掺杂的工艺”的意思是说，半导体中绝不能含有杂质。(　　)

(5) 准确地说，铜器时代应为青铜时代，铁器时代应为铸铁时代。(　　)

第4章　半导体中的平衡载流子

阅读提示：电流控制型器件，如何计算电流？电流就是载流子的运动，而载流子浓度的计算其实就是加权平均。

4.1　加权求和和加权平均

在统计学中计算平均数等指标时，对各个变量值具有权衡轻重作用的数值就称为权数。例如，求数串3、4、3、3、3、2、4、4、3、3的总和。一般求法为3＋4＋3＋3＋3＋2＋4＋4＋3＋3＝32，加权求法为6×3＋3×4＋2＝32，其中3出现6次，4出现3次，2出现1次，6、3、1就叫权数。这种方法叫加权法。将各数值乘以相应的权数，然后加总求和即为加权求和。加权求和的大小不仅取决于总体中各单位的标志值（变量值）的大小，而且取决于各标志值出现的次数（频数），由于各标志值出现的次数对其在平均数中的影响起着权衡轻重的作用，因此叫做权数。

将加权和除以总的单位数即加权平均值。例如，一个同学的某一科的考试成绩为：平时测验为80分，期中为90分，期末为95分，学校规定的科目成绩的计算方式是：平时测验占20％，期中成绩占30％，期末成绩占50％。这里，每个成绩所占的比重就是权重。那么，成绩的加权平均值＝(80＊20％＋90＊30％＋95＊50％)/(20％＋30％＋50％)＝90.5，而算术平均值(80＋90＋95)/3＝88.3。

上面的例子是已知权重的情况，下面的例子是未知权重的情况。假设一个人购买了两种股票：股票A，1000股，价格10；股票B，2000股，价格15；则股价的算术平均值＝(10＋15)/2＝12.5；股价的加权平均值＝(10×1000＋15×2000)/(1000＋2000)＝13.33。一般情况下，算术平均值与加权平均值是不同的，只有在每一个数的权数相同的情况下，加权平均值才等于算术平均值。

以上计算用数学表示出来，则为，算术平均$\bar{c}=\dfrac{c_1+c_2+\cdots+c_N}{N}$。加权平均$\bar{c}=c_1f_1+c_2f_2+\cdots+c_Nf_N=\sum\limits_{i=1}^{N}c_if_i$，这里已经假设$f_1+f_2+\cdots+f_N=\sum\limits_{i=1}^{N}f_i=1$。连续分布时求和变成积分

$$\bar{c}=\int c(x)f(x)\mathrm{d}x \tag{4.1}$$

其中，$\int f(x)\mathrm{d}x=1$。

4.2　理想气体分子按速率的分布

式(4.1)给出了某物理量c的加权平均（统计平均）表达式，其中f是其权重函数，c、f都是某变量的函数，即$c=c(x)$，$f=f(x)$。

考虑理想气体分子按速率的分布，即麦克斯韦分布，这时麦克斯韦分布函数 $f(v)=4\pi\left(\frac{m}{2\pi kT}\right)^{\frac{2}{3}}\mathrm{e}^{-\frac{mv^2}{2kT}}.v^2$，并且 $\int_0^\infty f(v)\mathrm{d}v=1$。

【例 1】 $c(v)=v$，$\bar{v}=\int_0^\infty vf(v)\mathrm{d}v$，得到平均速率 $\bar{v}=\int_0^\infty vf(v)\mathrm{d}v=\sqrt{\frac{8k_0T}{\pi m}}$。

【例 2】 $c(v)=v^2$，$\overline{v^2}=\int_0^\infty v^2f(v)\mathrm{d}v$，得到方均根速率 $v_{\mathrm{rms}}=\sqrt{\overline{v^2}}=\sqrt{\frac{3k_0T}{m}}$。

【例 3】 $\int_{v_1}^{v_2}vf(v)\mathrm{d}v$ 表示 $v_1\sim v_2$ 区间内速率的加权和，$\int_{v_1}^{v_2}f(v)\mathrm{d}v\neq 1$；$\bar{v}=\int_{v_1}^{v_2}vf(v)\mathrm{d}v\Big/\int_{v_1}^{v_2}f(v)\mathrm{d}v$ 表示区间内速率的加权平均。

4.3 导带电子浓度与价带空穴浓度

能级与量子态不同，一个能级上可以有多个量子态，一个能级上量子态的个数叫简并度。下面的问题是：求导带有多少量子态。这是个加权求和问题。根据泡利不相容原理，一个量子态上只能有一个电子，所以量子态数即电子数。

定义状态密度为

$$g(E)=\frac{1}{V}\frac{\mathrm{d}Z(E)}{\mathrm{d}E} \tag{4.2}$$

它表示单位体积、单位能量间隔的量子态数目（电子数目），则 E_1 和 E_2 区间量子态（电子数）$g(E)$ 的加权和为 $\int_{E_1}^{E_2}f(E)g(E)\mathrm{d}E$，此即 E_1 和 E_2 区间电子数，则电子浓度

$$n=\int_{E_1}^{E_2}f(E)g(E)\mathrm{d}E \tag{4.3}$$

上面定义的状态密度简称**态密度**。这里要注意态密度和简并度的区别。在量子力学中，状态和能级这两个术语有着不同的含义。状态是用波函数表示的，每个不同的波函数就是一个不同的状态。能级是用给定的能量数值表示的，每个不同的能量值就是一个不同的能级。若一个能级与一种以上的状态相对应，则称之为简并能级，属于同一能级的不同状态的数目称为该能级的简并度。在氢原子中，每个能级之下有 n^2 个独立的状态，即简并度为 n^2。例如：$n=2$ 时，有 ψ_{2s}、ψ_{2p_x}、ψ_{2p_y} 和 ψ_{2p_z} 共 4 个独立状态，简并度为 4。

状态密度或态密度为某一能量附近每单位能量区间里微观状态的数目，又叫做能态密度。在物理学中，具有同一能量的微观状态被称为简并的。简并态的个数叫做简并数（简并度）。在离散能级处，简并数就是相应能量的态密度。在连续和准连续能态处，设 $g(E)$ 为态密度，则处在能量 E 和 $E+\mathrm{d}E$ 区间的态的个数为 $g(E)\mathrm{d}E$。

要计算半导体中的导带电子浓度，必须先要知道导带中 $\mathrm{d}E$ 能量间隔内有多少个量子态，又因为这些量子态上并不是全部被电子占据，因此还要知道能量为 E 的量子态被电子占据的几率是多少，将两者相乘就得到 $\mathrm{d}E$ 区间的电子浓度，然后再由导带底至导带顶积分就得到了导带的电子浓度。

半导体的能带图如图 4.1 所示。如前所述，导带和价带是准连续的，所以差分可用微分近似，即将 ΔE 写成 $\mathrm{d}E$，并用式(4.2)计算其状态密度。为得到状态密度，首先应该计算出 k

空间中量子态密度，然后计算出 k 空间能量为 E 的等能面在 k 空间围成的体积，并和 k 空间量子态密度相乘得到 $Z(E)$，再按式(4.2)求出 $g(E)$。

可以证明，在导带底附近

$$g_C(E)=\frac{1}{V}\frac{\mathrm{d}Z(E)}{\mathrm{d}E}=4\pi\frac{(2m_n^*)^{3/2}}{h^3}(E-E_c)^{\frac{1}{2}} \tag{4.4}$$

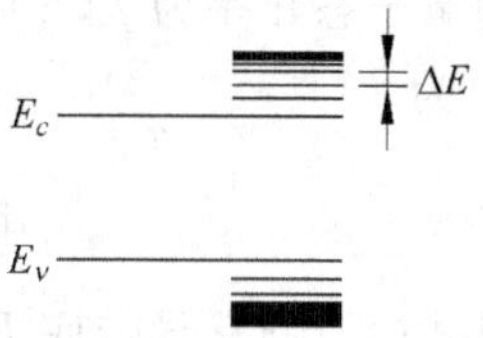

图 4.1　能带中的能级

其中，m_n^* 为导带底电子有效质量。

同理，价带顶附近状态密度 $g_V(E)$ 为

$$g_V(E)=4\pi\cdot\frac{(2m_p^*)^{3/2}}{h^3}(E_v-E)^{\frac{1}{2}} \tag{4.5}$$

其中，m_p^* 为价带顶空穴有效质量。

热平衡条件下半导体中电子按能量大小服从一定的统计分布规律。能量为 E 的一个量子态被一个电子占据的几率为

$$f(E)=\frac{1}{1+\exp\dfrac{E-E_F}{k_0T}} \tag{4.6}$$

式中，k_0 为玻尔兹曼常数，T 是绝对温度，E_F 是费米能级，$f(E)$ 称为电子的费米-狄拉克(Fermi-Dirac)分布函数，简称费米分布函数。

根据式(4.6)，能量比费米能级 E_F 高 $5k_0T(E-E_F=5k_0T)$ 的量子态被电子占据的几率仅为 0.7%；而能量比费米能级 E_F 低 $5k_0T(E-E_F=-5k_0T)$ 的量子态被电子占据的几率高达 99.3%。如果温度不是很高，那么 $E_F\pm5k_0T$ 的范围就很小(室温下 $k_0T=0.026\text{eV}$)，这样费米能级 E_F 就成为量子态是否被电子占据的分界线，能量高于费米能级的量子态基本是空的，能量低于费米能级的量子态基本是满的，而能量等于费米能级的量子态被电子占据的几率是 50%。

如式(4.6)所示的费米分布函数中，若 $E-E_F\gg k_0T$，则分母中的 1 可以忽略，此时

$$f_B(E)=\exp\left(-\frac{E-E_F}{k_0T}\right)=\exp\left(\frac{E_F}{k_0T}\right)\exp\left(-\frac{E}{k_0T}\right)=A\exp\left(-\frac{E}{k_0T}\right) \tag{4.7}$$

式(4.7)就是电子的玻尔兹曼分布函数。

费米分布函数和玻尔兹曼分布函数的区别在于前者受泡利不相容原理的制约。如果满足 $E-E_F\gg k_0T$ 时，即使一个量子态容许存在更多的电子，那么电子占据的几率也甚微，因此两种分布差别很小。对于空穴，$1-f(E)$ 就是能量为 E 的量子态被空穴占据的几率

$$1-f(E)=\frac{1}{1+\exp\dfrac{E_F-E}{k_0T}} \tag{4.8}$$

同理，当 $E_F-E\gg k_0T$ 时，式(4.8)转化为下面的空穴玻尔兹曼分布

$$1-f(E)=\exp\left(-\frac{E_F-E}{k_0T}\right)=\exp\left(-\frac{E_F}{k_0T}\right)\exp\left(\frac{E}{k_0T}\right)=B\exp\left(\frac{E}{k_0T}\right) \tag{4.9}$$

半导体中常见的是费米能级 E_F 位于禁带之中，并且满足 $E_c-E_F\gg k_0T$ 或 $E_F-E_vVk_0T$ 的条件。因此对于导带或价带中所有量子态来说，电子或空穴都可以用玻尔兹曼统计分布描述。由于分布几率随能量呈指数衰减，因此导带绝大部分电子分布在导带底附近，价带绝大部分空穴分布在价带顶附近，即起作用的载流子都在能带极值附近。通常将服从玻尔兹曼统计规律的半导体称为非简并半导体，而将服从费米统计分布规律的半导体称

为简并半导体。

导带底附近能量 $E \to E+dE$ 区间有 $dZ(E)=g_C(E)dE$ 个量子态，而电子占据能量为 E 的量子态几率为 $f(E)$，对于非简并半导体，该能量区间单位体积内的电子数即电子浓度 n_0 为

$$dn_0 = 4\pi \frac{(2m_n^*)^{\frac{3}{2}}}{h^3} \exp\left(-\frac{E-E_F}{k_0T}\right)(E-Ec)^{\frac{1}{2}}dE \tag{4.10}$$

对式(4.10)从导带底 E_c 到导带顶 E_c' 积分，即取式(4.3)中 $E_1=E_c$，$E_2=E_c'$，得到平衡态非简并半导体导带电子浓度

$$\begin{aligned} n_0 &= 4\pi \cdot \frac{(2m_n^*)^{\frac{3}{2}}}{h^3}\int_{Ec}^{Ec'}(E-Ec)^{1/2}\exp\left(-\frac{E-E_F}{k_0T}\right)dE \\ &= 4\pi \cdot \frac{(2m_n^*)^{3/2}}{h^3}\int_{Ec}^{Ec'}(E-E_c)^{1/2}\exp\left(-\frac{E-Ec+Ec-E_F}{k_0T}\right)dE \end{aligned} \tag{4.11}$$

引入中间变量 $x=\dfrac{E-E_c}{k_0T}$，得到

$$n_0 = 4\pi \cdot \frac{(2m_n^* k_0T)^{3/2}}{h^3}\exp\left(-\frac{E_c-E_F}{k_0T}\right)\int_0^{x'} x^{\frac{1}{2}}e^{-x}dx \tag{4.12}$$

已知积分 $\int_0^{+\infty} x^{1/2}e^{-x}dx = \sqrt{\pi}/2$，而式(4.12)中的积分值应小于$\sqrt{\pi}/2$。由于玻尔兹曼分布中电子占据量子态几率随电子能量升高急剧下降，导带电子绝大部分位于导带底附近，所以将式(4.12)中的积分用$\sqrt{\pi}/2$ 替换无妨，因此

$$\begin{aligned} n_0 &= 4\pi \cdot \frac{(2m_n^* k_0T)^{\frac{3}{2}}}{h^3}\exp\left(-\frac{E_c-E_F}{k_0T}\right)\int_0^{+\infty} x^{\frac{1}{2}}e^{-x}dx \\ &= N_c\exp\left(-\frac{E_c-E_F}{k_0T}\right) \end{aligned} \tag{4.13}$$

其中，$N_c=\dfrac{2(2\pi m_n^* k_0T)^{3/2}}{h^3}$称为导带有效状态密度，因此

$$n_0 = N_c\exp\left(-\frac{E_c-E_F}{k_0T}\right) \tag{4.14}$$

同理可以得到价带空穴浓度

$$p_0 = \int_{E_v}^{E'_v}[1-f(E)]g_V(E)dE = N_v\exp\left(\frac{E_v-E_F}{k_0T}\right) \tag{4.15}$$

其中，$N_v=\dfrac{2(2\pi m_p^* k_0T)^{\frac{3}{2}}}{h^3}$称为价带有效状态密度，因此

$$p_0 = N_v\exp\left(\frac{E_v-E_F}{k_0T}\right) \tag{4.16}$$

式(4.14)和式(4.16)就是平衡态非简并半导体导带电子浓度 n_0 和价带空穴浓度 p_0 的表达式。n_0 和 p_0 与温度和费米能级 E_F 的位置有关。其中温度的影响不仅反映在 N_c 和 N_v 均正比于 $T^{3/2}$ 上，影响更大的是指数项；E_F 位置与所含杂质的种类与多少有关，也与温度有关。

将式(4.14)和式(4.16)中 n_0 和 p_0 相乘，代入 k_0 和 h 值并引入电子惯性质量 m_0，得到

$$n_0p_0 = N_cN_v\exp\left(-\frac{E_c-E_v}{k_0T}\right) = N_cN_v\exp\left(-\frac{E_g}{k_0T}\right)$$

$$= 2.33 \times 10^{31} \left(\frac{m_n^* m_p^*}{m_0^2}\right)^{\frac{3}{2}} T^3 \exp\left(-\frac{E_g}{k_0 T}\right) \tag{4.17}$$

式(4.17)表明,平衡态非简并半导体载流子浓度积 $n_0 p_0$ 与 E_F 无关;对确定的半导体,m_n^*、m_p^* 和 E_g 确定,$n_0 p_0$ 只与温度有关,与是否掺杂及杂质多少无关;一定温度下,不同材料的 m_n^*、m_p^* 和 E_g 各不相同,其 $n_0 p_0$ 积也不相同。温度一定时,对确定的非简并半导体 $n_0 p_0$ 积恒定,如果 n_0 大则 p_0 小,即如果半导体中 $n_0 \gg p_0$,那么较高的电子浓度 n_0 是以牺牲空穴浓度 p_0 为代价得到的,反之亦然。平衡态非简并半导体不论掺杂与否,式(4.17)都是适用的。

4.4　本征载流子浓度与本征费米能级

本征半导体不含有任何杂质和缺陷,导带电子唯一来源于本征激发。由于本征激发产生的是电子-空穴对,所以导带电子浓度 n_0 和价带空穴浓度 p_0 相等。本征半导体的电中性条件是

$$qp_0 - qn_0 = 0 \quad (\text{即 } n_0 = p_0) \tag{4.18}$$

将式(4.14)和式(4.16)的 n_0、p_0 表达式代入上式的电中性条件

$$N_c \exp\left(-\frac{E_c - E_F}{k_0 T}\right) = N_v \exp\left(\frac{E_v - E_F}{k_0 T}\right) \tag{4.19}$$

代入 N_c 和 N_v 并整理,得到

$$E_F = \frac{E_c + E_v}{2} + \frac{k_0 T}{2} \ln \frac{N_v}{N_c} = \frac{E_c + E_v}{2} + \frac{3k_0 T}{4} \ln \frac{m_p^*}{m_n^*} = E_i \tag{4.20}$$

式中的 $\frac{k_0 T}{2} \ln \frac{N_v}{N_c}$ $\left(\frac{3k_0 T}{4} \ln \frac{m_p^*}{m_n^*}\right)$ 与温度和材料有关。室温下常用半导体 $\frac{k_0 T}{2} \ln \frac{N_v}{N_c}$ $\left(\frac{3k_0 T}{4} \ln \frac{m_p^*}{m_n^*}\right)$ 的值见表 4.1,可见它比第一项 $(E_c + E_v)/2$(约 0.5eV)小得多,因此可以忽略,即本征费米能级

$$E_F = E_i = (E_c + E_v)/2$$

所以,本征费米能级基本位于禁带中线处。

将本征半导体费米能级 $E_F = E_i = (E_c + E_v)/2$ 代入 n_0、p_0 表达式,得到本征载流子浓度

$$n_0 = N_c \exp\left(-\frac{E_c - E_F}{k_0 T}\right) = N_c \exp\left(-\frac{2E_c - E_c - E_v}{2k_0 T}\right) = N_c \exp\left(-\frac{E_g}{2k_0 T}\right) = n_i$$

$$p_0 = N_v \exp\left(\frac{E_v - E_F}{k_0 T}\right) = N_v \exp\left(\frac{E_v - E_c}{2k_0 T}\right) = N_v \exp\left(-\frac{E_g}{2k_0 T}\right) = n_i$$

以及载流子浓度积 $n_0 p_0$

$$n_0 p_0 = N_c N_v \exp\left(-\frac{E_g}{k_0 T}\right) = n_i^2 \tag{4.21}$$

式(4.21)表明,任何平衡态非简并半导体载流子浓度积 $n_0 p_0$ 等于本征载流子浓度 n_i 的平方。只要是平衡态非简并半导体,不论掺杂与否,式(4.21)都成立。由式(4.21)可知,对于确定的半导体材料,受到式中 N_c 和 N_v,尤其是指数项 $\exp(-E_g/2k_0 T)$的影响,本征载流子浓度 n_i 随温度的升高显著上升。表 4.1 给出了室温下硅、锗和砷化镓的 n_i 理论与实验值,

应用中 n_i 常取实验值。

表 4.1 室温下($k_0T=0.026$eV)几种半导体材料的参数

参数	N_c/cm^{-3}	N_v/cm^{-3}	$(k_0T/2)[\ln(Nv/Nc)]$/eV	n_i/cm^{-3}(计算值)	n_i/cm^{-3}(实验值)	E_g/eV
Si	2.8×10^{19}	1.1×10^{19}	−0.0121	7.8×10^{9}	1.5×10^{10}	1.12
Ge	1.05×10^{19}	5.7×10^{18}	−0.0079	2.0×10^{13}	2.4×10^{13}	0.67
GaAs	4.5×10^{17}	8.1×10^{18}	0.0376	2.3×10^{6}	1.1×10^{7}	1.43

室温时为确保实验测量得到的 n_i 主要来源于本征激发,那么实验样品中的杂质含量就必须严格限制。以硅为例,实验样品中的杂质含量必须低于 $1.5\times10^{10}\,cm^{-3}$,因为硅的原子密度为 $5.0\times10^{22}\,cm^{-3}$,因此要求样品的纯度必须达到 $1.5\times10^{10}\,cm^{-3}/5.0\times10^{22}\,cm^{-3}=3\times10^{-13}$ 以上,因而要获得本征半导体并不容易。

几种常用半导体的 $\ln n_i\sim1/T$ 曲线见图 4.2,可见本征载流子浓度 n_i 严重地依赖于温度。晶体管的有源区是由 P 型区或 N 型区构成的,其载流子主要源于杂质电离。在器件正常工作的温度区间内,本征激发产生的 n_i 远低于杂质电离提供的载流子浓度。当温度超出这一范围时,本征载流子浓度 n_i 就会接近甚至高于杂质电离所能提供的载流子浓度,这时

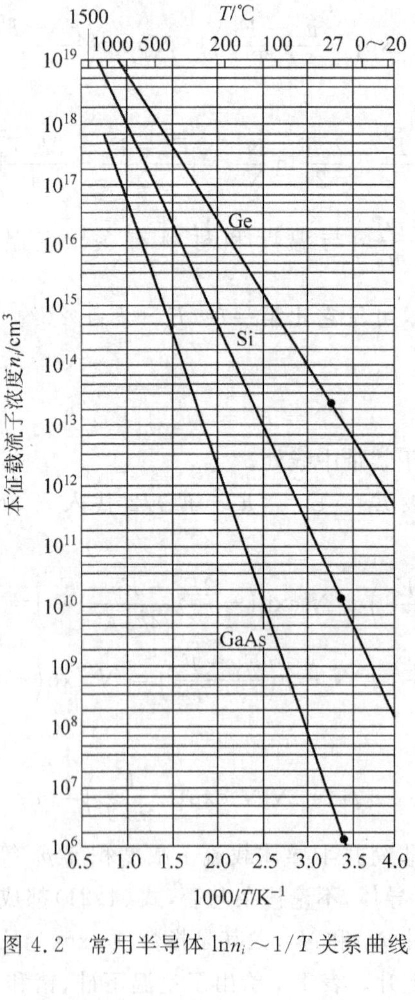

图 4.2 常用半导体 $\ln n_i\sim1/T$ 关系曲线

杂质半导体呈现出本征特征，P 型区或 N 型区消失，器件性能也随之丧失。

4.5 杂质半导体的载流子浓度

杂质半导体中，施主杂质和受主杂质要么处于未离化的中性态，要么电离成为离化态。以施主杂质为例，电子占据施主能级时是中性态，离化后成为正电中心。电子占据施主杂质能级的概率不能用费米分布函数描述。因为费米分布函数描写的是电子占据导带电子能级的概率。导带电子能级与施主杂质能级不同，导带中一个能级可以容纳自旋方向相反的两个电子，而施主杂质能级上要么被一个任意自旋方向的电子占据（中性态），要么没有被电子占据（离化态）。可以证明，电子占据施主能级 E_D 的概率为

$$f_D(E) = \frac{1}{1+\frac{1}{2}\exp\left(\frac{E_D - E_F}{k_0 T}\right)} \tag{4.22}$$

如果施主杂质浓度为 N_D，那么施主能级上的电子浓度（即未电离的施主杂质浓度）为

$$n_D = N_D f_D(E) = \frac{N_D}{1+\frac{1}{2}\exp\left(\frac{E_D - E_F}{k_0 T}\right)} \tag{4.23}$$

而电离施主杂质浓度为

$$n_D^+ = N_D - n_D = \frac{N_D}{1+2\exp\left(-\frac{E_D - E_F}{k_0 T}\right)} \tag{4.24}$$

式(4.24)表明，施主杂质的离化情况与杂质能级 E_D 和费米能级 E_F 的相对位置有关。如果 $E_D - E_F \gg k_0 T$，则 $n_D^+ \approx N_D$，$n_D \approx 0$，即杂质几乎全部电离。如果 $E_F = E_D$，$n_D^+ = N_D/3$，$n_D = \frac{2}{3}N_D$，即施主杂质有 1/3 电离，还有 2/3 没有电离。对于掺入受主杂质的 p 型半导体，也有与式(4.22)～式(4.24)相似的公式，可以参考相关书籍。

利用式(4.22)～式(4.24)，可以计算杂质半导体中的费米能级和载流子浓度。下面以 n 型半导体为例说明这一过程。n 型半导体中存在着带负电的导带电子（浓度为 n_0）、带正电的价带空穴（浓度为 p_0）和离化的施主杂质（浓度为 n_D^+），因此电中性条件为

$$-qn_0 + qp_0 + qn_D^+ = 0 \quad 即 \quad n_0 = p_0 + n_D^+ \tag{4.25}$$

将 n_0、p_0、n_D^+ 各表达式代入式(4.25)中得到

$$N_c\exp\left(-\frac{E_c - E_F}{k_0 T}\right) = N_v\exp\left(\frac{E_v - E_F}{k_0 T}\right) + \frac{N_D}{1+2\exp\left(-\frac{E_D - E_F}{k_0 T}\right)} \tag{4.26}$$

式(4.26) 是一个超越方程，一般解析求解其中的 E_F 是有困难的。通常的做法是分区求解，即根据不同温度区间的特点进行化简，近似求解。

实验表明，在硅中，如果掺杂浓度不太高并且所处的温度高于 100K 左右时，杂质一般是全部离化的，这样式(4.25)可以写成

$$n_0 = p_0 + N_D \tag{4.27}$$

将式(4.27)与 $n_0 p_0 = n_i^2$ 联立求解，就得到 n 型半导体杂质全部离化时的导带电子浓度 n_0

$$n_0=\frac{N_D+\sqrt{N_D^2+4n_i^2}}{2} \tag{4.28}$$

式(4.28)的导带电子浓度 n_0 表达式中只有本征载流子浓度 n_i 随着温度变化。一般硅平面三极管中掺杂浓度不低于 $5\times10^{14}\mathrm{cm}^{-3}$，而室温下硅的本征载流子浓度 n_i 为 $1.5\times10^{10}\mathrm{cm}^{-3}$。也就是说，在一个相当宽的温度范围内，本征激发产生的 n_i 与全部电离的施主浓度 N_D 相比是可以忽略的。这一温度范围约为 100～450K，称为强电离区或饱和区，对应的电子浓度

$$n_0=\frac{N_D+\sqrt{N_D^2+4n_i^2}}{2}\approx N_D \tag{4.29}$$

强电离区导带电子浓度 $n_0=N_D$，与温度几乎无关。式(4.29)中代入 n_0 表达式，得到

$$N_c\exp\left(-\frac{E_c-E_F}{k_0T}\right)=N_D \tag{4.30}$$

$$E_F=E_c+k_0T\ln\frac{N_D}{N_c} \tag{4.31}$$

也可以对式(4.30)的左边进行变形，即

$$\begin{cases}N_c\exp\left(-\dfrac{E_c-E_F}{k_0T}\right)=N_c\exp\left(-\dfrac{E_c-E_i+E_i-E_F}{k_0T}\right)\\ \qquad\qquad\qquad\qquad =n_i\exp\left(-\dfrac{E_i-E_F}{k_0T}\right)=N_D\\ E_F=E_i+k_0T\ln\dfrac{N_D}{n_i}\end{cases} \tag{4.32}$$

式(4.31)和式(4.32)分别是 n 型半导体在强电离区以导带底 E_c 和本征费米能级 E_i 为参考的费米能级 E_F 表示式。因为掺杂是为了控制半导体的导电类型(n 型或 p 型)以及导电能力，因此在器件正常工作的温度范围内，式(4.32)中 N_D 总是大于 n_i 的，所以 n 型半导体的 E_F 总是位于 E_i 之上。同时，一般的掺杂浓度下，N_D 又小于导带有效状态密度 N_c，因而式(4.31)中的第二项为负，也就是 E_F 位于 E_c 之下，所以一般 n 型半导体的 E_F 位于 E_i 之上 E_c 之下的禁带中。E_F 既与温度有关，也与杂质浓度 N_D 有关。一定温度下掺杂浓度越高，费米能级 E_F 距导带底 E_c 越近；如果掺杂一定，温度越高 E_F 距 E_c 越远，也就是越趋向 E_i。图 4.3 是不同杂质浓度条件下硅的费米能级 E_F 与温度关系曲线。

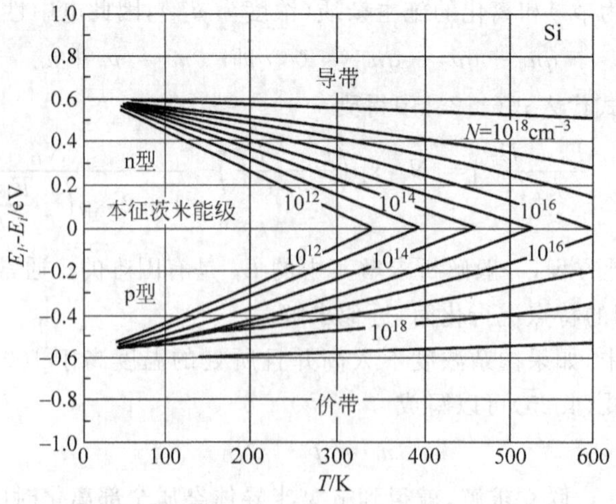

图 4.3　硅中不同掺杂浓度条件下费米能级与温度的关系

利用式(4.24)，N型半导体中电离施主浓度和总施主杂质浓度两者之比为

$$\frac{n_D^+}{N_D}=\frac{1}{1+2\exp\left(-\frac{E_D-E_F}{k_0T}\right)}$$

$$=\frac{1}{1+2\exp\left(-\frac{E_D-E_c+E_c-E_F}{k_0T}\right)}$$

$$=\frac{1}{1+2\exp\left(\frac{\Delta E_D}{k_0T}\right)\exp\left(-\frac{E_c-E_F}{k_0T}\right)}=I_+ \tag{4.33}$$

将强电离区的式(4.30)，即 $\exp\left(-\frac{E_c-E_F}{k_0T}\right)=\frac{N_D}{N_c}$ 代入式(4.33)得到

$$I_+=\frac{n_D^+}{N_D}=\frac{1}{1+2\exp\left(\frac{\Delta E_D}{k_0T}\right)\frac{N_D}{N_c}} \tag{4.34}$$

式(4.34)分母中 $2\exp\left(\frac{\Delta E_D}{k_0T}\right)\frac{N_D}{N_c}$ 越小，杂质电离越多。所以掺杂浓度 N_D 低、温度高、杂质电离能 ΔE_D 低，杂质离化程度就高，也容易达到强电离，通常以 $I_+=n_D^+/N_D=90\%$ 作为强电离标准。通常所说的室温下杂质全部电离其实忽略了掺杂浓度的限制。例如室温下掺磷的n型硅，$N_c=2.8\times10^{19}\ \text{cm}^{-3}$，$\Delta E_D=0.044\text{eV}$，$k_0T=0.026\text{eV}$，取 I_+ 为0.9，代入式(4.34)有

$$N_D=\frac{N_c}{2}(I_+^{-1}-1)\exp\left(-\frac{\Delta E_D}{k_0T}\right)$$

$$=\frac{2.8\times10^{19}}{2}\cdot\frac{1}{9}\times\exp\left(-\frac{0.044}{0.026}\right)$$

$$=2.86\times10^{17}\ \text{cm}^{-3}$$

$2.86\times10^{17}\ \text{cm}^{-3}$ 就是室温下硅中掺磷并且强电离的浓度上限，如果超出此浓度，电离就不充分了。

把非简并半导体 $\frac{n_0}{N_c}=\exp\left(-\frac{E_c-E_F}{k_0T}\right)$ 代入式(4.33)中，再利用 $n_0=n_D^+=I_+N_D$，得到

$$\left(\frac{\Delta E_D}{k_0}\right)\left(\frac{1}{T}\right)=\frac{3}{2}\ln T+\ln\left[\frac{1}{N_D}\left(\frac{1-I_+}{I_+^2}\right)\frac{(2\pi m_n^*k_0)^{\frac{3}{2}}}{h^3}\right] \tag{4.35}$$

对于给定的 N_D 和 ΔE_D，由式(4.35)可以求得任意杂质电离百分比情形下所对应的温度 T。

杂质强电离后，如果温度继续升高，本征激发也进一步增强，当 n_i 可以与 N_D 比拟时，式(4.28)中的本征载流子浓度 n_i 就不能忽略了，这样的温度区间称为**过渡区**。确定温度下的 n_i 可查图(见图4.3)获得，也可以通过式(4.21)计算得到，注意 N_c、N_v、E_g 都是与温度有关的。将 n_i 代入式(4.28)就求出了过渡区的导带电子浓度 n_0。

对于式(4.14)所示的 n_0 表达式作如下变形

$$n_0=N_c\exp\left(-\frac{E_c-E_F}{k_0T}\right)$$

$$=N_c\exp\left(-\frac{E_c-E_i+E_i-E_F}{k_0T}\right)$$

$$= n_i \exp\left(-\frac{E_i - E_F}{k_0 T}\right) \tag{4.36}$$

联立式(4.28)和式(4.36),就求出了过渡区以本征费米能级 E_i 为参考的费米能级 E_F

$$E_F = E_i + k_0 T \ln\left(\frac{N_D + \sqrt{N_D^2 + 4n_i^2}}{2n_i}\right) \tag{4.37}$$

处在过渡区的半导体如果温度再升高,本征激发产生的 n_i 就会远大于杂质电离所提供的载流子浓度,此时 $n_0 \gg N_D$,$p_0 \gg N_D$,电中性条件是 $n_0 = p_0$,称杂质半导体进入了高温本征激发区。由于 n_i 与温度有关,因此半导体中杂质浓度越高,本征激发起主导作用所需要的温度起点也就越高。在高温本征激发区,因为 $n_0 = p_0$,此时的 E_F 接近 E_i。

可见 n 型半导体的 n_0 和 E_F 是由温度和掺杂情况决定的。杂质浓度一定时,如果杂质强电离后继续升高温度,施主杂质对载流子的贡献就基本不变了,但本征激发产生的 n_i 随温度的升高逐渐变得不可忽视,甚至起主导作用,而 E_F 则随温度升高逐渐趋近 E_i。半导体器件和集成电路就正常工作在杂质全部离化而本征激发产生的 n_i 远小于离化杂质浓度的强电离温度区间。在一定温度条件下,E_F 位置由杂质浓度 N_D 决定,随着 N_D 的增加,E_F 由本征时的 E_i 逐渐向导带底 E_c 移动。n 型半导体的 E_F 位于 E_i 之上,E_F 位置不仅反映了半导体的导电类型,也反映了半导体的掺杂水平。

图 4.4 是施主浓度为 $5\times10^{14}\text{cm}^{-3}$ 时 N 型硅中 n_0 随温度的关系曲线。低温段(100K 以下)由于杂质不完全电离,n_0 随着温度的上升而增加;然后就达到了强电离区间,该区间 $n_0 = N_D$ 基本维持不变;温度再升高,进入过渡区,n_i 不可忽视;如果温度过高,本征载流子浓度开始占据主导地位,杂质半导体呈现出本征半导体的特性。

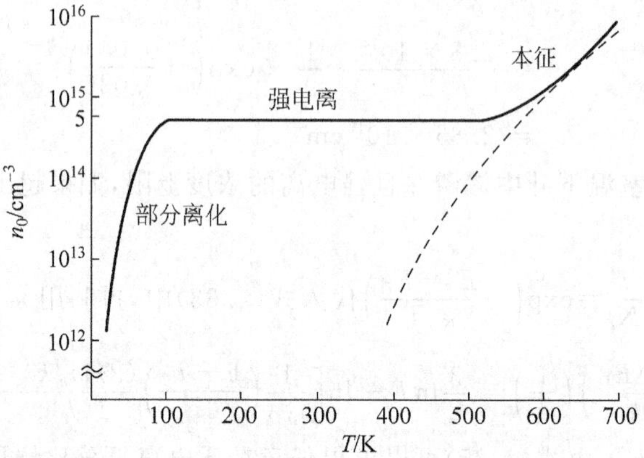

图 4.4　N 型硅中导带电子浓度和温度的关系曲线

如果用 n_{no} 表示 n 型半导体中的多子(电子)浓度,而 p_{no} 表示 n 型半导体中少子(空穴)浓度,那么

$$p_{no} = n_i^2 / n_{no} \tag{4.38}$$

一般而言,器件正常工作在室温附近,属于强电离温度区间。这时,多子浓度 $n_{no} = N_D$ 基本不变,而式(4.38)中的少子浓度正比于 n_i^2,而 $n_i^2 \propto T^3 \exp(-E_g/k_0 T)$,随温度变化发生显著变化。所以,在器件正常工作的较宽温度范围内,少子浓度随温度变化显著,因此依靠少子工作的半导体器件的温度性能就会受到影响。

对 p 型半导体的讨论与上述类似，这里就不详细叙述了。

对于杂质补偿半导体，若 n_D^+ 和 p_A^- 分别是离化施主和离化受主浓度，电中性条件为

$$p_0 + n_D^+ = n_0 + p_A^- \tag{4.39}$$

如果考虑杂质强电离及其以上的温度区间，$n_D^+ = N_D$，$p_A^- = N_A$，式(4.39)为

$$p_0 + N_D = n_0 + N_A \tag{4.40}$$

将式(4.40)与 $n_0 p_0 = n_i^2$ 联立求解得到

$$n_0 = \frac{N_D - N_A}{2} + \frac{[(N_D - N_A)^2 + 4n_i^2]^{1/2}}{2} \tag{4.41}$$

将式(4.36)与式(4.41)联立，得到杂质补偿半导体以 E_i 为参考的 E_F 表达式

$$E_F = E_i + k_0 T\ln\left[\frac{(N_D - N_A)}{2n_i} + \frac{[(N_D - N_A)^2 + 4n_i^2]^{\frac{1}{2}}}{2n_i}\right] \tag{4.42}$$

杂质强电离及其以上温度区域式(4.41)都适用。$(N_D - N_A) \gg n_i$ 对应于强电离区；$(N_D - N_A)$ 与 n_i 可以比拟时就是过渡区；如果 $(N_D - N_A) \ll n_i$，那么半导体就进入了高温本征激发区。

习 题

请填空。

(1) $T=0\text{K}$ 时，电子占据费米能级的概率是(　　)。

(2) 能量为 E 的一个量子态被电子占据的概率为 $f(E)$，则它被一个空穴占据的概率为(　　)。

(3) 对于能带极值在 $k=0$，等能面为球面的情况，则导带底附近能量 $E(k)$ 与波矢 k 的关系为(　　)，导带底附近状态密度为(　　)。

(4) 计算状态密度时，近似认为能带中的能级是(　　)分布的。

(5) 根据波尔兹曼分布可以看出，电子主要分布在(　　)。

第5章 半导体中载流子的输运现象

阅读提示：半导体理论如何解释古老的发现？

1833年，英国科学家法拉第最先发现硫化银(Ag_2S)的电阻随着温度的变化情况不同于一般金属，一般情况下，金属的电阻随温度升高而增加，但法拉第发现，硫化银材料的电阻是随着温度的上升而降低(称为负温度效应，见图5.1)。这是半导体现象的首次发现。

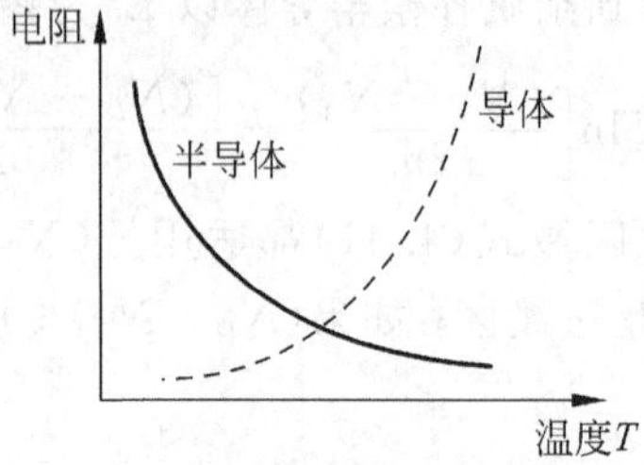

图5.1 半导体电阻的负温度效应

这个现象直到100多年后半导体理论建立后才得到完满的解释。后边我们会看到，这实际上是本征半导体的性质。

载流子在半导体中的输运性质就是半导体的导电性。在得到半导体中电子浓度 n 和空穴浓度 p 的基础上，就可以着手讨论半导体的导电性问题了。

5.1 半导体中载流子的运动形式

5.1.1 无规则运动——热运动

普通物理中曾经讲过，只要温度超过绝对零度，气体分子就始终处于无规则的热运动之中，而气体分子的速率分布遵循麦克斯韦分布。半导体中的电子与气体分子的性质类似，即电子也无时无刻不在进行着热运动，这种运动的运动方向和速度大小都是随机的，因而是一种无规则运动，如图5.2所示。

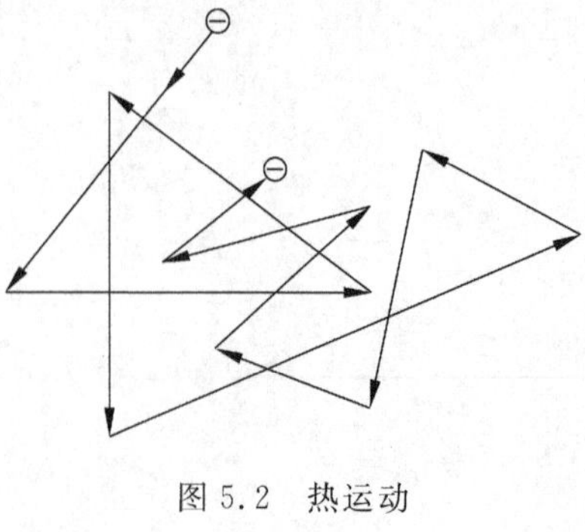

图5.2 热运动

处在热平衡时，把电子运动系统视为气体分子系统，它们的运动服从麦克斯韦速率分布规律，根据统计理论，它们的平均运动动能$\frac{1}{2}m^{*}\upsilon^{-2}=\frac{3}{2}k_0T$。热运动速率（方均根速率）$\upsilon_T=\sqrt{\overline{\upsilon^2}}=\sqrt{\frac{3k_0T}{m^{*}}}=10^5\text{m/s}=10^7\text{cm/s}(T=300\text{K})$，平均速率$\bar{\upsilon}=\sqrt{\frac{8k_0T}{\pi m^{*}}}\approx10^5\text{m/s}=10^7\text{cm/s}$。同声速（340m/s）以及波音 767 飞机的速度（272m/s）比较起来，电子热运动的速率是相当高的。只是由于载流子（电子）在做无规则的热运动，即它们在运动过程中遭到散射，每次散射后它们的运动方向及速度大小均发生变化，而且这种变化是随机的，所以速度不能无限增大。

5.1.2　有规则运动

施加电场，电子（空穴）作漂移运动，在电场方向上获得加速度。图 5.3 给出了电子在电场中运动的示意图。在外场 ε 的作用下，半导体中载流子要逆电场或顺电场方向作定向运动，这种运动称为漂移运动，定向运动速度称为漂移速度，它大小不一，取其平均值 $\bar{\upsilon}_d$ 称作平均漂移速度。

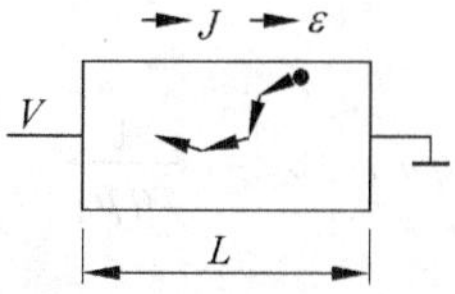

图 5.3　电子在电场中的运动

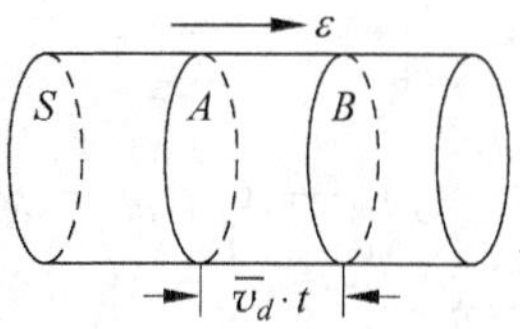

图 5.4　平均漂移速度分析模型

利用平均漂移速度可给出电子作漂移运动时形成的电流强度或电流密度的表达式，具体模型如图 5.4 所示。图 5.4 中截面积为 S 的均匀样品，内部电场为 ε，电子浓度为 n。在其中取相距为 $\bar{\upsilon}_d\cdot t$ 的 A 和 B 两个截面，这两个截面间所围成的体积中总电子数为 $N=nS\bar{\upsilon}_dt$，这 N 个电子经过时间 t 后都将通过 A 面，因此按照电流强度的定义

$$I=\frac{Q}{t}=\frac{-qN}{t}=\frac{-nqS\bar{\upsilon}_dt}{t}=-nqS\bar{\upsilon}_d \tag{5.1}$$

与电流方向垂直的单位面积上所通过的电流强度定义为电流密度，用 J 表示，那么

$$J=\frac{I}{S}=-nq\bar{\upsilon}_d \tag{5.2}$$

已知欧姆定律的微分形式为 $J=\sigma\varepsilon$，σ 为电导率，单位为 S/cm。将式（5.2）与 $J=\sigma\varepsilon$ 比较，$\bar{\upsilon}_d$ 由电场 ε 引起，ε 越强，电子平均漂移速度 $\bar{\upsilon}_d$ 越大，令 $\bar{\upsilon}_d=\mu_n\varepsilon$，称 μ_n 为电子迁移率（mobility），单位为 $\text{cm}^2/\text{V}\cdot\text{s}$。因为电子逆电场方向运动，$\bar{\upsilon}_d$ 为负，而习惯上迁移率只取正值，即

$$\mu_n=\left|\frac{\bar{\upsilon}_d}{\varepsilon}\right| \tag{5.3}$$

迁移率 μ_n 也就是单位电场强度下电子的平均漂移速度，它的大小反映了电子在电场作用下运动能力的强弱。将式（5.3）代入式（5.2），并与欧姆定律微分形式比较，得到

$$\sigma_n=nq\mu_n \tag{5.4}$$

式(5.4)就是电导率与迁移率的关系。电阻率 ρ 和电导率 σ 互为倒数，即 $\sigma=1/\rho$，ρ 的单位是 $\Omega\cdot cm$。半导体的电阻率可以直接采用四探针法测量得到，因而应用更加普遍。

半导体中存在电子和空穴两种带相反电荷的粒子，如果在半导体两端加上电压，内部就形成电场，电子和空穴漂移方向相反，但所形成的漂移电流密度都是与电场方向一致的，因此总漂移电流密度是两者之和，见图 5.5。

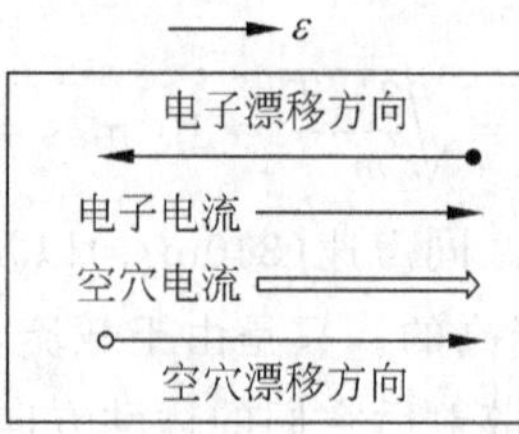

图 5.5　电子和空穴漂移电流密度

由于电子在半导体中作"自由"运动，而空穴运动实际上是共价键上电子在共价键之间的运动，所以两者在外电场作用下的平均漂移速度显然不同，因此用 μ_n 和 μ_p 分别表示电子和空穴的迁移率。通常用 $(j_n)_漂$ 和 $(j_p)_漂$ 分别表示电子和空穴漂移电流密度，那么半导体中的总漂移电流密度为

$$(j)_漂=(j_n)_漂+(j_p)_漂=(nq\mu_n+pq\mu_p)\varepsilon \tag{5.5}$$

n 型半导体 $n\gg p$

$$(j)_漂=(j_n)_漂=nq\mu_n\varepsilon \quad \sigma_n=nq\mu_n \quad \rho_n=\frac{1}{nq\mu_n} \tag{5.6}$$

p 型半导体 $p\gg n$

$$(j)_漂=(j_p)_漂=pq\mu_p\varepsilon \quad \sigma_p=pq\mu_p \quad \rho_p=\frac{1}{pq\mu_p} \tag{5.7}$$

本征半导体 $p=n=n_i$

$$(j)_漂=n_iq(\mu_n+\mu_p)\varepsilon \quad \sigma_i=n_iq(\mu_n+\mu_p) \quad \rho_i=\frac{1}{n_iq(\mu_n+\mu_p)} \tag{5.8}$$

本征半导体的电阻率决定于两个因素，迁移率和载流子浓度。因为无杂质，迁移率只与晶格散射有关，随着温度上升而下降，但变化不大，在一个数量级内。而随着温度升高，载流子浓度指数增加。所以这两个因素中，n_i 起主要作用，造成本征半导体电阻率随温度单调下降。这一特性与导体截然不同。在导体中，金属载流子浓度高，随温度变化不明显，而由于温度升高时碰撞加剧，迁移率明显下降，所以导体的电阻率随温度上升。这解释了 1833 年英国法拉第的发现(见图 5.1)。

当存在载流子的浓度梯度时，半导体中的载流子还会存在另一种规则运动——扩散运动。相应地，半导体中还会存在另一种电流——扩散电流。关于扩散运动及扩散电流将在其他章节详述。

5.2　主要散射机构以及迁移率与平均自由时间的关系

前面我们看到，迁移率是描述载流子漂移运动的重要物理量。这里的物理问题是：迁移率的起源是什么？或者说迁移率与什么有关呢？

半导体中的载流子在没有外电场作用时，作无规则热运动，与格点原子、杂质原子(离子)和其他载流子发生碰撞，如果用波的概念表达就是电子波在传播过程中遭到散射。当外电场作用于半导体时，载流子一方面作定向漂移运动，另一方面又要遭到散射，因此运动速度大小和方向不断改变，漂移速度不能无限积累。也就是说，电场对载流子的加速作用只存在于连续的两次散射之间。因此，上述的平均漂移速度 $\bar{v}_d$ 是指在外力和散射的双重作用下，载流子作漂移运动的平均速度。而"自由"载流子也只是在连续的两次散射之间才是"自由"的。半导体中载流子遭到散射的根本原因在于晶格周期性势场遭到破坏而存在有附加势场，因此凡是能够导致晶格周期性势场遭到破坏的因素都会引发载流子的散射。

施主杂质在半导体中未电离时是中性的，电离后成为正电中心，而受主杂质电离后接受电子成为负电中心，因此离化的杂质原子周围就会形成库仑势场，载流子因运动靠近后其速度大小和方向均会发生改变，也就是发生了散射，这种散射机构就称作电离杂质散射，见图 5.6。

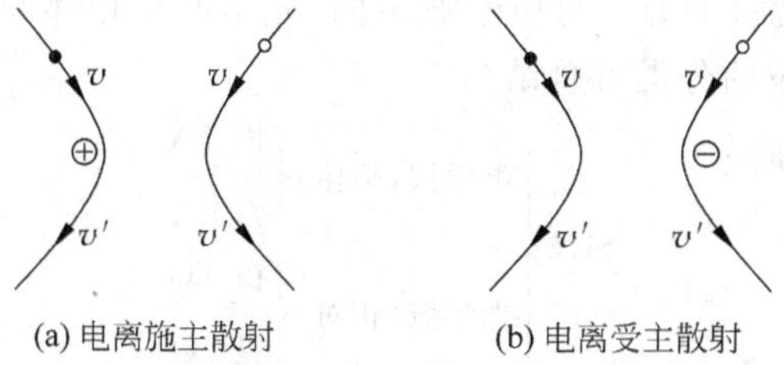

图 5.6　电离杂质散射

为描述散射作用强弱，引入散射几率 P，它定义为单位时间内一个载流子受到散射的次数。如果离化的杂质浓度为 N_i，电离杂质散射的散射几率 P_i 与 N_i 及其温度的关系为

$$P_i \propto N_i T^{-\frac{3}{2}} \tag{5.9}$$

式(5.9)表明：N_i 值越大，载流子受电离杂质散射的几率越大；而温度升高导致载流子的热运动速度增大，从而更容易掠过电离杂质周围的库仑势场，遭电离杂质散射的几率反而越小。需要说明的是，对于经过杂质补偿的 n 型半导体，在杂质充分电离时，补偿后的有效施主浓度为 $N_D - N_A$，导带电子浓度 $n_0 = N_D - N_A$；而电离杂质散射几率 P_i 中的 N_i 应为 $N_D + N_A$，因为此时施主和受主杂质全部电离，分别形成了正电中心和负电中心及其相应的库仑势场，它们都对载流子的散射作出了贡献，这一点与杂质补偿作用是不同的。声子色散关系见图 5.7。

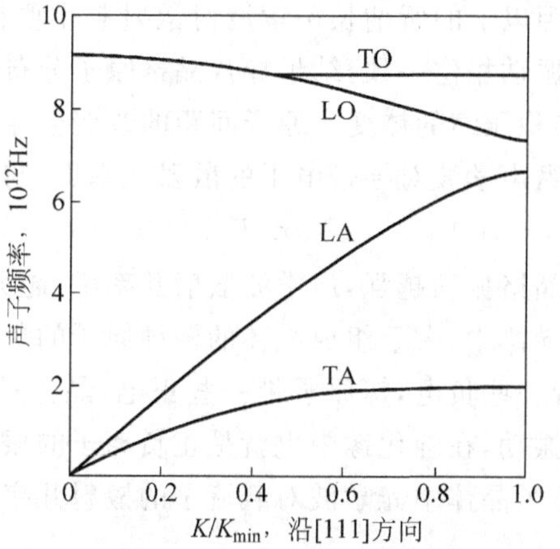

图 5.7　声子色散关系

一定温度下的晶体其格点原子(或离子)在各自平衡位置附近振动。半导体中格点原子的振动同样要引起载流子的散射,称为晶格振动散射,见图 5.8。格点原子的振动都是由被称作格波的若干个不同基本波动按照波的叠加原理叠加而成。与电子波相似,常用格波波矢 $|q|=1/\lambda$ 表示格波波长以及格波传播方向。晶体中一个格波波矢 $\boldsymbol{q}$ 对应了不止一个格波,对于硅、锗、砷化镓等常用半导体,一个原胞含两个原子,则一个 $\boldsymbol{q}$ 对应 6 个不同的格波。由 N 个原胞组成的半导体共有 $6N$ 个格波,分成六支。其中频率低的三支称为声学波,三支声学波中包含一支纵声学波(LA)和两支横声学波(TA)。声学波是相邻原子作相位一致的整体振动的结果。六支格波中频率高的三支称为光学波,三支光学波中也包括一支纵光学波(LO)和两支横光学波(TO)。与声学波不同,光学波是相邻原子之间作相位相反的相对振动的结果。关于格波的分类可总结为:

- 格波
  - 声学波(整体)
    - 横 TA
    - 纵 LA
  - 光学波(相对)
    - 横 TO
    - 纵 LO

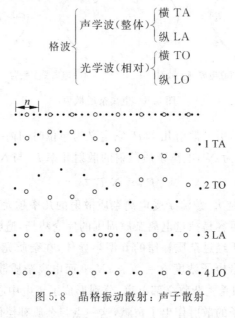

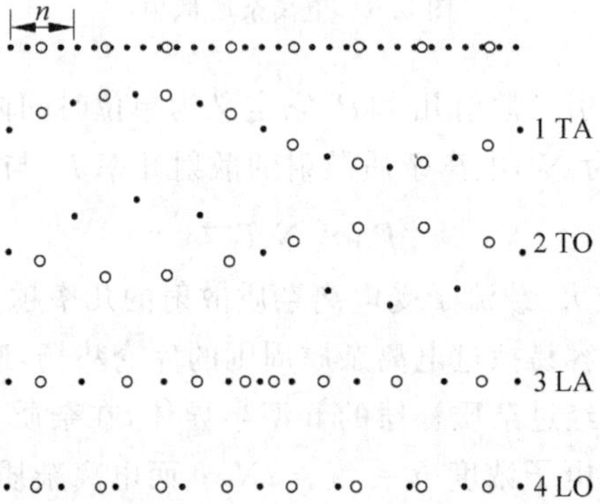

图 5.8　晶格振动散射:声子散射

晶格振动类似于谐振子(弹性链)。

波长在几十个原子间距以上的所谓长声学波对散射起主要作用,而长纵声学波散射更重要。纵声学波相邻原子振动相位一致,结果导致晶格原子分布疏密改变,产生了原子稀疏处体积膨胀、原子紧密处体积压缩的体变。原子间距的改变会导致禁带宽度产生起伏,使晶格周期性势场被破坏。长纵声学波对导带电子的散射几率 P_s 与温度的关系为

$$P_s \propto T^{3/2} \tag{5.10}$$

式(5.10)表明,温度越高,晶格振动越强,声学波散射几率 P_s 越大。

在砷化镓等化合物半导体中,由于组成晶体的两种原子的负电性不同,价电子在不同原子间有一定转移,砷原子带一些负电,镓原子带一些正电,晶体呈现一定的离子性。纵光学波是相邻原子相位相反的振动,在砷化镓中也就是正负离子的振动位移相反,引起电极化现象,从而产生附加势场。离子晶体中光学波对载流子的散射几率 P_o 为

$$P_o \propto \frac{(h\nu_l)^{\frac{3}{2}}}{(k_0 T)^{\frac{1}{2}}}\left[\exp\left(\frac{h\nu_l}{k_0 T}\right)-1\right]^{-1}\frac{1}{f\left[\frac{h\nu_l}{k_0 T}\right]} \tag{5.11}$$

式中，ν_l 为纵光学波频率；$f(h\nu_l/k_0T)$是随$(h\nu_l/k_0T)$变化的函数，其值为 0.6～1；P_o 与温度的关系主要取决于方括号项，低温下 P_o 较小，温度升高时方括号项增大，P_o 增大。

除上述散射机构外，硅、锗晶体因具有多能谷的导带结构，载流子可以从一个能谷散射到另一个能谷，称为等同的能谷间散射，高温时谷间散射较重要。低温下的重掺杂半导体，大量杂质未电离而呈中性，而低温下的晶格振动散射较弱，这时中性杂质散射不可忽视。强简并半导体中载流子浓度很高，载流子之间也会发生散射。如果晶体位错密度较高，位错散射也应考虑。通常情况下，硅、锗元素半导体的主要散射机构是电离杂质散射和长声学波散射；而砷化镓的主要散射机构是电离杂质散射、长声学波散射和光学波散射。

由于存在散射作用，在外电场 ε 作用下，定向漂移的载流子只在连续两次散射之间才被加速，这期间所经历的时间称为自由时间，其长短不一，它的平均值 τ 称为平均自由时间，τ 和散射几率 P 都与载流子的散射有关，τ 和 P 之间存在着互为倒数的关系。

如果 $N(t)$是在 t 时刻还未被散射的电子数，则 $N(t+\Delta t)$就是 $t+\Delta t$ 时刻还没有被散射的电子数，因此 Δt 很小时，在 t 至 $t+\Delta t$ 时间内被散射的电子数为

$$\Delta N(t) = N(t+\Delta t) - N(t) = -N(t)P\Delta t$$

$$\lim_{\Delta t\to 0}\frac{\Delta N(t)}{\Delta t} = \lim_{\Delta t\to 0}\frac{N(t+\Delta t)-N(t)}{\Delta t} = \frac{\mathrm{d}N(t)}{\mathrm{d}t} = -N(t)P \tag{5.12}$$

$t=0$ 时所有 N_0 个电子都未遭散射，由式(5.12)得到 t 时刻尚未遭散射的电子数

$$N(t) = N_0\mathrm{e}^{-Pt} \tag{5.13}$$

在 $\mathrm{d}t$ 时间内遭到散射的电子数等于 $N(t)P\mathrm{d}t = N_0\mathrm{e}^{-Pt}P\mathrm{d}t$，若电子的自由时间为 t，则

$$\tau = \frac{1}{N_0}\int_0^{+\infty} tN_0\mathrm{e}^{-Pt}P\,\mathrm{d}t = \frac{1}{P} \tag{5.14}$$

即 τ 和 P 互为倒数。如果电子 m_n^* 各向同性，电场 ε 沿 x 方向，在 $t=0$ 时刻某电子遭散射，散射后该电子在 x 方向速度分量为 v_{x0}，此后又被加速，直至下一次被散射时的速度 v_x

$$u_x = u_{x0} - \frac{q\varepsilon}{m_n^*}t \tag{5.15}$$

对式(5.15)两边求平均，因为每次散射后 v_0 完全没有规则，多次散射后 v_0 在 x 方向分量的平均值 $\bar{v}_{x0}$ 为零，而 $\bar{t}$ 就是电子的平均自由时间 τ_n，因此

$$\bar{u}_x = \bar{u}_{x0} - \frac{q\varepsilon}{m_n^*}\bar{t} = -\frac{q\varepsilon}{m_n^*}\tau_n \tag{5.16}$$

根据式(5.3)迁移率的定义，得到电子迁移率 μ_n(迁移率只取正值)

$$\mu_n = \frac{q\tau_n}{m_n^*} \tag{5.17}$$

如果 τ_p 为空穴的平均自由时间，同理，空穴迁移率 μ_p 为

$$\mu_p = \frac{q\tau_p}{m_p^*} \tag{5.18}$$

半导体中电导率与平均自由时间的关系为

$$\sigma = nq\mu_n + pq\mu_p = \frac{nq^2\tau_n}{m_n^*} + \frac{pq^2\tau_p}{m_p^*} \tag{5.19}$$

对于 N 型半导体

$$\sigma = nq\mu_n = \frac{nq^2\tau_n}{m_n^*} \tag{5.20}$$

对于 P 型半导体

$$\sigma = nq\mu_p = \frac{pq^2\tau_p}{m_p^*} \tag{5.21}$$

5.3 迁移率、电阻率与杂质浓度和温度的关系

半导体中几种散射机构同时存在，总散射几率为几种散射机构对应的散射几率之和

$$P = P_1 + P_2 + P_3 + \cdots \tag{5.22}$$

平均自由时间 τ 和散射几率 P 之间互为倒数，所以

$$\frac{1}{\tau} = P = P_1 + P_2 + P_3 + \cdots = \frac{1}{\tau_1} + \frac{1}{\tau_2} + \frac{1}{\tau_3} + \cdots \tag{5.23}$$

给式(5.23)两端同乘以 $1/(q/m_n^*)$ 得到

$$\frac{1}{\mu} = \frac{1}{\mu_1} + \frac{1}{\mu_2} + \frac{1}{\mu_3} + \cdots \tag{5.24}$$

所以总迁移率的倒数等于各种散射机构所决定的迁移率的倒数之和。多种散射机构同时存在时，起主要作用的散射机构所决定的平均自由时间最短，散射几率最大，迁移率主要由这种散射机构决定。

电离杂质散射

$$P_i \propto N_i T^{-3/2} \quad \tau_i \propto N_i^{-1} T^{3/2} \quad \mu_i \propto N_i^{-1} T^{3/2} \tag{5.25}$$

声学波散射

$$P_s \propto T^{3/2} \quad \tau_s \propto T^{-3/2} \quad \mu_s \propto T^{-3/2} \tag{5.26}$$

光学波散射

$$P_o \propto \left[\exp\left(\frac{h\nu_l}{k_0 T}\right) - 1\right]^{-1} \quad \tau_o \propto \left[\exp\left(\frac{h\nu_l}{k_0 T}\right) - 1\right] \quad \mu_o \propto \left[\exp\left(\frac{h\nu_l}{k_0 T}\right) - 1\right] \tag{5.27}$$

在硅、锗元素半导体中，电离杂质散射和纵声学波散射起主导作用，因此

$$\frac{1}{\mu} = \frac{1}{\mu_i} + \frac{1}{\mu_s} \tag{5.28}$$

砷化镓中电离杂质散射、声学波散射和光学波散射均起主要作用，所以

$$\frac{1}{\mu} = \frac{1}{\mu_i} + \frac{1}{\mu_s} + \frac{1}{\mu_o} \tag{5.29}$$

电阻率和电导率互为倒数，因此半导体中 $\rho = (nq\mu_n + pq\mu_p)^{-1}$，$\rho$ 取决于载流子浓度和迁移率，而载流子浓度和迁移率都与掺杂情况和温度有关。因此半导体的电阻率 ρ 既与温度有关，也与杂质浓度有关。

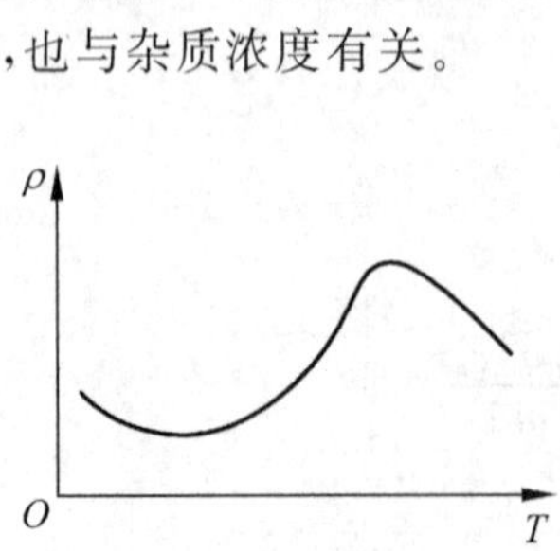

图 5.9 掺杂硅样品的电阻率 ρ 与温度关系

图 5.9 是掺杂后的硅样品电阻率与温度关系的示意曲线。杂质半导体中杂质离化和本征激发都可以提供载流子，而这些载流子又要受到电离杂质散射和晶格振动散射，因此影响电阻率与温度关系的因素较多。图中曲线随温度的变化规律可以根据不同温度区间因杂质电离和本征激发的作用使载流子浓度发生变化以及相应的散射机制

作用强弱不同加以解释，这里就不详述了。

图 5.10 是几种半导体材料在 300K 时的电阻率与杂质浓度的实验关系曲线，可以利用该曲线进行电阻率和杂质浓度间的换算，已知电阻率可以查出杂质浓度，反之已知掺杂浓度也可查出室温时的电阻率。

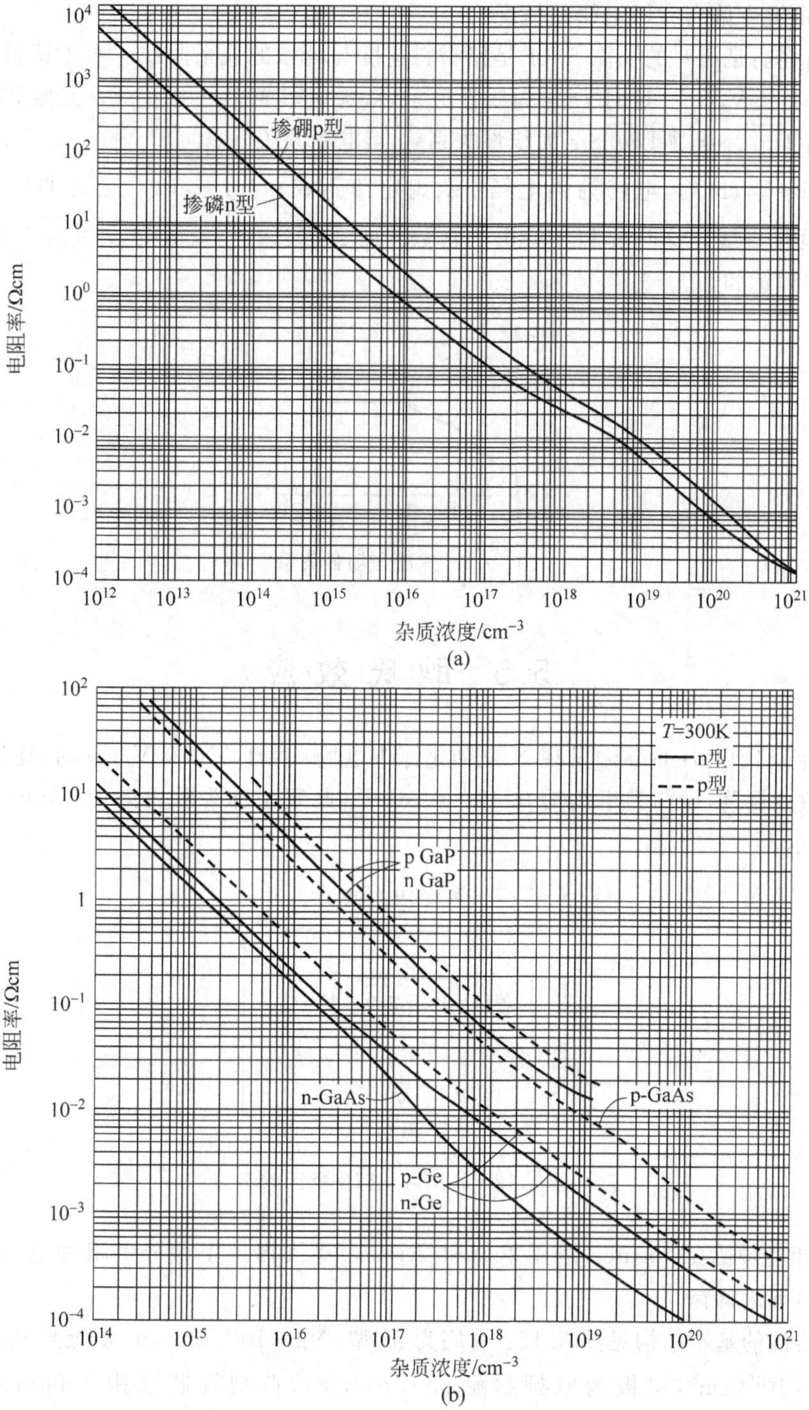

图 5.10　300K 时半导体电阻率 ρ 与杂质浓度的实验曲线

5.4 强电场效应

上面的讨论中，欧姆定律 $j=\sigma\varepsilon=nq\mu\varepsilon=nq\overline{v_d}$ 是基础。但是欧姆定律的成立是有条件的，强场下将发生偏离欧姆定律的情况。

电场的强弱是相对的。图 5.11 是锗材料速度与场强的关系曲线。对于锗材料，弱电场的条件是 $\varepsilon<10^3$ V/cm。这时 $j\sim\varepsilon$ 为线性关系，欧姆定律成立。由于 $nq\mu$ 是常数，所以 μ 是常数。又由于 $\overline{v_d}=\mu\varepsilon$，所以 $\overline{v_d}\sim\varepsilon$ 为线性关系，μ 与电场无关。

当 $\varepsilon>10^3$ V/cm 时，电场为强电场：欧姆定律不成立。$j\sim\varepsilon$，$\overline{v_d}\sim\varepsilon$ 为非线性关系（见图 5.11 中间的虚线），这时 μ 和 σ 不再是常数。而 $\varepsilon>5\times10^3$ V/cm 时，$\overline{v_d}=\overline{v_{d\max}}\approx10^7$ cm/s，漂移速度达到饱和。

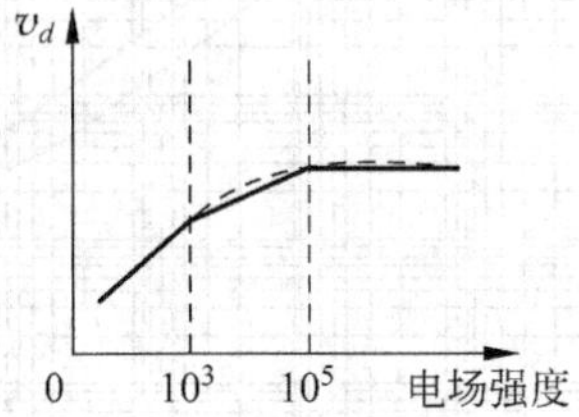

图 5.11 速度与场强关系

5.5 耿氏效应

1963 年耿氏(J. B. Gunn)发现 N 型砷化镓中电场 ε 大于 3×10^3 V/cm 时，通过材料的电流便产生微波振荡，振荡频率约为 0.47～6.5GHz，此现象称为耿氏效应(Gunn effect)，如图 5.12 所示。

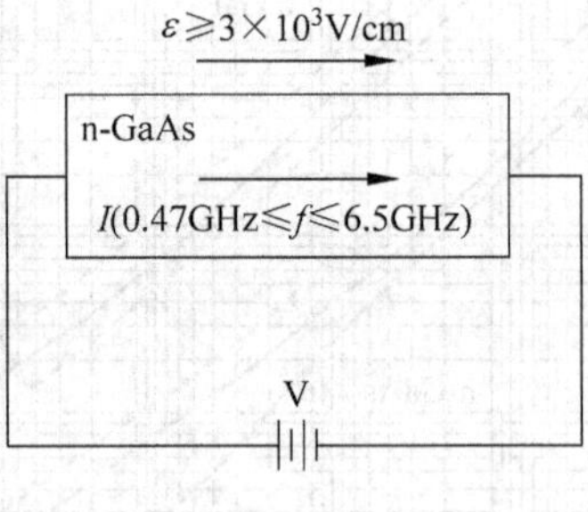

图 5.12 N 型砷化镓中耿氏效应

1964 年克罗默(Kroemer)利用里德利(Ridley)等人提出了微分负阻理论，对耿氏效应做了很好的理论解释。

耿氏器件的基本结构见图 5.13：衬底为 n^+ 型，$N_D\approx10^{18}/cm^3$，n^+ 层上外延 n 型砷化镓材料 $N_D\approx10^{15}/cm^3$，电极为欧姆接触(Ni, Au-Ge)，典型管芯面积 $100\mu m\times100\mu m=10^{-4}cm^2$。

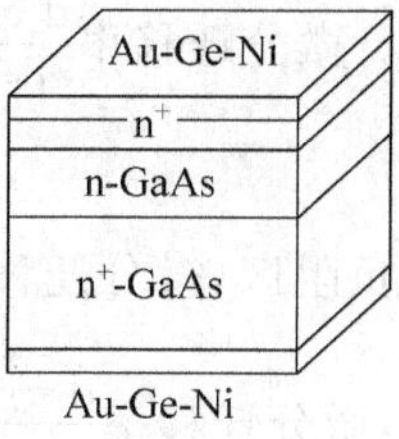

图 5.13　耿氏器件基本结构

耿氏器件的负微分电阻现象体现在伏安特性和速场特性上。所谓负微分电阻现象也称为负微分电导现象,是指器件的电流强度随电压增加而减小的现象,体现在速场特性上,是半导体材料的载流子运动速度随电场的增加而减小的现象。

5.5.1　伏安特性

耿氏器件的伏安特性曲线可分成 3 个区,如图 5.14 所示。

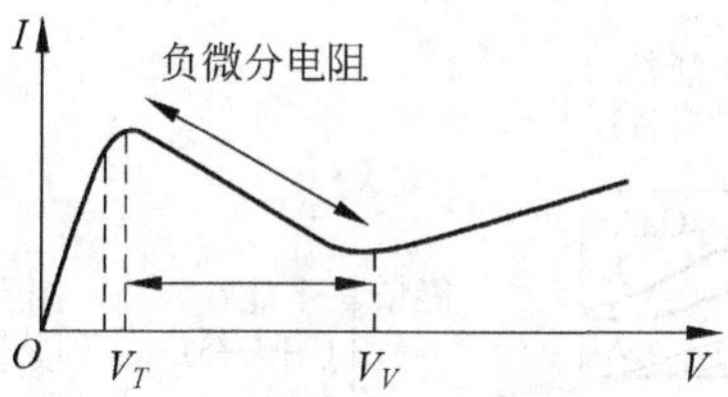

图 5.14　伏安特性

第一区,$V<V_T$,$V\sim I$ 为线性关系,微分电阻 $R=\frac{dV}{dI}>0$ 为常数;

第二区,$V\Rightarrow V_T\sim V_V$ 之间,$V\sim I$ 表现为负阻特性,微分电阻 $R=\frac{dV}{dI}<0$,此区间称为负阻区,R 称为负微分电阻;

第三区,$V>V_V I\sim V$ 为线性关系,$\frac{dV}{dI}>0$。

5.5.2　$\overline{v_d}\sim\varepsilon$ 特性

根据欧姆定律,$I\propto\overline{v_d}$,又有 $\varepsilon\propto V$,所以$\overline{v_d}\sim\varepsilon$ 特性曲线(见图 5.15)与 $I\sim V$ 特性曲线相似。也可分成 3 个区。

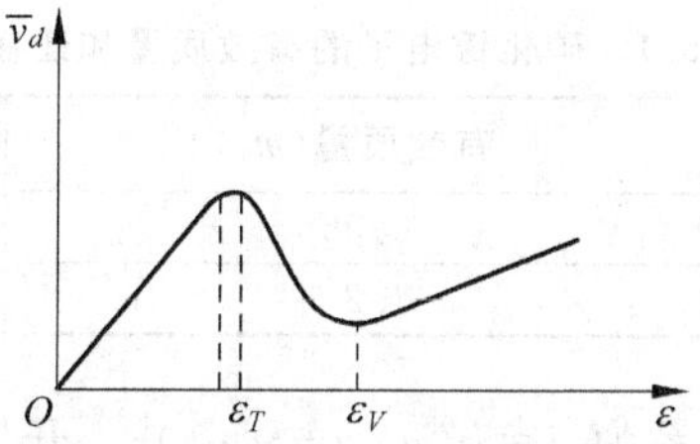

图 5.15　砷化镓中电子漂移速度随电场强度变化

第一区，$\varepsilon<\varepsilon_T$，$\overline{v_d}\sim\varepsilon$ 为线性关系。微分迁移率$\frac{\mathrm{d}\,\overline{v_d}}{\mathrm{d}\varepsilon}=\mu_1>0$。n 型砷化镓的阈值电场 ε_T 约为 3000V/cm。

第二区，ε 介于 $\varepsilon_T\sim\varepsilon_V$ 之间，对应负阻区，微分迁移率 $\mu_D=\frac{\mathrm{d}\,\overline{v_d}}{\mathrm{d}\varepsilon}<0$。

第三区，$\varepsilon>\varepsilon_V$，$\overline{v_d}\sim\varepsilon$ 为线性关系，微分迁移率$\frac{\mathrm{d}\,\overline{v_d}}{\mathrm{d}\varepsilon}=\mu_2>0$。

上述特性与砷化镓的能带结构有关。

5.5.3 双谷模型理论

根据能带理论，n 型砷化镓的导带具有双谷结构(见图 5.16)。利用有效质量的表达式 $m*=\frac{\hbar^2}{\frac{\mathrm{d}^2E}{\mathrm{d}k^2}}$，这个表达式实际上给出了谷曲线斜率的变化率(Rate of change of the valley curves slope)。

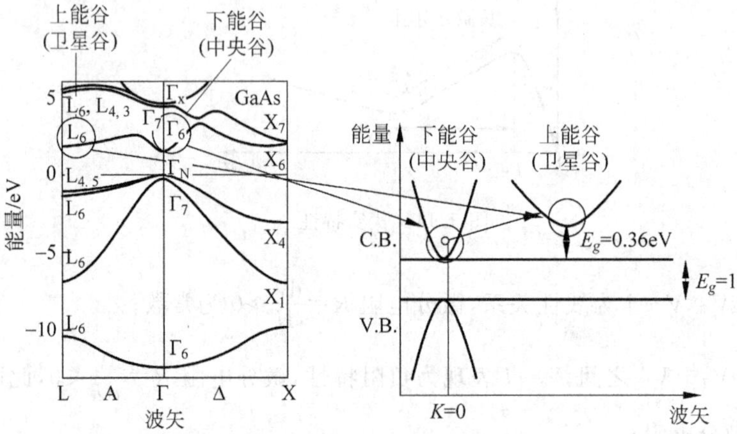

图 5.16 砷化镓的能带图

由于下能谷(中央能谷)的斜率比上能谷(卫星谷)大，下能谷的电子有效质量比上能谷的电子有效质量小，根据迁移率与有效质量的关系 $\mu_n=\frac{q\hat{\tau}}{m_n*}$，下能谷的电子迁移率较大，为快电子，而上能谷的电子迁移率较小，为慢电子，即 $\mu_l>\mu_u$。表 5.1 列出了砷化镓电子的有效质量和迁移率。

表 5.1 砷化镓电子的有效质量和迁移率

谷	有效质量(m_0)	迁移率($cm^2/V\cdot s$)
下	0.068	8000
上	1.2	180

电流密度与电场强度的关系为 $j=q(n_l\mu_l+n_u\mu_u)\varepsilon$。开始时，电子主要位于下能谷中，由 $j\approx qn_l\mu_l\varepsilon$ 可知，随着电场增大，电流单调增加；当电场增加超过一定大小之后，电子逐渐由下能谷转移到上能谷，但迁移率也随之下降，造成电流减小，即出现负阻区；电场进一步

增大后,电子全部转移到上能谷,$j \approx qn_u\mu_u\varepsilon$,所以电流又随着电场增加即单调增大,但由于$\mu_u < \mu_l$,电流随电场上升的速度变缓(曲线斜率变小)。图 5.17 为耿氏效应的能带论解释。

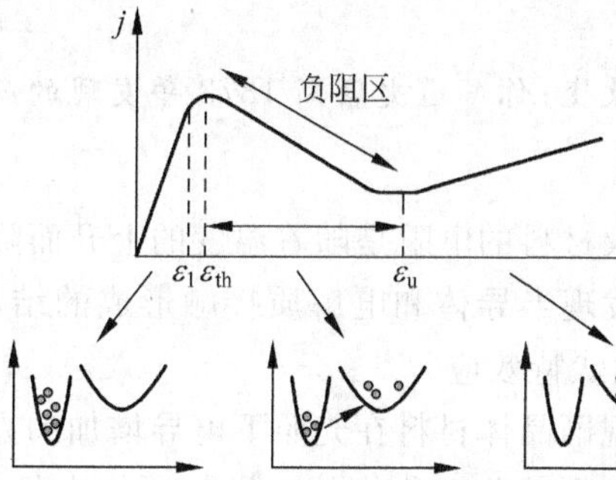

图 5.17 耿氏效应的能带论解释

习 题

以下为单项选择题。

(1) 在某半导体掺入硼的浓度为 $10^{14}\ cm^{-3}$,磷为 $10^{15}\ cm^{-3}$,则该半导体为(　　)半导体。

A. 本征　　B. N 型　　C. P 型　　D. 不确定

(2) 若某材料电阻率随温度升高而单调下降,该材料是(　　)。

A. 本征半导体　　B. 杂质半导体

C. 金属　　D. 杂质化合物半导体

(3) 半导体中载流子迁移率的大小主要决定于(　　)。

A. 复合机构　　B. 散射机构　　C. 能带结构　　D. 晶体结构

(4) 在常温下,将浓度为 $10^{14}/cm^3$ 的砷掺入硅半导体中,该半导体中起主要散射作用的是(　　)。

A. 杂质散射　　B. 光学波散射　　C. 声学波散射　　D. 多能谷散射

(5) 对于一定的 N 型半导体材料,温度一定时,减少掺杂浓度,将导致(　　)靠近 E_i。

A. E_c　　B. E_v　　C. E_g　　D. E_F

第6章 非平衡载流子

阅读提示：失去平衡才有改变；你知道史密斯1873年发现的硒的性质是现代激光打印机和复印机的基础吗？

1833年，法拉第发现硫化银材料的电阻是随着温度的上升而降低，即负温度效应。

1839年，法国的贝克莱尔发现半导体和电解质接触形成的结，在光照下会产生一个电压，这就是后来人们熟知的光生伏特效应。

1873年，英国的史密斯发现硒晶体材料在光照下电导增加的光电导效应。

1874年，德国的布劳恩观察到某些硫化物的电导与所加电场的方向有关，即它的导电有方向性，这就是半导体的整流效应。

半导体的温度效应已经在第5章利用半导体的输运理论进行了解释。半导体的整流效应我们将在第7、8章予以介绍。本章我们介绍与半导体的光电导效应相关的知识。

6.1 过剩载流子及其产生与复合

外界作用下（如光照、pn结注入等），可以使载流子浓度增加，把数量超过热平衡载流子浓度的载流子称为**过剩载流子**。非平衡载流子主要由光注入和电注入两种方式产生。本文主要介绍光注入下非平衡载流子的产生。

光照产生非平衡载流子的方式称作非平衡载流子的光注入。用波长比较短的光（$h\nu > E_g$）照射到半导体，可以使价带电子吸收光子能量产生激发，如图6.1所示。

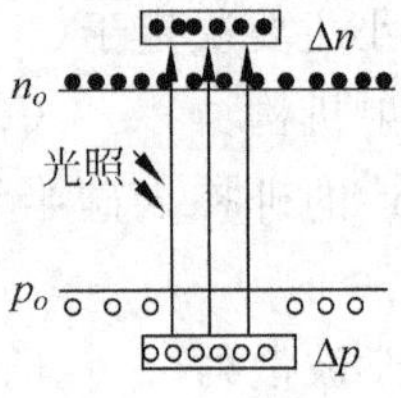

图6.1 光照产生非平衡载流子

此时载流子浓度可以表示为

$$\begin{cases} n = n_0 + \Delta n \\ p = p_0 + \Delta p \end{cases} \tag{6.1}$$

其中，Δn、Δp称为过剩载流子浓度，p_0、n_0为热平衡载流子浓度，n、p为非平衡时导带电子浓度和价带空穴浓度。对于N型半导体，Δn为非平衡多子，Δp为非平衡少子；同理，对于P型半导体，Δp为非平衡多子，Δn为非平衡少子。通常情况下，半导体中有$\Delta n = \Delta p$，且在大多数情况下：少子热平衡浓度≪过剩载流子浓度≪多子热平衡浓度。热平衡时$n_0 p_0 = n_i^2$，非平衡时$n_0 p_0 > n_i^2$。

如果注入的非平衡载流子浓度大于平衡时的多子浓度，称为**大注入**。例如，n型半导体，$\Delta n > n_0$时为大注入；p型半导体，$\Delta p > p_0$时为大注入。

如果注入的非平衡载流子浓度大于平衡时的少子浓度，小于平衡时的多子浓度，称为**小注入**。例如，n型半导体，当 $p_0<\Delta n<n_0$ 时为小注入；p型半导体，当 $n_0<\Delta p<p_0$ 时为小注入。应当注意的是，即使小注入，非平衡少子浓度远大于平衡少子浓度。实际上，非平衡少子起重要作用。

【例 1】 ρ 为 $1\cdot\Omega\text{cm}$ 的n型硅中，n_0 为 $5.5\times10^{15}\text{cm}^{-3}$，$p_0$ 为 $3.1\times10^{4}\text{cm}^{-3}$。注入非子 $\Delta n=\Delta p=10^{10}\text{cm}^{-3}$，是否为小注入？

解：$\Delta n\ll n_0$，但 $\Delta p\gg p_0$，为小注入。

非平衡载流子的产生会造成附加电导。热平衡时，有

$$\sigma_0 = p_0 q\mu_p + n_0 q\mu_n \tag{6.2}$$

非平衡时，有

$$\sigma = \sigma_p + \sigma_n \tag{6.3}$$

其中 $\sigma_p=pq\mu_p$，$\sigma_n=nq\mu_n$。对N型半导体来说，σ_n 是多子电导率，σ_p 是少子电导率。式(6.3)可改写为

$$\begin{aligned}\sigma &= (p_0+\Delta p)q\mu_p + (n_0+\Delta n)q\mu_n \\ &= n_0 q\mu_n + p_0 q\mu_p + \Delta nq(\mu_n+\mu_p) = \sigma_0 + \Delta\sigma\end{aligned} \tag{6.4}$$

这里 $\Delta\sigma=\Delta nq(\mu_n+\mu_p)$ 称为附加电导率。

实际上，非平衡载流子的发现和检测正是通过附加电导实现的。图6.2就是测量光注入引起附加光电导的电路图。

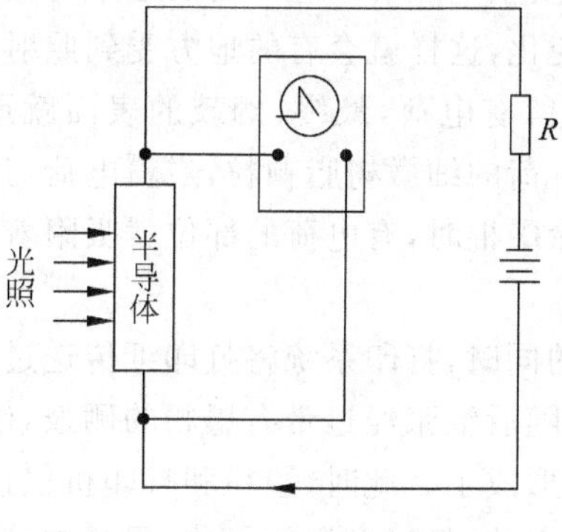

图6.2　光注入引起附加光电导

如图6.2所示，假设外接电阻 $R\gg r$（样品的电阻），则有

$$I=\frac{V}{R+r}$$

无光照时

$$\sigma_0 = n_0 q\mu_n + p_0 q\mu_p,\quad \rho_0=\frac{1}{\sigma_0}$$

有光照后

$$\sigma=\sigma_0+\Delta\sigma,\quad \rho=\frac{1}{\sigma}$$

$$\Delta\rho=\rho-\rho_0=\frac{1}{\sigma}-\frac{1}{\sigma_0}=\frac{\sigma_0-\sigma}{\sigma_0\sigma}\approx-\frac{\Delta\sigma}{\sigma_0^2}$$

$$\Delta r = \Delta\rho \cdot \frac{l}{S} = -\frac{\Delta\sigma}{\sigma_0^2}\frac{l}{S}$$

其中，l、S 分别是半导体的长度和截面积，则

$$\Delta r = C \cdot \Delta\sigma \propto \Delta\sigma \propto \Delta n, \Delta p$$

或

$$\Delta V_r = I \cdot \Delta r \propto \Delta n, \Delta p$$

所以，电压降的变化间接反映了非平衡载流子的变化。

当外部作用撤除后，半导体会如何变化呢？实验发现，光照停止后，ΔV 很快变为 0，即产生非平衡载流子的外部作用撤除后，由于半导体的内部作用，使它由非平衡态恢复到平衡态，非平衡载流子逐渐消失，该过程称为非平衡载流子的复合。单位时间、单位体积内复合掉的电子-空穴对数目称为**复合率**。相应地，单位时间、单位体积内产生的电子-空穴对数目称为**产生率**。光照时，产生率大于复合率，系统处于非平衡注入过程；撤除光照时，复合率大于产生率，系统处于非平衡注入撤销过程；最后，复合率等于产生率，系统恢复到平衡状态。

光照会引起半导体电导率的改变(附加光电导)，也就是引起半导体电阻的改变。这种光照下电阻发生改变的材料叫做光导材料或者感光材料。半导体是最简单的光导材料。激光打印机和复印机就是利用光导材料工作的仪器。光导材料，例如硒，在黑暗中是绝缘体，但在光照下可以变成导体。硒鼓是一只表面上涂覆了硒的圆筒，预先就带有电荷，当有光线照射来时，受到照射的部位会发生电阻的反应。而发送来的数据信号控制着激光的发射，扫描在硒鼓表面的光线不断地变化，这样就会有的地方受到照射，电阻变小，电荷消失，也有的地方没有受到光线照射，仍保留有电荷，最终，硒鼓的表面就形成了由电荷所组成的潜影。而硒鼓中的炭粉就是一种带电荷的细微树脂颗粒，炭粉电荷与硒鼓表面上的电荷极性相反，当带有电荷的硒鼓表面经过涂墨棍时，有电荷的部位就吸附着墨粉颗粒，于是将潜影就变成了真正的影像。

而当硒鼓在工作中转动的同时，打印系统将打印纸传送过来，而打印纸带上了与硒鼓表面极性相同但强很多的电荷，随后纸张经过带有墨粉的硒鼓，硒鼓表面的墨粉被吸引到打印纸之上，图像就在纸张的表面形成了。此时，墨粉和打印机仅仅是靠电荷的吸引力而结合在一起，在打印纸被送出打印机之前，经过高温的加热，墨粉被熔化，在冷却过程中固化在纸张的表面。在将墨粉附给打印纸之后，硒鼓表面就继续旋转，经过了一个清洁器，将剩余的墨粉都去掉，以便进入下一次打印的循环。

6.2 非平衡载流子的寿命

1. 光注入引起附加电压降随光照时间的变化

在 $t=0$ 时，无光照，$\Delta V_r=0$；$t>0$，加光照，由于产生率大于复合率，即有净产生存在，系统处于注入过程。光注入引起附加电压降随光照时间的变化如图 6.3 所示。

2. 取消光照后附加电压降随时间的变化

在 $t=0$ 时，取消光照，复合率大于产生率，即有净复合，系统处于注入撤销过程。附加电压降随时间的变化如图 6.4 所示。

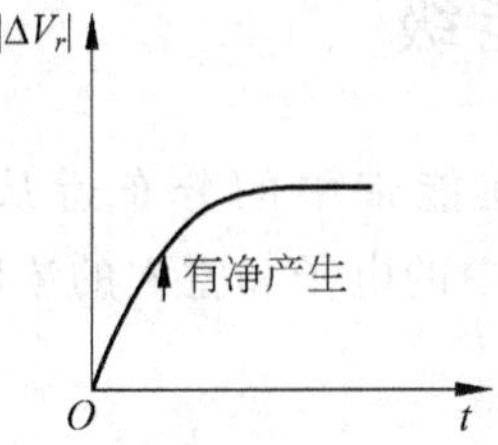

图 6.3 产生率大于复合率的阶段

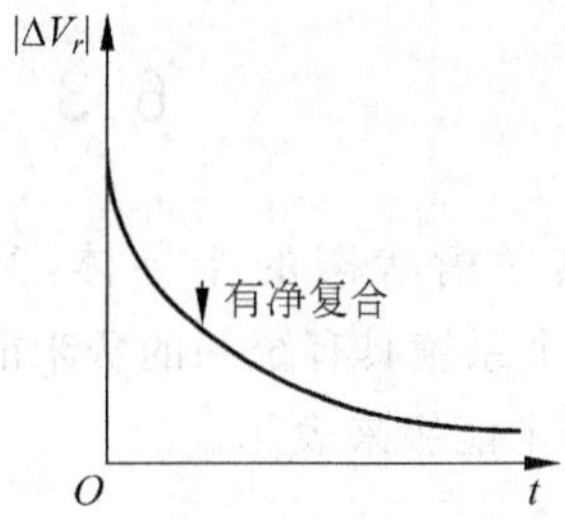

图 6.4 复合率大于产生率的阶段

非平衡载流子在半导体中的生存时间称为**非子寿命**，用 τ 表示。由于非平衡少子的影响占主导作用，故非平衡载流子寿命称为少子寿命。

假设 $t=0$ 时停止光照，这时非平衡载流子浓度为 Δp_0。在 t 时刻，非子浓度表示为 $\Delta p(t)$，而 $t=t+\Delta t$ 时，非子浓度为 $\Delta p(t+\Delta t)$。在 Δt 时间间隔中，非子的减少量为 $\Delta p(t)-\Delta p(t+\Delta t)$。单位时间、单位体积中非子的减少量为 $\dfrac{\Delta p(t)-\Delta p(t+\Delta t)}{\Delta t}$。当 $\Delta t\to 0$ 时，t 时刻单位时间单位体积被复合掉的非子数为 $-\dfrac{\mathrm{d}\Delta p}{\mathrm{d}t}$。假设复合几率为 $\dfrac{1}{\tau}$，则有

$$-\frac{\mathrm{d}\Delta p(t)}{\mathrm{d}t}=\Delta p(t)\cdot\frac{1}{\tau} \tag{6.5}$$

式(6.5)的解为

$$\Delta p(t)=c\mathrm{e}^{-\frac{t}{\tau}} \tag{6.6}$$

其中，c 为积分常数，由初始条件决定。因为 $t=0$ 时，$\Delta p(t)=\Delta p_0$，所以

$$\Delta p(t)=\Delta p_0\mathrm{e}^{-\frac{t}{\tau}} \tag{6.7}$$

非平衡载流子浓度 $\Delta p(t)$ 随时间的变化如图 6.5 所示。

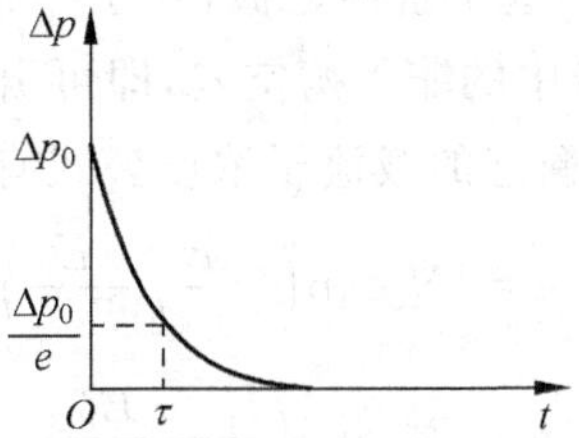

图 6.5 非平衡载流子浓度随时间的变化

由式(6.7)可知，$t=\tau$ 时，非子浓度减到起始值的 1/e，即

$$\Delta p=\frac{\Delta p_0}{\mathrm{e}} \tag{6.8}$$

所以寿命 τ 的另一个含义是非平衡载流子衰减至起始值的 1/e 倍所经历的时间。τ 的大小反映了外界激励因素撤除后非平衡载流子衰减速度的不同，寿命越短，衰退越快。不同材料或同一种材料在不同条件下，其寿命 τ 可以在很大范围内变化。

6.3 准费米能级

对于处于热平衡状态的半导体，其中载流子在能带中的分布遵从费米分布函数($f(E)$)，并且整个系统具有统一的费米能级(E_F)，其中的电子和空穴的浓度 n_0 和 p_0 都可以采用这同一费米能级来表示。

平衡态非简并半导体的 n_0 和 p_0 乘积为 $n_0 p_0 = N_c N_v \exp\left(-\frac{E_g}{k_0 T}\right) = n_i^2$，一般将 $n_0 p_0 = n_i^2$ 作为非简并半导体平衡态的判据式。

而对于处于非(热)平衡状态的半导体，由于费米分布函数及其费米能级的概念在这时已经失去了意义，从而，也就不能再采用费米能级来讨论非平衡载流子的统计分布了。因此，非平衡载流子的浓度计算是一个很复杂的非平衡统计问题。

不过，对于非平衡状态下的半导体，其中的非平衡载流子可以近似地看成是处于一定的准平衡状态。例如，注入到半导体中的非平衡电子，在它们所处的导带内，通过与其他电子的相互作用，可以很快地达到与该导带相适应的、接近(热)平衡的状态，这个过程所需要的时间很短(该时间称为介电弛豫时间，大约在 10^{-10} ps 以下)，比非平衡载流子的寿命(即非平衡载流子的平均生存时间，通常是 μs 数量级)要短得多，所以，可以近似地认为，注入到能带内的非平衡电子在导带内是处于一种"准平衡状态"。类似地，注入到价带中的非平衡空穴也可以近似地认为它们在价带中是处于一种"准平衡状态"。因此，半导体中的非平衡载流子，可以认为它们都处于准平衡状态(即导带所有的电子和价带所有的空穴分别处于准平衡状态)。当然，导带电子与价带空穴之间，并不能认为处于准平衡状态(因为导带电子和价带空穴之间并不能在很短的时间内达到准平衡状态)。

对于处于准平衡状态的非平衡载流子，可以近似地引入与费米能级相类似的物理量，即准费米能级，来分析其统计分布。基于这种近似，对于导带中的非平衡电子，即可引入导带电子的准费米能级 E_F^n；对于价带中的非平衡空穴，即可引入空穴的价带准费米能级 E_F^p。

引入 E_F^n 和 E_F^p 后，类似于平衡态的载流子浓度公式有

$$n = N_c \exp\left(-\frac{E_c - E_F^n}{k_0 T}\right) \tag{6.9}$$

$$p = N_v \exp\left(\frac{E_v - E_F^p}{k_0 T}\right) \tag{6.10}$$

只要非简并条件成立，式(6.9)和式(6.10)就成立。知道了非平衡态载流子浓度 n 和 p，由式(6.9)和式(6.10)便可求出 E_F^n 和 E_F^p。变换式(6.9)和式(6.10)得

$$n = N_c \exp\left(-\frac{E_c - E_F + E_F - E_F^n}{k_0 T}\right) = n_0 \exp\left(-\frac{E_F - E_F^n}{k_0 T}\right) \tag{6.11}$$

$$n = N_c \exp\left(-\frac{E_c - E_i + E_i - E_F^n}{k_0 T}\right) = n_i \exp\left(-\frac{E_i - E_F^n}{k_0 T}\right) \tag{6.12}$$

$$p = N_v \exp\left(\frac{E_v - E_F + E_F - E_F^p}{k_0 T}\right) = p_0 \exp\left(\frac{E_F - E_F^p}{k_0 T}\right) \tag{6.13}$$

$$p = N_v \exp\left(\frac{E_v - E_i + E_i - E_F^p}{k_0 T}\right) = n_i \exp\left(\frac{E_i - E_F^p}{k_0 T}\right) \tag{6.14}$$

式(6.11)和式(6.13)表明,无论电子或空穴,非平衡载流子越多,准费米能级偏离平衡态 E_F 的程度就越大,但要注意 E_F^n 和 E_F^p 偏离 E_F 的程度不同。小注入时,多子的准费米能级和 E_F 偏离不多,而少子准费米能级与 E_F 偏离较大。例如,n 型硅小注入时,$\Delta n \ll n_0$,$n = n_0 + \Delta n \approx n_0$,$E_F^n$ 偏离 E_F 而更接近导带底 E_c,但偏移很小。同时,$\Delta p \ll n_0$ 但 $\Delta p \gg p_0$,即 $p \gg p_0$,E_F^p 偏离 E_F 而更接近价带顶 E_v,且 E_F^p 与 E_F 的偏离较大。

非平衡载流子的浓度积为

$$np = n_0 p_0 \exp\left(\frac{E_F^n - E_F^p}{k_0 T}\right) = n_i^2 \exp\left(\frac{E_F^n - E_F^p}{k_0 T}\right) \tag{6.15}$$

式(6.15)说明,E_F^n 和 E_F^p 两者之差反映了 np 与 n_i^2 相差的程度。E_F^n 和 E_F^p 之差越大,距离平衡态就越远,反之就越接近平衡态,若 E_F^n 和 E_F^p 重合,就是平衡态了。引入 E_F^n 和 E_F^p 可以直观地了解非平衡态的情况。图 6.6 给出了 n 型半导体非平衡载流子的光注入过程,假设注入为小注入,则注入前后 E_F、E_F^n 和 E_F^p 的示意图如图 6.7 所示。

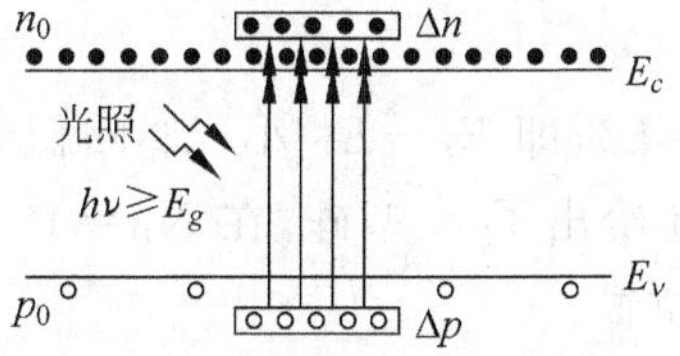

图 6.6　n 型半导体非平衡载流子的光注入

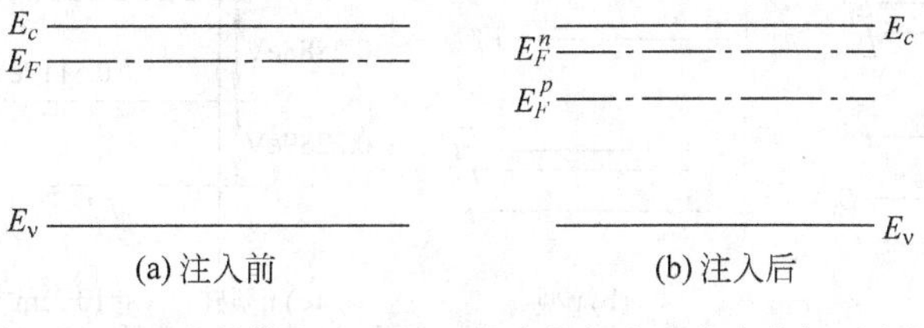

图 6.7　n 型半导体小注入前后费米能级和准费米能级示意图

从图 6.7 可以看出准费米能级的位置,例如,对于 n 型材料,E_F^n 略高于 E_F,E_F^p 远离 E_F。即 $E_F^n > E_F$,并且 $E_F^n - E_F < E_F - E_F^p$。证明如下:

$$\begin{cases} n = N_c \mathrm{e}^{-\frac{E_c - E_F^n}{k_0 T}} \\ p = N_v \mathrm{e}^{-\frac{E_F^p - E_v}{k_0 T}} \end{cases}$$

$$\begin{cases} n_0 = N_c \mathrm{e}^{-\frac{E_c - E_F}{k_0 T}} \\ p_0 = N_v \mathrm{e}^{-\frac{E_F - E_v}{k_0 T}} \end{cases}$$

则有

$$\frac{n}{n_0} = \frac{N_c \mathrm{e}^{-\frac{E_c - E_F^n}{k_0 T}}}{N_c \mathrm{e}^{-\frac{E_c - E_F}{k_0 T}}} = \mathrm{e}^{\frac{E_F^n - E_F}{k_0 T}}$$

和

$$\frac{p}{p_0}=\frac{N_v e^{-\frac{E_F^p-E_v}{k_0T}}}{N_v e^{-\frac{E_F-E_v}{k_0T}}}=e^{\frac{E_F-E_F^p}{k_0T}}$$

由于 $n>n_0$，所以 $E_F^n>E_F$。

又由于

$$\frac{n}{n_0}=\frac{n_0+\Delta n}{n_0}\approx\frac{n_0}{n_0}=1$$

$$\frac{p}{p_0}=\frac{p_0+\Delta p}{p_0}\approx\frac{\Delta p}{p_0}\gg 1$$

所以$\frac{n}{n_0}<\frac{p}{p_0}$，即

$$e^{\frac{E_F^n-E_F}{k_0T}}<e^{\frac{E_F-E_F^p}{k_0T}}$$

所以 $E_F^n-E_F<E_F-E_F^p$，如图 6.8(a)所示。

同理，对 p 型半导体可证：

$E_F^p<E_F$，且 $E_F^n-E_F>E_F-E_F^p$，即 $E_F-E_F^p$ 小，E_F^p 略低于 E_F，$E_F^n-E_F$ 大，E_F^n 远离 E_F，如图 6.8(b)所示。图 6.8(c)还给出了 N 型硅，在 $N_D=10^{15}\text{cm}^{-3}$ 时，光照产生 $\Delta n=\Delta p=10^{14}\text{cm}^{-3}$ 时的费米能级的具体位置。

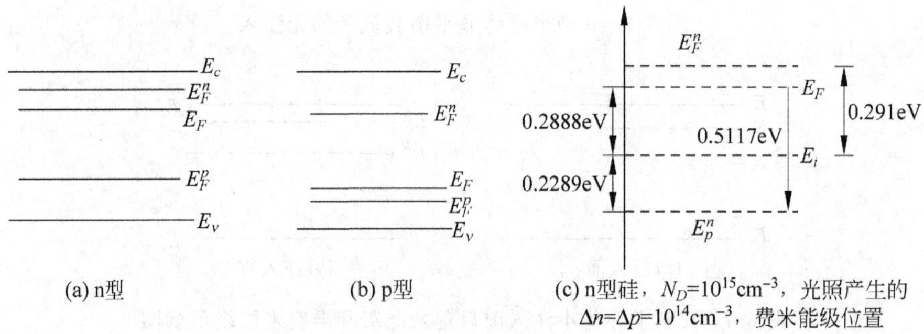

图 6.8　准费米能级的位置

【例 2】 对于 n 型硅，$N_D=10^{15}\text{cm}^{-3}$，光照产生 $\Delta n=\Delta p=10^{14}\text{cm}^{-3}$，试计算准费米能级位置，并与原来的费米能级作比较。

解：

$$n_0=N_c\exp\left(-\frac{E_c-E_F}{k_0T}\right)$$

将 $n_i=N_c\exp\left(-\frac{E_i-E_F}{k_0T}\right)$代入得

$$n_0=n_i\exp\left(-\frac{E_i-E_F}{k_0T}\right)$$

解出

$$E_F-E_i=k_0T\ln\frac{n_0}{n_i}$$

又由于 $n_0=N_D$，所以

$$E_F - E_i = k_0 T\ln\frac{N_D}{n_i}$$

原来的费米能级位置为

$$E_F - E_i = k_0 T\ln\frac{N_D}{n_i} = 0.026\ln\frac{10^{15}}{1.5\times10^{10}}$$
$$= 0.026\times(\ln10^{15} - \ln1.5\times10^{10}) = 0.2888\text{eV}$$

由

$$n = n_0 + \Delta n = n_i\exp\left(\frac{E_F^n - E_i}{k_0 T}\right)$$

可得

$$E_F^n - E_i = k_0 T\ln\frac{n_0 + \Delta n}{n_i} = 0.291\text{eV}$$

同理，由 $p=p_0+\Delta p=n_i\exp\left(\frac{E_i-E_F^p}{k_0 T}\right)$可得

$$E_F^p - E_i = -k_0 T\ln\frac{p_0 + \Delta p}{n_i} = -0.2289\text{eV}$$

准费米能级与原来的费米能级的位置见图 6.8(c)。

半导体 pn 结、光伏效应等均与非平衡载流子的产生、复合及运动规律有关。非平衡载流子是半导体器件工作的基础。

6.4　载流子的扩散运动、爱因斯坦关系

扩散是因为无规则热运动而引起的粒子从浓度高处向浓度低处的有规则的输运，扩散运动起源于粒子浓度分布的不均匀。均匀掺杂的 N 型半导体中，因为不存在浓度梯度，也就不产生扩散运动，其载流子分布也是均匀的。但如果以适当波长的光照射该样品的一侧，同时假定在照射面的薄层内，光被全部吸收，那么在表面薄层内就产生了非平衡载流子，而内部没有光注入，这样由于表面和体内存在了浓度梯度，从而引起非平衡载流子由表面向内部扩散。一维情况下非平衡载流子浓度为 $\Delta p(x)$，在 x 方向上的浓度梯度为 $\mathrm{d}\Delta p(x)/\mathrm{d}x$。如果定义扩散流密度 S 为单位时间垂直通过单位面积的粒子数，那么 S 与非平衡载流子的浓度梯度成正比。对于空穴而言，设此比例系数为 D_p，另设空穴的扩散流密度为 S_p，则有

$$S_p = -D_p\frac{\mathrm{d}\Delta p(x)}{\mathrm{d}x} \tag{6.16}$$

式中，D_p 称为空穴扩散系数，它反映了存在浓度梯度时扩散能力的强弱，单位是 cm^2/s，负号表示扩散由高浓度向低浓度方向进行。如果光照恒定，则表面非平衡载流子浓度恒为 $(\Delta p)_0$，因表面不断注入，样品内部各处空穴浓度不随时间变化，形成稳定分布，称为稳态扩散。

通常扩散流密度 S_P 是位置 x 的函数 $S_P(x)$，则

$$\lim_{\Delta x\to0}\frac{S_p(x+\Delta x)-S_p(x)}{\Delta x} = \frac{\mathrm{d}S_p(x)}{\mathrm{d}x} = -D_p\frac{\mathrm{d}^2\Delta p(x)}{\mathrm{d}x^2} \tag{6.17}$$

稳态下 $\mathrm{d}S_p(x)/\mathrm{d}x$ 就等于单位时间、单位体积内因复合而消失的空穴数 $\Delta p/\tau_p$，即

$$D_p \frac{d^2 \Delta p(x)}{dx^2} = \frac{\Delta p(x)}{\tau_p} \tag{6.18}$$

式(6.18)就是一维稳态扩散方程。它的通解是 $\Delta p(x) = Ae^{-x/L_p} + Be^{x/L_p}$，其中 $L_p = \sqrt{D_p \tau_p}$，系数 A 和 B 要根据特定的边界条件加以确定。

如果样品半无穷大(见图 6.9)，非平衡载流子尚未到达样品另一端就全部复合消失，即 $x \to \infty$ 时，$\Delta p(x) \to 0$，因而通解中 $B=0$；在 $x=0$ 处，$\Delta p(x) = (\Delta p)_0$，则 $A=(\Delta p)_0$，因此

$$\Delta p(x) = (\Delta p)_0 e^{-x/L_p} \tag{6.19}$$

这表明非平衡载流子从表面的 $(\Delta p)_0$ 开始，在体内按照指数规律衰减。当 $x = L_p$ 时，则有 $\Delta p(L_p) = (\Delta p)_0 / e$，即非平衡载流子因为存在复合，由 $(\Delta p)_0$ 衰减到 $(\Delta p)_0/e$ 所扩散距离就是 L_p。而非平衡载流子的平均扩散距离为

$$\bar{x} = \int_0^{+\infty} x \Delta p(x) dx \bigg/ \int_0^{+\infty} \Delta p(x) dx = L_p \tag{6.20}$$

因此，L_p 反映了非平衡载流子因扩散而深入样品的平均距离，称 L_p 为空穴扩散长度。

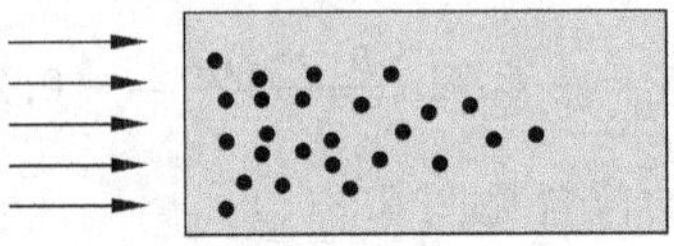

图 6.9　样品半无穷大

扩散流密度为 $S_p = \frac{D_p}{L_p} \Delta p = \frac{D_p}{L_p} (\Delta p)_0 e^{-\frac{x}{L_p}}$，容易求出 $x = L_p$ 处空穴浓度降为表面处的 $1/e$，L_p 代表过剩空穴深入样品的平均距离。

另外，扩散流密度 $S_p = \frac{D_p}{L_p} \Delta p$，如同 Δp 以 $\frac{D_p}{L_p}$ 扩散速度运动的结果，所以称 $\frac{D_p}{L_p}$ 为扩散速度。

如果样品为有限厚度 w，同时设法在样品另一端将非平衡少子全部抽取干净，那么

$$\begin{cases} x = 0 \\ \Delta p(x) = (\Delta p)_0 \end{cases}, \quad \begin{cases} x = w \\ \Delta p(x) = 0 \end{cases}$$

由此确定系数 A 和 B，得到这种情形的特解为

$$\Delta p(x) = (\Delta p)_0 \left[sh\left(\frac{w-x}{L_p}\right) \bigg/ sh\left(\frac{w}{L_p}\right) \right] \tag{6.21}$$

由于 α 值很小时，$sh(\alpha) \approx \alpha$，所以当样品厚度 w 远小于扩散长度 L_p 时，式(6.21)近似为

$$\Delta p(x) \approx (\Delta p)_0 \left(\frac{w-x}{L_p}\right) \bigg/ \left(\frac{w}{L_p}\right) = (\Delta p)_0 \left(1 - \frac{x}{w}\right) \tag{6.22}$$

这种样品的 $\Delta p(x)$ 与 x 呈线性关系，与双极晶体管基区的非平衡载流子分布近似符合。此时的扩散流密度 $S_p = -D_p [d\Delta p(x)/dx] = \Delta p_0 (D_p/w)$ 为常数，表明由于样品很薄，非平衡载流子还来不及复合就扩散到了样品的另一端。

半导体中载流子的扩散运动必然伴随扩散电流的出现，空穴扩散电流密度

$$(j_p)_{扩} = qS_p = -qD_p \frac{d\Delta p(x)}{dx} \tag{6.23}$$

电子扩散电流密度

$$(j_n)_{扩} = -qS_n = qD_n \frac{\mathrm{d}\Delta n(x)}{\mathrm{d}x} \tag{6.24}$$

如果载流子扩散系数是各向同性的，对于三维情况，则

$$S_p = -D_p \nabla(\Delta p) \tag{6.25}$$

而扩散流密度的散度的负值恰好为单位体积内空穴的积累率

$$-\nabla \cdot S_p = D_p \nabla^2(\Delta p) \tag{6.26}$$

稳态时，$-\nabla \cdot S_p$ 等于单位时间单位体积内因复合而消失的空穴数，稳态扩散方程为

$$D_p \nabla^2(\Delta p) = \frac{\Delta p}{\tau_p} \tag{6.27}$$

空穴的扩散电流密度

$$(j_p)_{扩} = qS_p = -qD_p \nabla(\Delta p) \tag{6.28}$$

电子的扩散电流密度

$$(j_n)_{扩} = -qS_n = qD_n \nabla(\Delta n) \tag{6.29}$$

对均匀掺杂的一维半导体，如果存在外加电场 ε 的同时还存在非平衡载流子浓度的不均匀，那么平衡和非平衡载流子都要作漂移运动，非平衡载流子还要作扩散运动，因此

$$j_n = (j_n)_{漂} + (j_n)_{扩} = (n_0 + \Delta n)q\mu_n\varepsilon + qD_n \frac{\mathrm{d}\Delta n}{\mathrm{d}x} \tag{6.30}$$

$$j_p = (j_p)_{漂} + (j_p)_{扩} = (p_0 + \Delta p)q\mu_p\varepsilon - qD_p \frac{\mathrm{d}\Delta p}{\mathrm{d}x} \tag{6.31}$$

非均匀掺杂的一维半导体在同时存在外加电场 ε 和非平衡载流子浓度的不均匀时，由于平衡载流子浓度也是位置的函数，平衡载流子也要扩散，因此

$$j_n = [n_0(x) + \Delta n]q\mu_n\varepsilon + qD_n \frac{\mathrm{d}[n_0(x) + \Delta n]}{\mathrm{d}x} \tag{6.32}$$

$$j_p = [p_0(x) + \Delta p]q\mu_p\varepsilon - qD_p \frac{\mathrm{d}[p_0(x) + \Delta p]}{\mathrm{d}x} \tag{6.33}$$

引起载流子漂移运动和扩散运动的原因虽然不同，但这两种运动的过程中都要遭到散射的作用，μ 和 D 之间也存在内在联系。载流子的 μ 和 D 之间有如下的爱因斯坦关系（扩散系数与迁移率的关系）

$$D_n/\mu_n = (k_0 T)/q \tag{6.34}$$

$$D_p/\mu_p = (k_0 T)/q \tag{6.35}$$

因此，由已知的 μ_n、μ_p 就可以得到 D_n 和 D_p。非均匀掺杂半导体同时存在扩散运动和漂移运动时，利用爱因斯坦关系，可将式(6.32)和式(6.33)改写为

$$j_n = q\mu_n\left(n\varepsilon + \frac{k_0 T}{q}\frac{\mathrm{d}n}{\mathrm{d}x}\right) \tag{6.36}$$

$$j_p = q\mu_p\left(p\varepsilon - \frac{k_0 T}{q}\frac{\mathrm{d}p}{\mathrm{d}x}\right) \tag{6.37}$$

半导体中的总电流密度为

$$j = j_n + j_p = q\mu_n\left(n\varepsilon + \frac{k_0 T}{q}\frac{\mathrm{d}n}{\mathrm{d}x}\right) + q\mu_p\left(p\varepsilon - \frac{k_0 T}{q}\frac{\mathrm{d}p}{\mathrm{d}x}\right) \tag{6.38}$$

【例 3】 请证明爱因斯坦关系。

考虑处于平衡态下的非均匀掺杂的 n 型半导体（一维），则载流子浓度都是 x 的函数，

记为 $n_0(x)$ 和 $p_0(x)$，浓度梯度的存在必然产生载流子的扩散，形成扩散电流，则有

$$\begin{cases}(j_\mathrm{p})_{扩} = -qD_\mathrm{p}\dfrac{\mathrm{d}p_0(x)}{\mathrm{d}x} \\ (j_\mathrm{n})_{扩} = qD_\mathrm{n}\dfrac{\mathrm{d}n_0(x)}{\mathrm{d}x}\end{cases}$$

电离杂质不能移动，而载流子的扩散有使载流子趋于均匀分布的趋势，结果导致半导体内部不再处处呈电中性，从而出现静电场 ε。静电场又引起载流子的漂移，漂移电流为

$$\begin{cases}(j_\mathrm{p})_{漂} = qp_0(x)\mu_p\varepsilon \\ (j_\mathrm{n})_{漂} = qn_0(x)\mu_n\varepsilon\end{cases}$$

在平衡条件下不存在宏观电流，静电场的建立总是反抗扩散进行，平衡时电子的总电流和空穴的总电流分别为零，即

$$\begin{cases}j_p = (j_p)_{漂} + (j_p)_{扩} = 0 \\ j_n = (j_n)_{漂} + (j_n)_{扩} = 0\end{cases}$$

所以，对电子有

$$n_0(x)\mu_n\varepsilon = -D_n\frac{\mathrm{d}n_0(x)}{\mathrm{d}x} \tag{6.39}$$

又

$$\varepsilon = -\frac{\mathrm{d}V(x)}{\mathrm{d}x} \tag{6.40}$$

这样，在非简并条件下，电子浓度为

$$n_0(x) = N_c\exp\left[\frac{E_F + qV(x) - E_c}{k_0T}\right]$$

两边微分得

$$\frac{\mathrm{d}n_0(x)}{\mathrm{d}x} = n_0(x)\frac{q}{k_0T}\frac{\mathrm{d}V(x)}{\mathrm{d}x} \tag{6.41}$$

将式(6.40)和式(6.41)代入式(6.39)得

$$D_n/\mu_n = (k_0T)/q$$

同理，对于空穴也有

$$D_p/\mu_p = (k_0T)/q$$

爱因斯坦关系在平衡(即无电流)、非简并(推导时用到了非简并时电子浓度)的条件下成立。

6.5 连续性方程

仍以一维 n 型半导体为例，更普遍的情况是载流子浓度既与位置 x 有关，又与时间 t 有关，那么少子空穴的扩散流密度 S_p 和扩散电流密度 $(j_p)_{扩}$ 分别为

$$S_p = -D_p\frac{\partial\Delta p}{\partial x} \tag{6.42}$$

$$(j_p)_{扩} = -qD_p\frac{\partial\Delta p}{\partial x} \tag{6.43}$$

单位时间单位体积中因扩散积累的空穴数为

$$-\frac{1}{q}\frac{\partial(j_p)_{扩}}{\partial x}=D_p\frac{\partial^2\Delta p}{\partial x^2} \tag{6.44}$$

单位时间单位体积中因漂移积累的空穴数为

$$-\frac{1}{q}\frac{(\partial j_p)_{漂}}{\partial x}=-\mu_p\left(\varepsilon\frac{\partial p}{\partial x}+p\frac{\partial\varepsilon}{\partial x}\right) \tag{6.45}$$

小注入条件下，单位体积中复合消失的空穴数是 $\Delta p/\tau_p$，用 g_p 表示生产率，则可列出

$$\frac{\partial p(x,t)}{\partial t}=D_p\frac{\partial^2 p(x,t)}{\partial x^2}-\mu_p\left[\varepsilon\frac{\partial p(x,t)}{\partial x}+\frac{\partial\varepsilon}{\partial x}p(x,t)\right]+g_p-\frac{\Delta p(x,t)}{t_p} \tag{6.46}$$

式(6.46)称为空穴的连续性方程。它反映了漂移和扩散运动同时存在时少子空穴遵守的运动方程，类似可得电子的连续性方程

$$\frac{\partial n(x,t)}{\partial t}=D_n\frac{\partial^2 n(x,t)}{\partial x^2}+\mu_n\left[\varepsilon\frac{\partial n(x,t)}{\partial x}+\frac{\partial\varepsilon}{\partial x}n(x,t)\right]+g_n-\frac{\Delta n(x,t)}{t_n} \tag{6.47}$$

三维情况下电子和空穴的连续性方程分别是

$$\frac{\partial n(x,y,z,t)}{\partial t}=\frac{1}{q}\nabla\cdot j_n(x,y,z,t)-\frac{\Delta n(x,y,z,t)}{\tau_n}+g_n \tag{6.48}$$

$$\frac{\partial p(x,y,z,t)}{\partial t}=-\frac{1}{q}\nabla\cdot j_p(x,y,z,t)-\frac{\Delta p(x,y,z,t)}{\tau_p}+g_p \tag{6.49}$$

连续性方程是半导体器件理论基础之一。

习　　题

(1) 关于公式 $n_0p_0=n_i^2$，下列说法正确的是(　　)。

A. 此公式仅适用于本征半导体材料

B. 此公式仅适用于杂质半导体材料

C. 此公式不仅适用于本征半导体材料，也适用于杂质半导体材料

D. 对于非简并条件下的所有半导体材料，此公式都适用

(2) 对于小注入下的 n 型半导体材料，下列说法中不正确的是(　　)。

A. $\Delta n\ll n_0$　　B. $\Delta p\ll p_0$　　C. $\Delta n=\Delta p$　　D. $\Delta p\ll n_0$

(3) 符号 n_{p0} 的含义是(　　)。

A. 电子浓度　　B. 多子浓度

C. 平衡时 P 型半导体中的电子浓度　　D. 少子浓度

(4) 电子在导带能级中分布的概率表达式是(　　)。

A. $\exp\left(-\frac{E_D-E_c}{k_0T}\right)$　　B. $\exp\left(-\frac{E_c-E_D}{k_0T}\right)$

C. $\exp\left(-\frac{E_c-E_F}{k_0T}\right)$　　D. $\exp\left(-\frac{E_F-E_c}{k_0T}\right)$

(5) 一般可以认为，在温度不很高时，能量大于费米能级的量子态基本上(　　)，而能量小于费米能级的量子态基本上为(　　)，而电子占据费米能级的概率在各种温度下总是(　　)，所以费米能级的位置比较直观地标志了电子占据量子态的情况，通常就说费米能级标志了电子填充能级的水平。

A. 没有被电子占据，电子所占据，1/2

B. 电子所占据，没有被电子占据，1/2

C. 没有被电子占据，电子所占据，1/3

D. 电子所占据，没有被电子占据，1/3

第 7 章　pn 结

阅读提示：什么是广义欧姆定律？

pn 结是同一块半导体晶体内 p 型区和 n 型区之间的边界(见图 7.1)。pn 结是各种半导体器件的基础，了解它的工作原理有助于更好地理解器件。

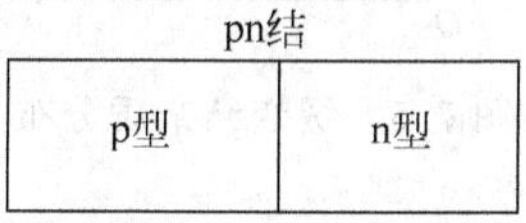

图 7.1　pn 结

pn 结典型制造过程有合金法和扩散法两种。合金法制造 pn 结的过程如图 7.2 所示，其中的液体为铝硅熔融体，P 型半导体为高浓度铝的硅薄层。

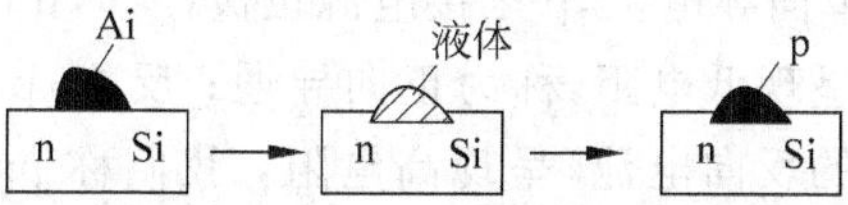

图 7.2　合金法制造 pn 结

典型的合金结的杂质分布如图 7.3 所示。这种由两边杂质浓度相差很大的 P、N 型半导体形成的 pn 结称为单边突变结。图 7.3 的单边突变结中，p 区的施主杂质浓度为 $10^{19}\,cm^{-3}$，而 n 区的杂质浓度为 $10^{16}\,cm^{-3}$，即空穴的浓度远高于电子的浓度，记作 p^+n 结。浅结、重掺杂或外延的 pn 结一般都是单边突变结。

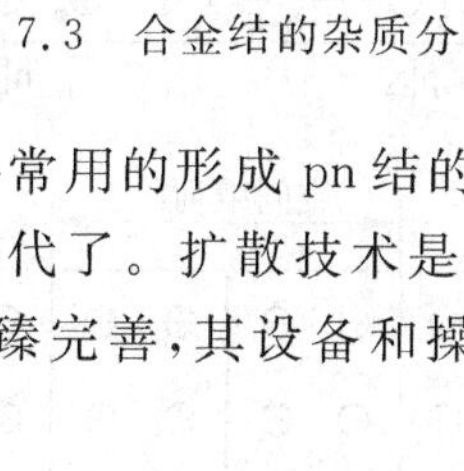

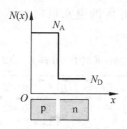

图 7.3　合金结的杂质分布

合金法是早期产生半导体器件常用的形成 pn 结的方法。自从硅平面技术问世以后，合金法已经被扩散法(见图 7.4)取代了。扩散技术是一种制作 pn 结的好方法。随着集成电路的飞速发展，扩散工艺已日臻完善，其设备和操作也大多采用电子计算机进行控制了。

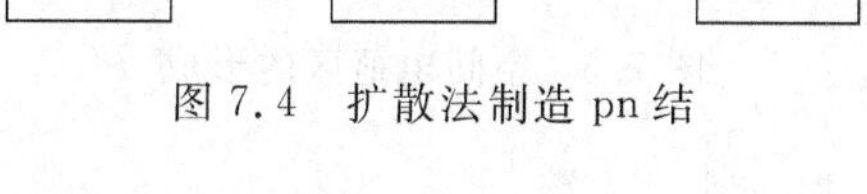

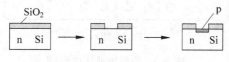

图 7.4　扩散法制造 pn 结

扩散法通过氧化、光刻、扩散等工艺形成 pn 结。扩散法制造的 pn 结为缓变结：杂质浓度从 p 区到 n 区是逐渐变化的，如图 7.5 所示。扩散法制造的 pn 结一般为深结。

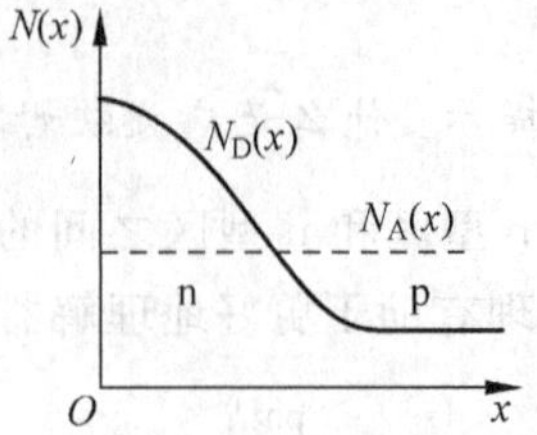

图 7.5　缓变结杂质分布

上面两种分布在实际器件中最常见，也最容易进行物理分析。

7.1　pn 结的单向导电性

pn 结的最基本特性是单向导电性，p 区接电源正极(＋)，n 区接电源负极(－)时，pn 结可以有较大的正向电流，即呈现低电阻，称为正向导通；反之，p 区接电源负极(－)，n 区接电源正极(＋)时，只有很小的反向电流，呈现高电阻，我们称 pn 结反向截止。从物理机制上说，这种效应是由于 pn 结正向注入过剩少子，而反向抽取少子造成的。

7.1.1　平衡 pn 结

pn 结实际上是一种非均匀半导体，因此热平衡时各处费米能级在同一水平上，这是依靠在界面附近形成空间电荷区和自建电场实现的。

p 型和 n 型半导体结合在一起时，由于交界面(接触界)两侧多子和少子的浓度有很大差别，n 区的电子必然向 p 区运动，p 区的空穴也向 n 区运动，这种由于浓度差而引起的运动称为扩散运动(如图 7.6 所示)。

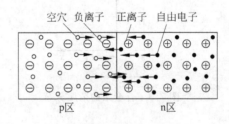

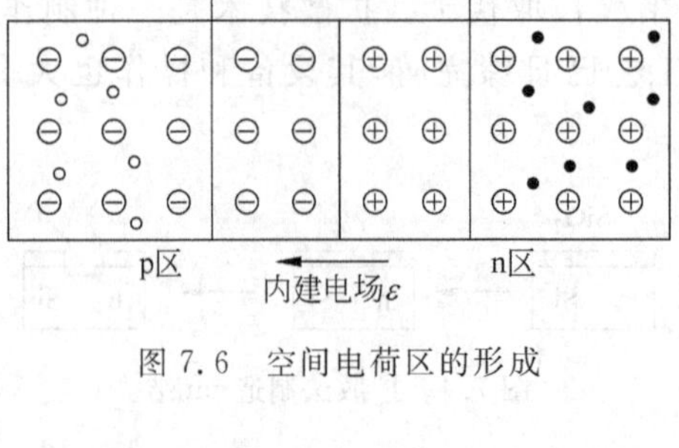

图 7.6　空间电荷区的形成

在 pn 结的交界面附近，由于扩散运动使电子与空穴复合，多子的浓度下降，则在 p 区和 n 区分别出现了由不能移动的带电离子构成的区域，这就是空间电荷区，又称为阻挡层、耗尽层、垫垒区。空间电荷区（即 pn 结的交界面两侧的带有相反极性的离子电荷）将形成由 n 区指向 p 区的电场 E，称为自建场或内建场，这一内部电场的作用是阻挡多子的扩散，加速少子的漂移。在此内部电场的作用下，少子会定向运动产生漂移，即 n 区空穴向 p 区漂移，p 区的电子向 n 区漂移。自建场使 n 区能带连同费米能级相对 p 区下降，直到使 E_F 水平，形成势垒。在无外电场或外激发因素时，pn 结处于动态平衡没有电流，内部电场 ε 为恒定值，这时空间电荷区内没有载流子，故称为耗尽层。若加偏压，则电压将主要降落于与势垒相联系的高阻区。

pn 结未加偏压时的能带结构如图 7.7 所示。根据图 7.7，自建势 $qV_D=E_F^n-E_F^p$，由于 $n_{n0}=n_i\exp\left(\frac{E_F^n-E_i}{k_0T}\right)$，$n_{p0}=n_i\exp\left(\frac{E_F^p-E_i}{k_0T}\right)$，$\ln\frac{n_{n0}}{n_{p0}}=\frac{1}{k_0T}(E_F^n-E_F^p)$，在强电离温度范围内 $n_{n0}\approx N_D$，$p_{p0}\approx N_A$，而 $n_{p0}\approx n_i^2/N_A$（其中 n_{n0}、p_{p0} 分别表示平衡时 n 区和 p 区多子浓度，N_A 表示 p 区掺杂浓度；N_D 表示 n 区掺杂浓度；n_i 表示本征载流子浓度），所以

$$V_D=\frac{1}{q}(E_F^n-E_F^p)=\frac{k_0T}{q}\left(\ln\frac{n_{n0}}{n_{p0}}\right)=\frac{k_0T}{q}\left(\ln\frac{N_DN_A}{n_i^2}\right) \tag{7.1}$$

式(7.1)表明，pn 结的内建电势决定于掺杂浓度 N_D、N_A、材料禁带宽度以及工作温度。

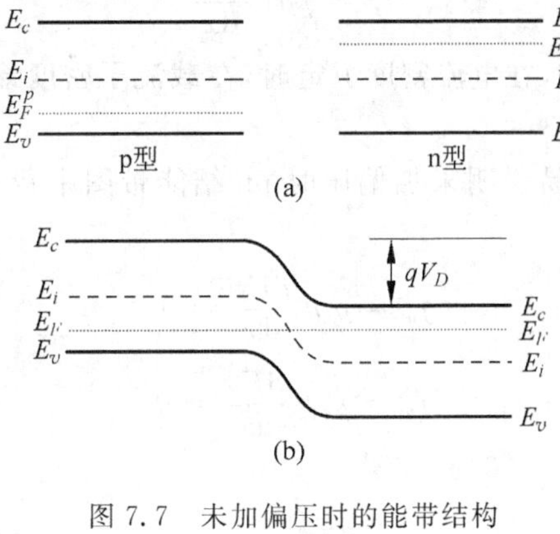

图 7.7 未加偏压时的能带结构

对于锗 pn 结，通常可取 $V_D=0.3\sim0.4$V，对于硅 pn 结，通常可取 $V_D=0.6\sim0.7$V。跟热电压 $V_t=\frac{k_0T}{q}=0.026$V（$T=300$K）相比，它们的内建电势要高出一个量级以上。

未加偏压时的 pn 结能带图具有一个重要特点：费米能级平直。这一点可由广义欧姆定理 $j=n\mu\frac{\mathrm{d}E_F}{\mathrm{d}x}$ 证明。证明如下。

假设 pn 结中同时存在载流子的漂移和扩散。自建势的存在使平衡 pn 结中载流子的漂移运动减弱。当达到平衡时，在空间任何点，对电子、空穴都有漂移电流与扩散电流相抵消。先考虑电子电流。对于均匀半导体，只有漂移电流（假设电场强度 ε 沿 x 方向）

$$j_n=nq\mu_n\varepsilon=-nq\mu_n\frac{\mathrm{d}V}{\mathrm{d}x} \tag{7.2}$$

对于非均匀半导体，由于存在扩散电流，式(7.2)不再成立，这时

$$j_n = nq\mu_n\varepsilon + qD_n\frac{\mathrm{d}n}{\mathrm{d}x} \tag{7.3}$$

由于

$$n(x) = N_c\mathrm{e}^{-\frac{E_c(x)-E_F(x)}{k_0T}}$$

$$\frac{\mathrm{d}n}{\mathrm{d}x} = \frac{n}{k_0T}\left[-\frac{\mathrm{d}E_c - \mathrm{d}E_F}{\mathrm{d}x}\right] = \frac{n}{k_0T}\left[-\frac{\mathrm{d}(-qV) - \mathrm{d}E_F}{\mathrm{d}x}\right] = \frac{n}{k_0T}\left[-q\varepsilon + \frac{\mathrm{d}E_F}{\mathrm{d}x}\right]$$

这里由于能带中任意能级变化趋势相同,所以

$$\frac{\mathrm{d}E_c}{\mathrm{d}x} = \frac{\mathrm{d}(-qV)}{\mathrm{d}x}$$

再代入

$$\frac{D_n}{\mu_n} = \frac{k_0T}{q}$$

得到

$$j_n = n\mu_n\frac{\mathrm{d}E_F}{\mathrm{d}x}$$

得证。

同理,对于空穴电流,有

$$j_p = p\mu_p\frac{\mathrm{d}E_F}{\mathrm{d}x}$$

根据广义欧姆定律可知,在电流密度恒定时,在载流子密度最低的区域,费米能级变化最大。

由广义欧姆定律,很容易说明未加偏压时 pn 结能带图中费米能级平直的特点。由于没有电流,所以

$$j_n = \mu_n n\frac{\mathrm{d}E_F}{\mathrm{d}x} = 0$$

$$j_p = \mu_p p\frac{\mathrm{d}E_F}{\mathrm{d}x} = 0$$

即

$$\frac{\mathrm{d}E_F}{\mathrm{d}x} = 0$$

所以费米能级平直。

7.1.2 pn 结的伏安特性

pn 结的伏安特性概括起来就是单向导电性,若在 pn 结上加正向电压,电压将主要降在势垒区,使势垒降低(能带图如图 7.8 所示),扩散电流将超过漂移电流而形成正向电流,由于这是驱使多子向对方流动,故可形成较大的正向电流;若施加反向电压,势垒增高,电场增强,漂移电流超过扩散电流形成反向电流,但由于这时是驱使少子流向对方,电流来源受到严重限制,因此反向电流通常很小。下面以正偏压下的情况为例,详细分析 pn 结的电流电压关系。

正向偏压时,注入的少子依靠在势垒两侧建立的少子浓度梯度向纵深扩散,稳定注入下,少子电流与第 6 章中一维扩散问题相同,由于注入少子存在,故势垒区附近不存在电子

和空穴的统一费米能级。

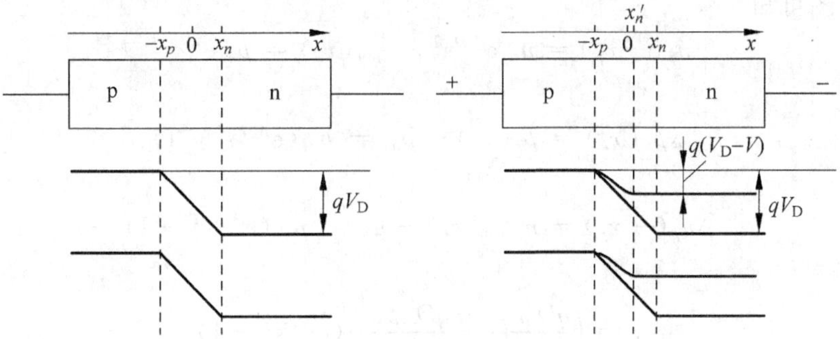

图 7.8 正向偏压时的能带图

根据图 7.9 正向偏压时的电流分布，可以看出 pn 结中的电流转换机制，显然，N 型半导体中电子电流为主，P 型半导体中空穴电流为主，pn 结电流即从电子电流转化为空穴电流的过程，通过复合实现电流的转换。n 区电子漂移电流注入到 p 区边界，少子扩散电流边扩散边复合，扩散电流减少，与空穴复合转化为空穴电流。

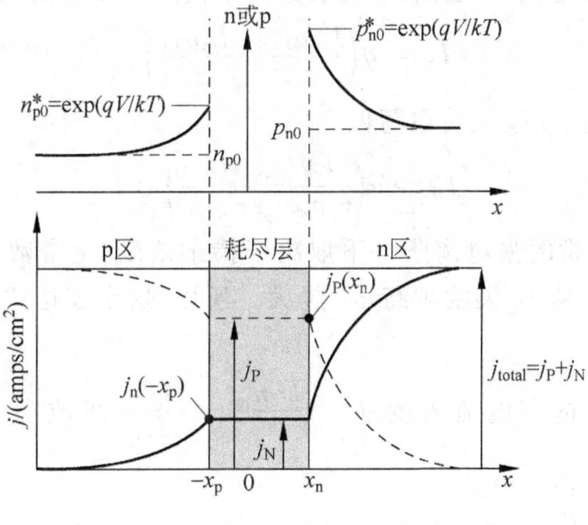

图 7.9 正向偏压时的载流子和电流分布

在任一点，电流可以写成通过同一截面的电子电流和空穴电流之和，有

$$j(x) = j_p(x) + j_n(x) \tag{7.4}$$

因此可以利用 $-x_p$ 点的电流来表示通过 pn 结的电流，即

$$j = j_p(-x_p) + j_n(-x_p) \tag{7.5}$$

假设电子和空穴通过空间电荷区时不发生复合，则有 $j_p(-x_p)=j_p(x_n)$。所以

$$j = j_p(x_n) + j_n(-x_p) \tag{7.6}$$

由第 6 章一维扩散结论得到

$$j = \frac{qD_p}{L_p}\Delta p(x_n) + \frac{qD_n}{L_n}\Delta n(-x_p)$$

由前面的推论可知，费米能级主要变化在载流子浓度低的地方，又因为空间电荷区相对于电子空穴扩散长度很短，故可以认为准费米能级是在势垒区以外降落的，据此得到上面的

能带图。

由能带图可知

$$n_p(-x_p) = n_{p0} e^{qV/k_0 T}, \quad p_n(x_n) = p_{n0} e^{qV/k_0 T}$$

所以

$$\Delta p_n(x_n) = p_n(x_n) - p_{n0} = p_{n0}(e^{qV/k_0 T} - 1)$$

同理

$$\Delta n_p(-x_p) = n_p(-x_p) - n_{p0} = n_{p0}(e^{qV/k_0 T} - 1)$$

因此得到

$$j = \left(\frac{qD_n n_{p0}}{L_n} + \frac{qD_p p_{n0}}{L_p}\right)(e^{qV/k_0 T} - 1) \tag{7.7}$$

设 $J_S = \frac{qD_n n_{p0}}{L_n} + \frac{qD_p p_{n0}}{L_p}$,则

$$j = J_S(e^{qV/k_0 T} - 1) \tag{7.8}$$

式(7.8)称为肖克莱方程。应当注意的是,此方程的推导中我们略去了空间电荷区复合,实际上总电流的表达式应为 $j(x) = j_p(x) + j_n(x) + j_r(x)$,其中 j_r 表示复合电流。

J_S 还有几种等价表达式,在上面 J_S 的表达式中代入 L_p、L_n 的表达式 $L = \sqrt{D\tau}$,就得到

$$J_S = q\left(\frac{L_p p_{n0}}{\tau_p} + \frac{L_n n_{p0}}{\tau_n}\right) \tag{7.9}$$

又由于 $n_i^2 = n_{n0} n_{p0} = p_{p0} n_{p0}$,$J_S$ 又可以写做

$$J_S = q\left(\frac{L_p}{\tau_p n_{n0}} + \frac{L_n}{\tau_n p_{p0}}\right) n_i^2 \tag{7.10}$$

由于 n_{n0} 和 p_{p0} 在通常的强电离条件下取决于掺杂浓度,是常数,而 $n_i^2 = N_c N_v e^{-E_g/k_0 T}$,可以看出,禁带越宽,$J_S$ 越小,温度越高,J_S 越大。所以,这个表达式体现了温度、禁带宽度对 J_S 的影响。

【例 1】 证明反向饱和电流密度 $J_S = \frac{D_n n_{p0}}{L_n} + \frac{D_p p_{n0}}{L_p}$ 可改写为 $J_S = \frac{b\sigma_i^2}{(1+b)^2} \frac{k_0 T}{q} \cdot \left(\frac{1}{\sigma_p L_n} + \frac{1}{\sigma_n L_p}\right)$,其中 $b = \frac{\mu_n}{\mu_p}$。

证明:

$$J_S = \frac{D_n n_{p0}}{L_n} + \frac{D_p p_{n0}}{L_p}, \quad \frac{D_n}{\mu_n} = \frac{k_0 T}{q}, \quad n_{p0} = \frac{n_i^2}{N_A} \frac{D_p}{\mu_p} = \frac{k_0 T}{q}, \quad p_{n0} = \frac{n_i^2}{N_D}$$

$$J_S = k_0 T\left(\frac{\mu_n n_{p0}}{L_n} + \frac{\mu_p p_{n0}}{L_p}\right) = k_0 T n_i^2 \left(\frac{\mu_n}{L_n N_A} + \frac{\mu_p}{L_p N_D}\right)$$

$$\sigma_i = qn_i(\mu_n + \mu_p), \quad \sigma_n = qn\mu_n = qN_D\mu_n, \quad \sigma_p = qN_A\mu_p$$

$$J_S = k_0 T n_i^2 \left(\frac{\mu_n}{L_n N_A} + \frac{\mu_p}{L_p N_D}\right) = k_0 T \frac{\sigma_i^2}{e^2(\mu_n + \mu_p)^2} \left[\frac{\mu_n}{L_n \frac{\sigma_p}{q\mu_p}} + \frac{\mu_p}{L_p \frac{\sigma_n}{q\mu_n}}\right]$$

$$= k_0 T \frac{\sigma_i^2 \mu_n \mu_p}{q(\mu_n + \mu_p)^2} \left(\frac{1}{\sigma_p L_n} + \frac{1}{\sigma_n L_p}\right)$$

令 $b = \frac{\mu_n}{\mu_p}$,则

$$J_S=\frac{b\sigma_i^2}{(1+b)^2}\frac{k_0T}{q}\left(\frac{1}{\sigma_pL_n}+\frac{1}{\sigma_nL_p}\right)$$

证毕。

实际应用中，肖克莱方程可近似使用。例如：

(1) 一般情况下，pn 结往往是一边掺杂浓度远高于另一边，因此 J_S 的表达式中常常只有一项起作用，可将另一项略去。

(2) 正向偏压下 $e^{qV/k_0T}-1$ 中 e^{qV/k_0T} 很大，则式中的“1”可以省略，近似有 j 随 V 指数增长。

这里要指出的是：一般正向情况下，空间电荷区电压不会超过 V_D，在 V 接近 V_D 时，势垒已经近于拉平，这时加在空间电荷区以外的电压不可忽略。

反向偏压时 $j=\left(\frac{qD_nn_{p0}}{L_n}+\frac{qD_pp_{n0}}{L_p}\right)(e^{qV/k_0T}-1)$ 仍然成立，只是式中的 V 在此时为负数，反向偏压下，准费米能级的降落仍在空间电荷区以外，只是在反偏下势垒升高，空间电荷区少子欠缺，由于少子扩散区 Δp、Δn 为负值，将有载流子不断产生，并输运到势垒边界，由空间电荷区的强电场扫入对方，因此反向电流实际上是少子扩散区的产生电流。在 $|qV|\gg k_0T$ 条件下，$e^{qV/k_0T}-1\rightarrow-1$，因此反向饱和电流将稳定在 J_S 值上。

需要指出的是，反向电流很小是由于受有限的产生速率限制，如果在扩散长度范围内提供少子，将使反向电流增加(这就是双极晶体管的原理)。

pn 结的单向导电性具有重要应用。利用 pn 结单向导电性可制作整流二极管、检波二极管、开关二极管等。

图 7.10 是半波整流示意图。半波整流是一种利用二极管的单向导通特性来进行整流的常见电路，这是一种除去交流电的负半周、只留下正半周加以利用的整流方法，作用是将交流电转换为直流电(整流的含义)，因为半波整流后输出的直流电为脉动直流电，只能用在对电源要求不高的简单电路中，实际中很少用到。

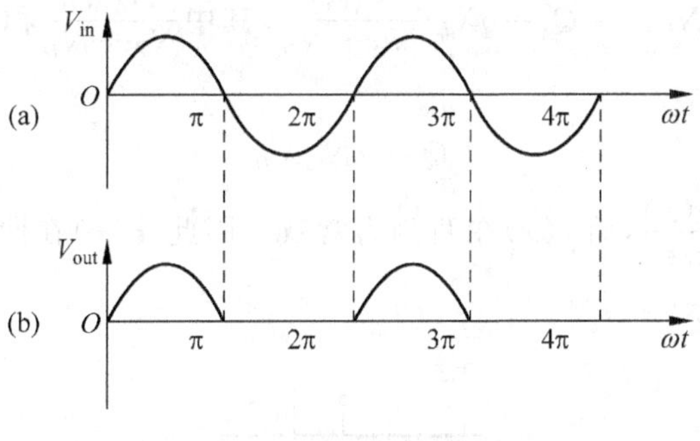

图 7.10 半波整流示意图

7.2 pn 结电容

pn 结包含两种电容效应：势垒电容和扩散电容。利用 pn 结的电容效应可以十分有效地测量深能级参数。下面分别进行详细介绍。

7.2.1 势垒电容

由于外加电压改变势垒高度，使空间电荷区厚度发生变化而产生的电容效应称为势垒电容。下面以突变结为例计算势垒电容。所谓的突变结是指：pn 结两侧施主、受主都为均匀掺杂，即固定掺杂浓度只在界面处突变。

为简化计算，我们引入“耗尽近似”，即认为势垒区载流子均已耗尽（空间电荷区载流子浓度趋于零）得到电荷分布如图 7.11 所示。

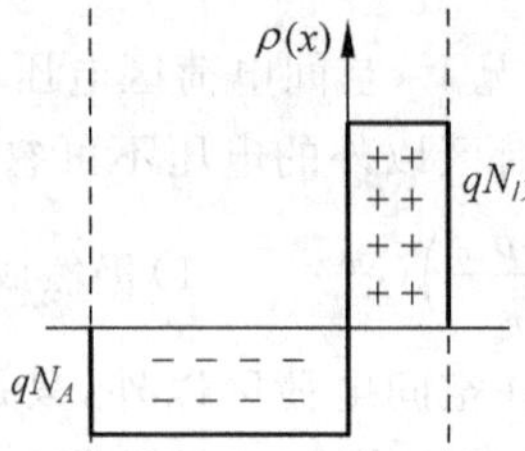

图 7.11 电荷分布图

电荷分布为

$$\rho(x)=\begin{cases}-qN_A & (-x_p<x<0)\\ qN_D & (0<x<x_n)\end{cases} \tag{7.11}$$

由电中性条件得到

$$qN_Ax_p=qN_Dx_n \quad \text{（即结两侧所带正负电量之和为 0）} \tag{7.12}$$

从而有$\frac{x_n}{x_p}=\frac{N_A}{N_D}$，把空间电荷区厚度 x_n+x_p 用 X_D 表示，即

$$X_D=x_n+x_p \tag{7.13}$$

则存储电荷 $qN_Ax_p=qN_Dx_n=Q=qX_D\frac{N_AN_D}{N_A+N_D}$，其中$\frac{N_AN_D}{N_A+N_D}$称为约化浓度，用 N_B 表示，故

$$Q=qN_BX_D \tag{7.14}$$

由于电场分布$\frac{\mathrm{d}\varepsilon(x)}{\mathrm{d}x}=\frac{\rho(x)}{\varepsilon_r\varepsilon_0}$，而 $\rho(x)$在两侧为常数。因此，$\varepsilon(x)$在两侧均为线性变化，得到电场分布如图 7.12 所示。

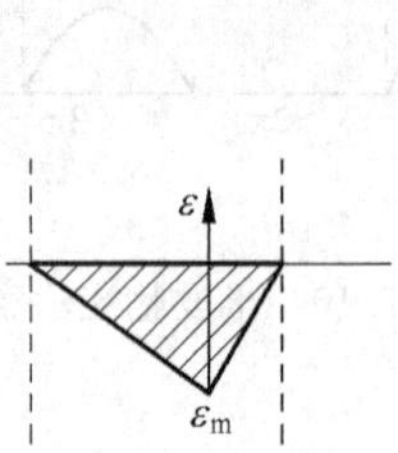

图 7.12 电场分布图

不难求得

$$\varepsilon_m(x)=-\frac{qN_Ax_p}{\varepsilon_r\varepsilon_0}=-\frac{qN_Dx_n}{\varepsilon_r\varepsilon_0} \tag{7.15}$$

而 x_n、$-x_p$ 两点电势差 ΔV 等于两点之间对电场的积分，因此等于电场分布图中阴影的面积。由此得到 $\Delta V=\frac{1}{2}X_D\varepsilon_m=\frac{1}{2}\frac{qN_BX_D^2}{\varepsilon_r\varepsilon_0}$，导出 $X_D=\left(\frac{2\varepsilon_r\varepsilon_0\Delta V}{qN_B}\right)^{1/2}$。而由前面所述，pn 结空间电荷区压降为 V_D-V，即上式中的 $\Delta V=V_D-V$，得到

$$X_D=\left(\frac{2\varepsilon_r\varepsilon_0(V_D-V)}{qN_B}\right)^{1/2} \tag{7.16}$$

代入 $Q=qN_BX_D$，得到 $Q=\sqrt{2q\varepsilon_r\varepsilon_0N_B(V_D-V)}$，代入电容公式 $C=\frac{\mathrm{d}Q}{\mathrm{d}V}$得到突变结势垒电容表达式

$$C_T=A\sqrt{\frac{\varepsilon_r\varepsilon_0qN_B}{2(V_D-V)}}=\frac{\varepsilon_r\varepsilon_0A}{X_D} \tag{7.17}$$

几点讨论如下：

(1) $\frac{\mathrm{d}Q}{\mathrm{d}V}$表达式中含有 V，即 C 是 V 的函数 $C(V)$，称为微分电容。

(2) $C_T=\frac{\varepsilon_r\varepsilon_0A}{X_D}$实际上可仿照平行板电容得出，$V$ 越大时，板间距离越小，电容越大。

(3) 对单边突变结(即一侧掺杂浓度显著高于另一侧)则高浓度一侧电荷区厚度很小，N_B 可以用低浓度一侧掺杂浓度代替(由 N_B 的表达式也可看出)。

7.2.2 扩散电容

在正向偏压下，空间电荷区外扩散长度范围内存储有过剩载流子 Δn、Δp(见图 7.9 的正向偏压下的注入少子分布图)；显然，这些电荷的存储量是随正向偏压增加的，这部分电容效应称为扩散电容。下面给出扩散电容计算的主要步骤。

与过剩少子相对应，为保持电中性，存在过剩多子分布，因此总存储电荷 $Q_D=Q_p+Q_n$，对于 n 区

$$Q_p=\int_{x_n}^{+\infty}\Delta p_n(x)q\mathrm{d}x=qL_pp_{n0}\left[\exp\left(\frac{qV}{k_0T}\right)-1\right] \tag{7.18}$$

同理，对于 p 区

$$Q_n=\int_{-\infty}^{-x_p}\Delta n_p(x)q\mathrm{d}x=qL_nn_{p0}\left[\exp\left(\frac{qV}{k_0T}\right)-1\right] \tag{7.19}$$

由此得到扩散电容

$$C_D=\frac{\mathrm{d}Q_p}{\mathrm{d}V}+\frac{\mathrm{d}Q_n}{\mathrm{d}V}=q^2\frac{n_{p0}L_n+p_{n0}L_p}{k_0T}\exp\left(\frac{qV}{k_0T}\right) \tag{7.20}$$

从扩散电容的表达式可以看出，C_D 随正向偏压指数增加，故反偏时极小。另外，扩散电容与势垒电容的关系是并联关系，总电容与等效电阻之间也是并联关系。

7.3 pn 结击穿

对 pn 结施加反向偏压时，当反向偏压增大到某一数值时，反向电流密度突然开始迅速增大，如图 7.13 所示。这种现象叫做 **pn 结击穿**。发生击穿时的反向偏压，叫做 pn 结的击穿电压。pn 结反向击穿的表现是电流急剧增加，而电流增加意味着载流子数目的急剧增

加。所以 pn 结击穿的基本原因是载流子数目的突然增加。

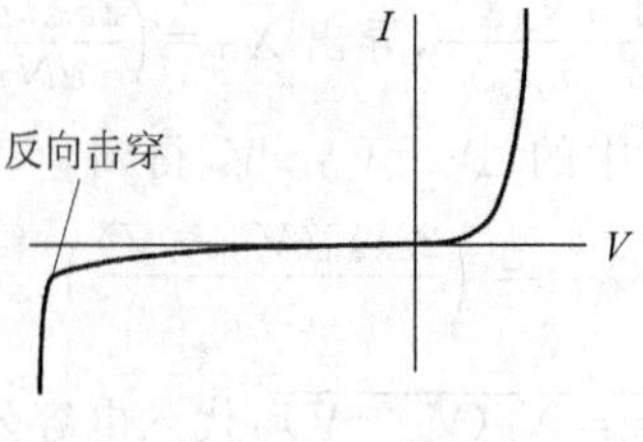

图 7.13　pn 结击穿

pn 结击穿可分成两类：可逆击穿和不可逆击穿。如果是由于强电场下的碰撞电离造成的载流子倍增，称为**雪崩倍增**或雪崩击穿过程(见图 7.14)；如果是在大反向偏压下，载流子发生了隧道贯穿使反向电流急剧增加，则称为**齐纳过程**。雪崩倍增和齐纳过程是可逆的。电流急剧增大还有一种情况，即热电击穿，这是由于不断上升的结温，使反向饱和电流持续地迅速增大造成的。热击穿是不可逆的。

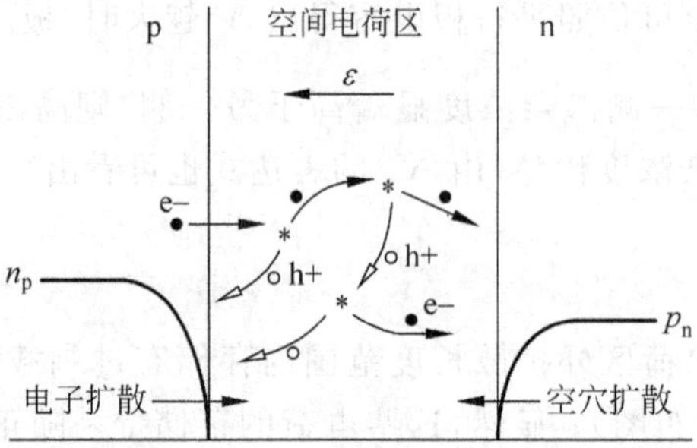

图 7.14　雪崩倍增过程

如前所述，齐纳过程中产生了隧穿效应。当势垒区很薄时，载流子可以通过量子力学的隧道效应隧穿到 pn 结另一边。pn 结隧穿时，载流子面对的势垒常做三角形近似(见图 7.15)。对于三角形势垒，隧道穿透几率为 $P=\exp\left(-\dfrac{4\sqrt{2m^{*}E_g}}{3\hbar}\Delta x\right)$，这里 Δx 为隧道长度，E_g 为势垒高度。注意：隧道长度与势垒区宽度 X_D 是不同的，反向偏压下势垒区宽度 X_D 增加，但隧道长度 Δx 变窄，所以隧道穿透几率增加。

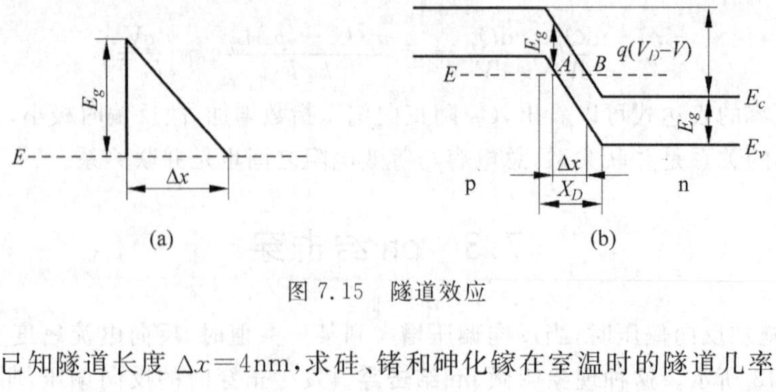

图 7.15　隧道效应

【例 2】　已知隧道长度 $\Delta x=4\text{nm}$，求硅、锗和砷化镓在室温时的隧道几率。

解：

$$P = \exp\left(-\frac{4\sqrt{2m_n^* E_g}}{3\hbar}\Delta x\right) = \exp\left[-\frac{8}{3}\pi\frac{\Delta x}{h}(2m_n^* E_g)^{\frac{1}{2}}\right]$$

$$\Delta x = 4\text{nm} = 4\times10^{-9}\text{m},\quad h = 6.625\times10^{-34}\text{J}\cdot\text{s}$$

对于硅，有

$$m_n^* = 1.08m_0 = 1.08\times9.1\times10^{-31} = 9.83\times10^{-31}\text{kg}$$

$$E_g = 1.12\text{eV} = 1.12\times1.6\times10^{-19} = 1.792\times10^{-19}\text{J}$$

$$P = \exp\left[-\frac{8}{3}\pi\frac{\Delta x}{h}(2m_n^* E_g)^{\frac{1}{2}}\right] = e^{-30.03} = 9.06\times10^{-14}$$

对于锗，有

$$m_n^* = 0.56m_0 = 5.1\times10^{-31}\text{kg}$$

$$E_g = 0.67\text{eV} = 1.07\times10^{-19}\text{J}$$

$$P = \exp\left[-\frac{8}{3}\pi\frac{\Delta x}{h}(2m_n^* E_g)^{\frac{1}{2}}\right] = \exp[-5.056\times10^{25}\times1.64\times10^{-25}]$$

$$= e^{-16.68} = 5.6\times10^{-8}$$

对于砷化镓，有

$$m_n^* = 0.068m_0 = 6.2\times10^{-32}\text{kg}$$

$$E_g = 1.43\text{eV} = 2.29\times10^{-19}\text{J}$$

$$P = \exp\left[-\frac{8}{3}\pi\frac{\Delta x}{h}(2m_n^* E_g)^{\frac{1}{2}}\right] = \exp[-5.056\times10^{25}\times1.64\times10^{-25}]$$

$$= e^{-8.29} = 2.5\times10^{-4}$$

pn 结的反向击穿是可逆的，且反向电压较稳定。利用这一点可以制作稳压管。图 7.16 是稳压管的符号图，其伏安特性曲线如图 7.17 所示。

稳压管的稳压过程就是一个反馈过程，如图 7.18 所示。

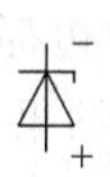

图 7.16 稳压管

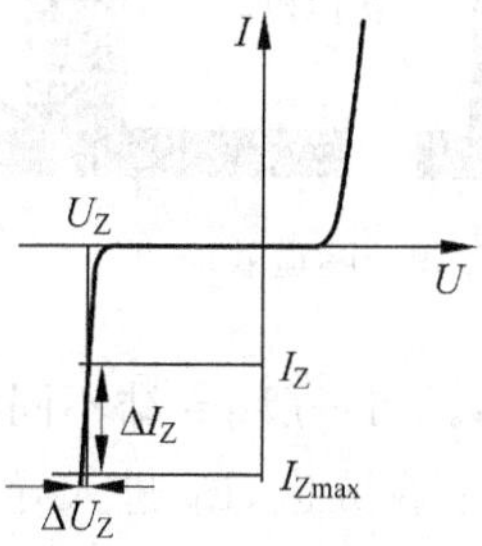

图 7.17 稳压管的伏安特性曲线

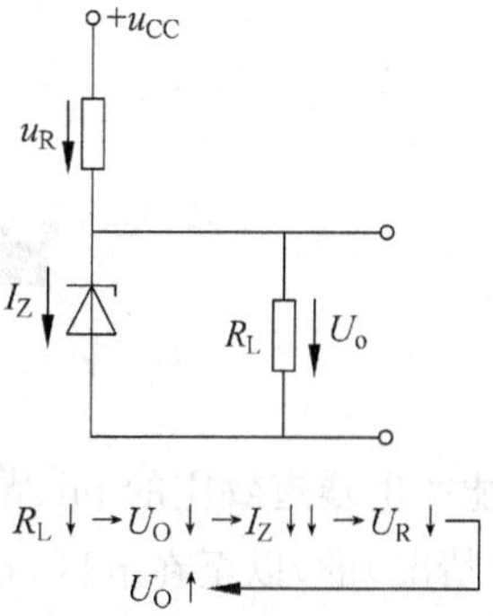

图 7.18 稳压管的稳压过程

7.4 pn 结隧道效应

前面根据图 7.9 讨论 pn 结正向偏压时的电流分布时，曾分析了 pn 结中的电流转换机制，即 pn 结电流从电子电流转化为空穴电流的过程，通过复合实现电流的转换。除了这种电流转换机制外，pn 结中还存在另一种不同的电流机制：结一侧的导带电子直接通过隧道效应穿透到对面的价带(或相反)，这个过程称为 pn 结中的隧道效应，这种效应只涉及两个带中多子数量的变化，不会造成载流子的非平衡积累，而隧穿所需要的时间是微不足道的，因此基于此效应的隧道二极管高频性能很好。

1958 年日本科学家江崎玲于奈博士发表了关于隧道二极管的论文，开辟了半导体研究的一个新领域，也带动了金属和超导体中的隧道现象的研究有了飞跃发展。由于这一成就，江崎博士与 B. D. 约瑟夫森和 I. 贾埃佛共同获得 1973 年度诺贝尔物理学奖。隧道二极管也称江崎二极管，其伏安特性有负阻区，可用于产生微波振荡。

所谓隧道效应，是指能量低于势垒的粒子有一定的几率穿越势垒的现象。这是一种量子力学效应。虽然蒲松龄在他的小说《聊斋志异》中曾描写了一个崂山道士修炼穿墙而入的本领的故事，但经典物理学告诉我们这件事基本不靠谱。在经典力学中，粒子不可能越过比它的能量更高的势垒。例如，我们骑自行车到达了一个斜坡，如果坡度小，自行车具有的动能大于坡度的势能，不用踩踏板自行车就能呼啸而过。但是，如果斜坡很高的话，自行车的动能小于坡度的势能，车行驶到一半时就会停住，不可能过去。

但是，宏观世界里不能发生的事情并不意味着在微观世界里同样不能发生(参见图 7.19)。在微观世界里，粒子的波性越来越显著。我们知道，波在两种介质的界面除了可能会发生反射，还可能发生透射(如光的反射和折射)。所谓隧道效应，就是粒子波透射入障碍介质的效应。隧道效应也称隧穿效应，是指粒子可穿过比本身总能高的能量障碍。量子力学指出，微观粒子的隧穿几率与势垒的高度和厚度有关。只要势垒的高度和厚度满足一定条件，微观粒子穿墙而入就可能发生。隧道二极管就是利用量子隧穿现象的器件。

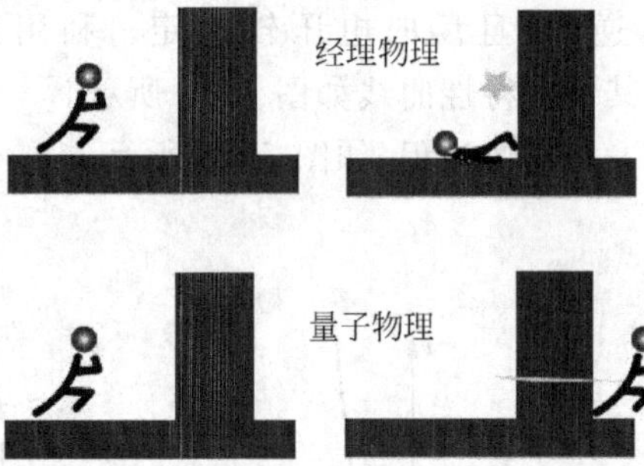

图 7.19　隧道效应

能产生隧道效应的 pn 结叫做隧道结。与一般 pn 结不同的是，隧道结两边都是重掺杂(简并情况)的，以至在 p 区，E_F 进入价带；在 n 区，E_F 进入导带，这样造成的结果是：n 区的导带底部与 p 区的价带顶部在能量上发生交叠，势垒十分薄，因此，电子可以隧道贯穿势垒区(见图 7.20)。当然，电子发生隧穿的必要条件还包括：

① 电子隧出一侧存在电子占据态；

② 电子隧入一侧相同能级存在未被电子占据态；

③ 隧道势垒高度足够低，宽度足够窄；

④ 隧穿过程能量、动量守恒。

隧道结的电流电压特性(伏安特性)如图 7.21 所示。正向电流一开始就随正向电压的增加而迅速上升，达到一个极大点(2 点)，相应的电流和电压称为峰值电流 I_p 和峰值电压 V_p。随后，电压增加，电流反而减少，达到一个极小点(4 点)，相应的电流和电压称为谷值电流 I_v 和谷值电压 V_v。在 V_p 到 V_v 的电压范围内，出现负阻特性。当电压大于谷值电压后，电流又随电压而上升。

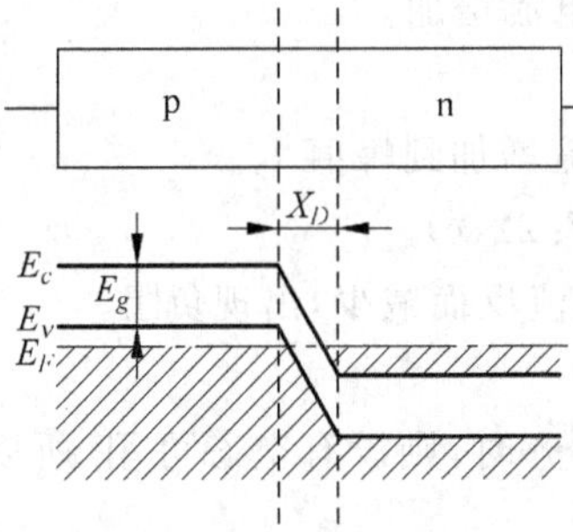

图 7.20　隧道结热平衡时的能带图

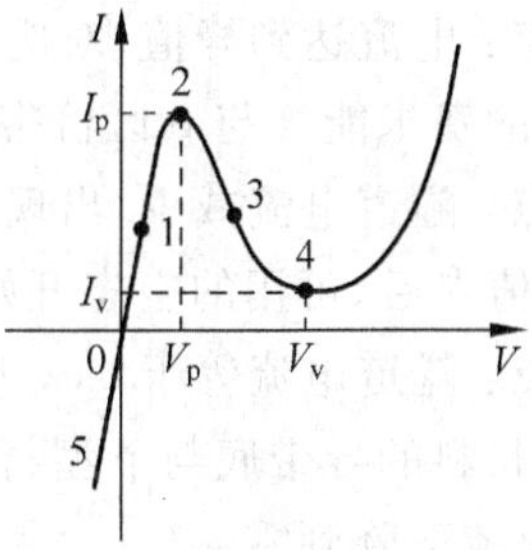

图 7.21　隧道结的电流电压特性

隧道结电流随电压的变化是其能带随电压变化的反映。图 7.22 给出了隧道结的 I-V 特性与能带关系，具体为：

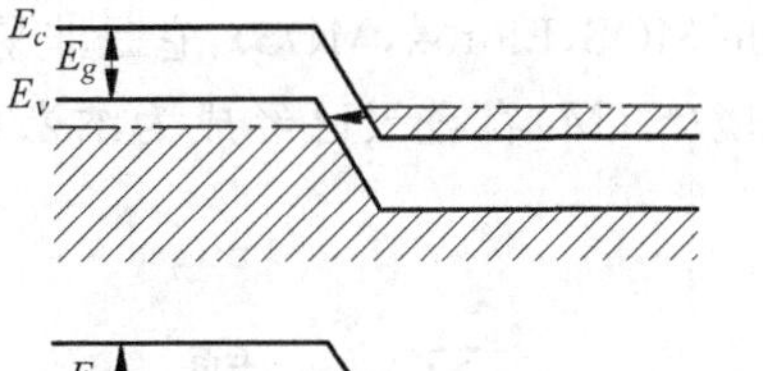

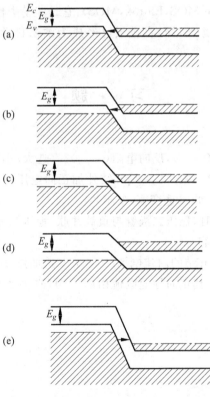

图 7.22　隧道结的 I-V 特性与能带关系

(1) 0 点：平衡 pn 结。

为了便于分析，假设为低温，以便费米分布是突变的(即费米能级以上的能态为空态，而费米能级之下的能态为满态)。平衡 pn 结当没有外部偏压时,p 区和 n 区的费米能级是拉平的,费米能级下的价带没有可供导带电子占据的空态,所以没有电子流动,电流为零。

(2) 1 点:正向电流迅速上升,对应图 7.22(a)。

正偏置下,n 区的费米能级上升,来自导带的电子将在价带中找到越来越多的可用空态,因此,电子流动随正向偏压升高而加剧,同时电流增加。

(3) 2 点:电流达到峰值,对应图 7.22(b)。

当 n 区的费米能级与 p 区价带顶对齐时,电流增加到峰值 I_p。

(4) 3 点:隧道电流减少,出现负阻,对应图 7.22(c)。

超过峰值点后,可用的空态开始减少,所以电流反而减少,出现负阻。

(5) 4 点:隧道电流等于 0,对应图 7.22(d)。

当 n 型材料的导带底与 p 型材料的价带顶对齐时,则没有空态可用,所以,电子流动为零,即隧穿电流下降到零。

(6) 5 点:反向电流随反向电压的增加而迅速增加,对应图 7.22(e)。

在反偏置下,电子从 p 型材料的价带隧穿到 N 型材料的导带,随着反向电压增加,n 型材料的导带中可供电子占据的空态也增多,所以电流呈单一性增加。

隧道效应目前已经得到了广泛应用。我们将在第 9 章介绍浮栅隧道氧化层 MOS 管(Floating-gate Tunnel Oxide MOS,Flotox,MOS),它是非易失性半导体存储器闪存的基本单元。另外,扫描隧道显微镜(STM)在今天已经成为纳米科学和技术领域最重要的一个利器。

习　题

以下为选择填空题。

(1) 二极管的正向电阻(　　),反向电阻(　　)。(选大/小)

(2) 二极管的最主要特性是(　　)。pn 结外加正向电压时,扩散电流(　　)漂移电流(选大于/小于),耗尽层(　　)。(选变宽/变窄)

(3) 稳压二极管在使用时,稳压二极管与负载并联,稳压二极管与输入电源之间必须加入一个(　　)。(选电阻/电容)

(4) pn 结反向偏置时,pn 结的内建电场(　　)。(选加强/减弱)

(5) 二极管正向偏置时,其正向导通电流由(　　)(选多数/少数)载流子的(　　)(选漂移/扩散)运动形成。

第8章　金属-半导体接触

阅读提示：费米能级是表征掺杂水平的，如果费米能级发生钉扎（不随掺杂改变），会发生什么效应呢？

8.1　两类接触

制造半导体器件或研究半导体材料的性质，总要涉及金属-半导体（金-半）接触，例如：器件内引线（集成电路各元件的互连线）、外引线、汞探针 C-V 测载流子浓度、四探针（钨丝）测电阻率等。金-半接触一般在经过清洁处理的半导体表面通过淀积金属薄层形成，常用金属为铝（Al）和金（Au）。金-半接触有两种类型：

（1）半导体为轻掺杂（$N<5\times10^{17}/\text{cm}^3$），金-半接触表现为单向导电（具有整流作用），这种接触称为肖特基（Walter H. Schottky，德国物理学家）接触或整流接触。肖特基接触的伏安（I-V）特性曲线类似于 pn 结（见图 8.1）。肖特基接触应用很广，例如：微波开关二极管；太阳能电池；整流器（面积大，功率大，用作开关型稳压源）；箝位二极管（用于集成电路，限制深饱和）（肖特基势垒二极管），等。肖特基势垒二极管的结构图如图 8.2 所示。

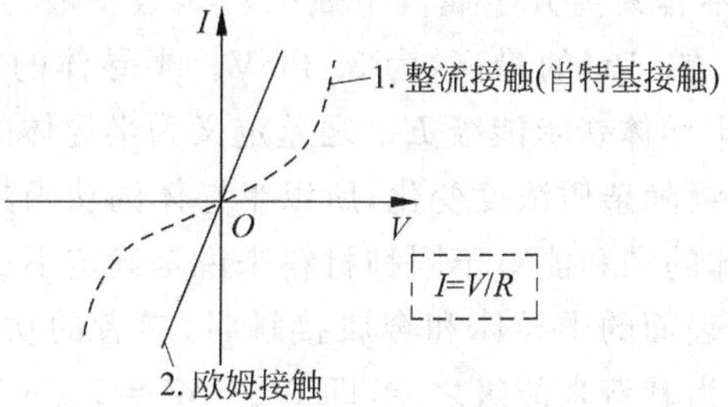

图 8.1　两种典型情况的 I-V 特性

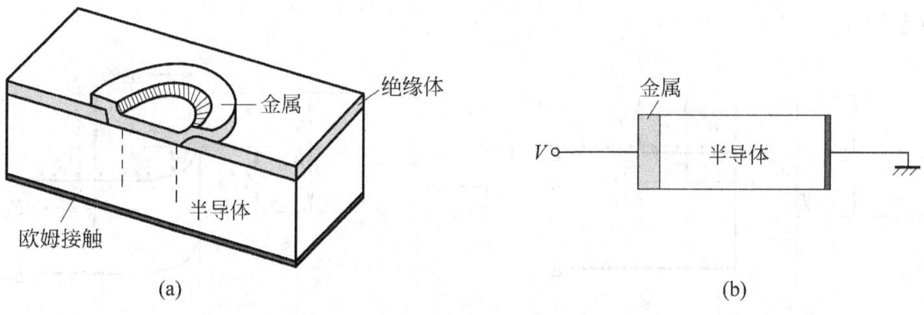

图 8.2　肖特基势垒二极管

（2）半导体为重掺杂（$N<5\times10^{20}/\text{cm}^3$），金-半接触表现为（正反向偏压）低阻特性，称欧姆接触（Ohmic contact，非整流接触）。欧姆接触的伏安（I-V）特性曲线具有线性对称的特点。欧姆接触的应用主要是器件引线（外引线及集成电路中的内线）。

8.2 肖特基势垒

在半导体表面不存在表面态的理想情况，界面附近的能带情况决定于金属和半导体功函数，以及半导体的亲和能。

功函数（work function，用 W 表示，又称逸出功）定义为：真空能级 E_0 和费米能级 E_F 之间的能量差，即

$$W = E_0 - E_F$$

半导体亲和能（用 χ 表示）定义为：真空能级 E_0 和导带底 E_c 之间的能量差，即

$$\chi = E_0 - E_c$$

在绝对零度的电子填满了费米能级 E_F 以下的所有能级，而高于 E_F 的能级则全部是空着的。在一定温度下，只有 E_F 附近的少数电子受到热激发，由低于 E_F 的能级跃迁到高于 E_F 的能级上去，但是绝大部分电子仍不能脱离金属而逸出体外，这说明金属中的电子虽然能在金属中自由运动，但绝大多数所处的能级都低于体外能级。要使电子从金属中逸出，必须由外界给它以足够的能量。所以，金属内部的电子是在一个势阱中运动。

金属的功函数用 W_m 表示，即 $W_m = E_0 - E_{Fm}$。它表示一个起始能量等于费米能级的电子，由金属内部逸出到真空中所需要的最小能量。功函数的大小标志着电子在金属中束缚的强弱，W_m 越大，电子越不容易离开金属。金属的功函数一般为几个电子伏，其中铯(Cs)的功函数最低，为 1.93eV，铂(Pt)的最高，为 5.36eV。半导体的功函数和金属类似：即把真空电子静止能量 E_0 与半导体费米能级 E_{Fs} 之差定义为半导体的函数，即 $W_s = E_0 - E_{Fs}$。

因为半导体的费米能级随杂质浓度变化，所以半导体的功函数也与杂质浓度有关。

与功函数不同，半导体的亲和能对于同种材料来说是确定不变的，如图 8.3(a)所示。

当具有理性洁净平整表面的半导体和金属接触时，二者的功函数 W_m 和 W_s 一般说来是不相等。其功函数差亦为其费米能级之差，即 $W_m - W_s = E_{Fs} - E_{Fm}$。所以，当有功函数差的金属和半导体接触并符合理想条件时，根据固体物理学相关知识可知，由于存在费米能级之差，电子将从费米能级高的一边转移到费米能级低的一边，直到两者费米能级持平而进入热平衡态为止。

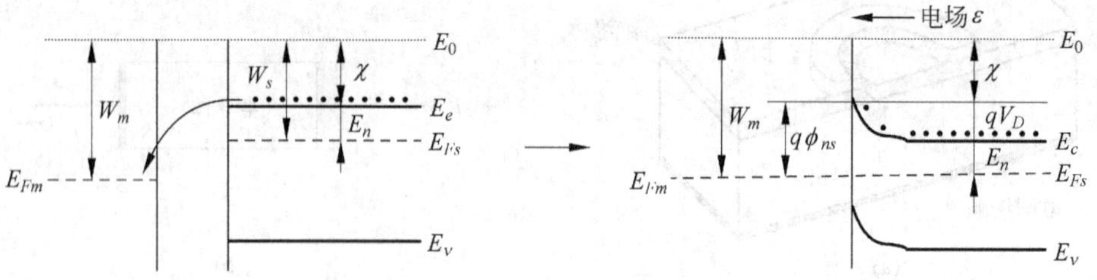

(a) 孤立金属、半导体的能带图

(b) 接触后平衡时的能带图(电子阻挡层)

图 8.3 不同情况下的能带图

下面以金属-n 型半导体接触为例进行说明。假设没有界面态，则一般有 $W_m > W_s$，见图 8.3(a)。$W_m > W_s$ 意味着金属的费米能级低于半导体的费米能级。此时的金-半接触中，半导体内电子向金属转移，使金属带负电，但是金属作为电子的"海洋"，其电势变化非常

小；而在半导体内部靠近半导体表面的区域则形成了由电离施主构成的正电荷空间层，这样便产生由半导体指向金属的内建电场，该内建电场具有阻止电子进一步从半导体流向金属的作用。因此，金属与半导体接触的内建电场所引起的电势变化主要发生在半导体的空间电荷区，使半导体中近表面处的能带向上弯曲形成电子势垒；而空间电荷区外的能带则随同 E_{Fs} 一起下降，直到与 E_{Fm} 处在同一水平时达到平衡状态，不再有电子的流动。类似于单边突变结，得到如图 8.3(b)所示的金-半接触能带图。

相对于 E_{Fm} 而言，平衡时 E_{FS} 下降的幅度为 $W_m - W_s$。若以 V_D 表示这一接触引起的半导体表面与体内的电势差，显然有

$$qV_D = W_m - W_s \tag{8.1}$$

式中，q 是电量，V_D 为接触电势差或半导体的表面势；qV_D 也就是半导体中的电子进入金属所必须越过的势垒高度；同样地，金属中的电子若要进入半导体，也要越过一个势垒。高度见式(8.2)，式中，$q\phi_{ns}$ 为肖特基势垒的高度。

$$q\phi_{ns} = W_m - \chi = qV_D + E_n \tag{8.2}$$

当金属与 N 型半导体接触时，若 $W_m > W_s$，则在半导体表面形成一个由电离施主构成的空间电荷区，其中电子浓度极低，对电子的传导性极低，是一个高阻区域，常被称为**电子阻挡层**。

显然，阻挡层是一个高阻层。加在金-半之间的外电压主要降落在高阻层上，它通过调节空间电荷区的厚度来吸收外电压，结果是半导体中的势垒高度随外加电压而变化，而 $q\phi_{ns}$ 却保持不变，通常把半导体中势垒降低的偏置称为正向偏置，如图 8.4(a)所示。对于金属和 N 型半导体的接触，这相当于金属接正极，半导体接负极。相应地，把半导体中势垒升高的偏置称为反向偏置，如图 8.4(b)所示。对于金属和 n 型半导体的接触，这相当于金属接负极，半导体接正极。

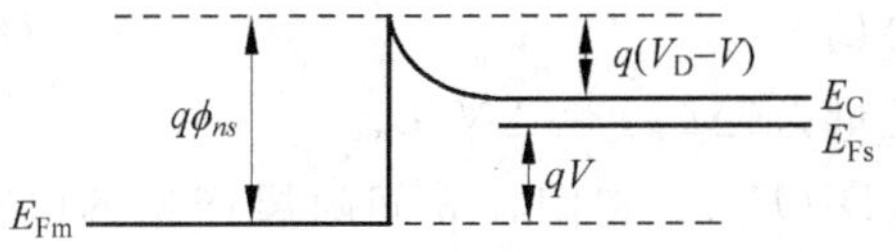

(a) 正向偏置

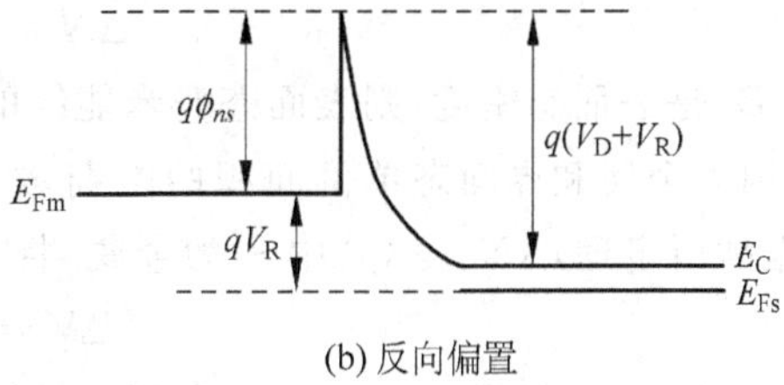

(b) 反向偏置

图 8.4 半导体中势垒偏置

肖特基势垒具有整流特性，即单向导电性。正向偏置下，由于半导体中的电子势垒降低，其中能越过势垒流向金属的电子显著增加，而 $q\phi_{ns}$ 不变，金属中能流向半导体的电子数并不发生变化，结果形成一股较大的正向电流；反向偏置下，由于半导体中势垒升高，由半导体流向金属的电子流显著减少，流过势垒的电流主要由金属向半导体的电子流构成，这个电流实际上很小。

式(8.2)是由肖特基和莫特(Mott)同时提出的，所以也称 Schottky-Mott 模型。根据式(8.2)可以得出肖特基势垒高度与金属功函数或半导体电子亲和势呈现线性关系。但这个模型与实际情况存在矛盾的地方。对于 n 型半导体，由 Schottky-Mott 模型，若 $W_m > W_s$ 则表面形成势垒，若 $W_m < W_s$ 则表面形成势阱，从而形成电子积累层，不形成阻挡层。但实

际上 $W_m<W_s$ 时也形成势垒，且此时 $q\phi_{ns}$ 大体上与功函数 W 无关（不敏感）。

针对这些矛盾，巴丁（Bardeen）认为其忽略了表面态和界面态的存在。1947 年，巴丁提出了界面态模型，后人称为巴丁模型。巴丁模型的基本假设是：假设半导体表面存在着高密度表面态，金属与半导体之间有一很小的间隙 δ，该间隙为原子尺度，表面态中电荷在间隙 δ 产生电势差，对势垒高度有箝位作用（钉扎作用）。

表面态是局域在表面附近的新电子态，它的存在导致表面能级的产生。与表面态相应的能级称为表面能级。理想晶体自由表面的表面能级称为达姆（Tamm）能级，最早是由塔姆在 1932 年提出的。和杂质态类似，表面态一般分施主型和受主型。施主型的能级被电子占据时呈电中性，施放电子后呈正电；受主型在能级空时为电中性，而接受电子后带负电。

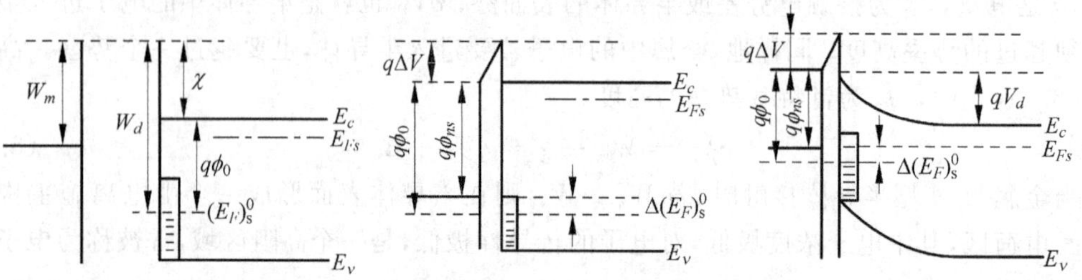

(a) 金属和界面态平衡前能带图 (b) 金属和界面态平衡后能带图 (c) 金属、界面态、半导体平衡能带图

图 8.5 能带图

假设真的存在表面态，则系统分为 3 个子系统：金属、表面态、半导体，如图 8.5 所示。设金属，表面态，半导体的费米能级分别为 E_{Fm}，$(E_F)_s^0$，E_{Fs}。若 E_{Fm} 和 E_{Fs} 都高于 $(E_F)_s^0$，则半导体和金属中的电子都流入表面态，用 $(\Delta E_F)_s^0$ 表示表面态费米能级的变化，则流入表面态的电子数目为

$$\Delta N = D_s(\Delta E_F)_s^0 \tag{8.3}$$

其中 D_s 是表面态密度，则表面态费米能级的改变量为 $(\Delta E_F)_s^0=\Delta N/D_s$。

因为金属和界面态单位面积的电荷数为 $-qD_s(E_F)_s^0$，它们在 δ 间隙层产生的电场为（根据高斯定理）$\Delta Nq/\varepsilon_i$，其中 ε_i 为金属-半导体中间层的介电常数，于是电势差为

$$\Delta V = \Delta Nq\delta/\varepsilon_i \tag{8.4}$$

$(\Delta E_F)_s^0$ 和 $\Delta V=\Delta Nq\delta/\varepsilon_i$ 之和可以补偿原来金属和界面态的费米能级之差，即

$$\Delta N\left(\frac{1}{D_s}+\frac{q^2\delta}{\varepsilon_i}\right)=W_s'-W_m \tag{8.5}$$

其中，W_s' 为界面态的功函数，$W_s'=E_0-(E_F)_s^0$，由此式可得

$$(\Delta E_F)_s^0=\Delta N/D_s=\frac{1/D_s}{1/D_s+q^2\delta/\varepsilon_i}(W_s'-W_m)=S(W_s'-W_m) \tag{8.6}$$

其中，$S=\dfrac{1/D_s}{1/D_s+q^2\delta/\varepsilon_i}$。

另一方面，肖特基势垒

$$q\phi_{ns}=q\phi_0-(\Delta F)_s^0=q\phi_0+S(W_m-W_s') \tag{8.7}$$

显然，当 D_s 很大时 $(\Delta E_F)_s^0$ 就很小，趋近于 0，这时 E_{Fm} 和 E_{Fs} 都被 $(E_F)_s^0$ 所箝制，钉扎势垒高度与 W_m 无关，这种情形称为**巴丁极限**。当 D_s 为有限态密度时势垒高度在一定程度上依赖

W_m。

费米能级钉扎效应是半导体物理学中的一个重要概念。本来半导体中的费米能级是随掺杂而发生位置变化的。例如，掺入施主杂质即可使费米能级移向导带底，半导体变成为 n 型半导体；掺入受主杂质即可使费米能级移向价带顶，半导体变成为 p 型半导体。但是，若费米能级不能因为掺杂等而发生位置变化的话，那么就称这种情况为**费米能级钉扎效应**。在这种效应起作用的时候，往半导体中即使掺入很多的施主或者受主，但不能激活（即不能提供载流子），故也不能改变半导体的导电类型，也因此难于通过杂质补偿来制作出 pn 结。

产生费米能级钉扎效应的原因与材料的本性有关。宽禁带半导体（GaN、SiC 等）就是一个典型的例子，这种半导体一般只能制备成 n 型或 p 型的半导体，掺杂不能改变其型号（即费米能级不能移动），故称为单极性半导体。一般而言，离子性较强的半导体（如Ⅱ-Ⅵ族半导体，CdS、ZnO、ZnSe、CdSe）往往是单极性半导体。这主要是由于其中存在大量带电缺陷，使得费米能级被钉扎住所造成的。当初采用氮化镓来制作蓝光二极管时，正是遇到了这个困难，无法制造 pn 结。后来日本科学家通过特殊的退火措施才激活了掺入的施主或受主杂质，获得了 pn 结，从而制作出了蓝光二极管。

非晶态半导体也往往存在费米能级钉扎效应。制作出的非晶态半导体多是高阻材料，费米能级不能因掺杂而移动，这也是由于其中有大量缺陷的关系。本节中，巴丁通过假定金属-半导体接触的肖特基结中，由于半导体表面态密度较大，造成了费米能级钉扎效应，很好地解决了肖特基势垒理论的困难。费米能级钉扎效应在金-半系统和金属-氧化物-半导体（MOS）系统中都起着重要的作用。

巴丁模型的要点是假设界面态的存在，正是界面态的存在造成费米能级的钉扎。然而，后人的研究指出，在一些情况下，界面态可能不存在。那么费米能级的钉扎来源于何处呢？

1981 年，Freeouf 提出了有效功函数模型（EWF），认为费米能级的钉扎作用不是由界面态引起的，而是由金属在沉积过程中与半导体表面发生反应而生成的物相所引起的。采用 EWF 模型更好地解释了金属与Ⅲ-Ⅴ和Ⅱ-Ⅵ肖特基接触势垒的形成。

与传统的 Bardeen 界面间隙态模型不同，Tung 在研究 p 型多晶硅肖特基势垒高度时，认为费米能级钉扎是由于金属与半导体接触界面形成的极化化学键而引起的，同时认为界面结构对势垒高度有显著的影响。

值得指出的是，肖特基势垒问题虽然古老，但对其研究一直持续到现在，涌现出许多新的概念和方法，而且似乎仍无结论，这也正是金属-半导体接触整流理论的魅力所在。

8.3　金属-半导体整流接触的电流电压关系

1938 年，肖特基提出了基于整流二极管的理论，称为肖特基二极管（Schottky Barrier Diode，SBD）理论。这一理论以金属和半导体功函数差为基础。

要定量讨论 SBD 的 I-V 特性，必须讨论电子是怎样越过势垒的。有两种近似模型：扩散理论和热电子发射理论。扩散理论假设势垒区较厚，制约正向电流的主要是电子在空间电荷区的扩散过程。热电子发射理论假设载流子的迁移率较高，电子能否通过势垒区，主要受制于势垒高度。扩散理论适用于载流子迁移率小的材料，例如碳化硅、锑化锌等。热电子发射理论适用与于载流子迁移率较大的材料，例如硅、锗、砷化镓等。

下面根据热电子发射理论计算肖特基二极管的电流方程。

半导体至金属的电流 $j_{S\to M}$ 随电压变化，而金属至半导体的电流 $j_{M\to S}$ 由于金属一侧势垒恒定而不随电压改变。可以推导出

$$j_{S\to M} = A^{*} T^{2} \mathrm{e}^{-q\phi_{ns}/k_0 T} \mathrm{e}^{qV/k_0 T} \tag{8.8}$$

而

$$j_{M\to S} = -j_{S\to M}\big|_{V=0} = -A^{*} T^{2} \mathrm{e}^{-q\phi_{ns}/k_0 T} \tag{8.9}$$

热发射电子电流

$$j = j_{S\to M} + j_{M\to S} \tag{8.10}$$

显然，当没有外加电压（即 $V=0$）时，有 $j_{S\to M}+j_{M\to S}=0$。由式(8.10)整理得

$$j = j_{sT}\left(\mathrm{e}^{\frac{qV}{k_0 T}} - 1\right) \tag{8.11}$$

其中 $j_{sT}=A^{*}T^{2}\mathrm{e}^{-\frac{q\phi_{ns}}{k_0 T}}$，$A^{*}=\dfrac{4\pi q k_0^2 m_n^{*}}{h^3}$ 称为里查孙常数。式(8.11)给出的伏安特性关系可以表示成图 8.6。

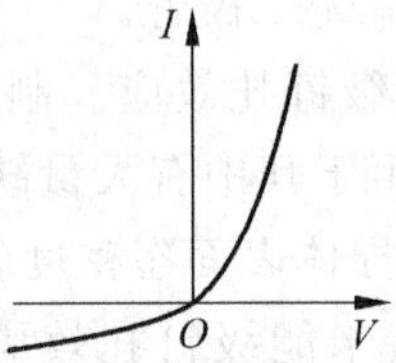

图 8.6　金-半整流接触伏安特性

与 pn 结二极管相比，肖特基二极管具有如下特点：

(1) 肖特基势垒二极管是多子器件，一般情况下，不必考虑少子的注入和复合，其停止导通的速度会比传统的二极管速度要快。所以，肖特基二极管有优良的高频特性，允许高速切换，电路可以在 200kHz 到 2MHz 的频率下操作。

(2) 相同自建势时，肖特基势垒二极管有较低的正向导通电压。但肖特基势垒二极管的反向击穿电压较低，例如，使用硅及金属为材料的肖特基二极管，其反向偏压额定耐压最高值为 50V。肖特基势垒二极管的反向漏电流较大，而且会随着温度升高而增加，可能会造成热失控的问题，在应用中必须加以考虑。

(3) 肖特基势垒二极管具有制备上的优势。

实际上，人们很早就已经发现肖特基结的整流效应并将其投入应用。1874 年，德国的布劳恩(Ferdinand Braun，1850—1918)注意到硫化物的电导率与所加电压的方向有关，即它的导电有方向性，在它两端加一个正向电压，它是导通的；如果把电压极性反过来，它就不导电，这就是肖特基结的整流效应。同年，舒斯特又发现了铜与氧化铜的整流效应。在此基础上，人们发明了半导体整流器，其中硒整流器至今仍在投入使用。

8.4 欧姆接触

金-半接触有 4 种情况。即

- 金属与 n 型半导体紧密接触，$W_m > W_s$；

- 金属与 n 型半导体紧密接触，$W_s > W_m$；
- 金属与 p 型半导体紧密接触，$W_m > W_s$；
- 金属与 p 型半导体紧密接触，$W_s > W_m$。

金属与 n 型半导体紧密接触时，若 $W_m > W_s$ 则形成电子阻挡层（高阻区），如图 8.7 所示。如果 $W_m < W_s$，则金属与 n 型半导体紧密接触时形成电子反阻挡层（高电导区）（见图 8.7(a)）。类似地，当金属与 p 型半导体紧密接触时，若 $W_m < W_s$ 则形成空穴阻挡层（高阻区）（见图 8.7(b)），反之，若 $W_m > W_s$ 则形成空穴反阻挡层（高电导区）（见图 8.7(c)）。

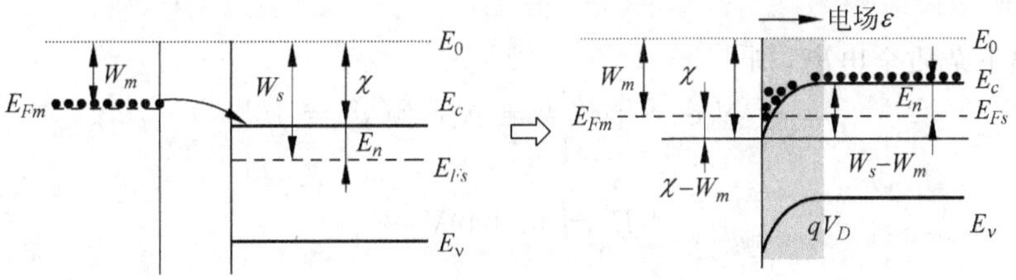

(a) 电子阻挡层

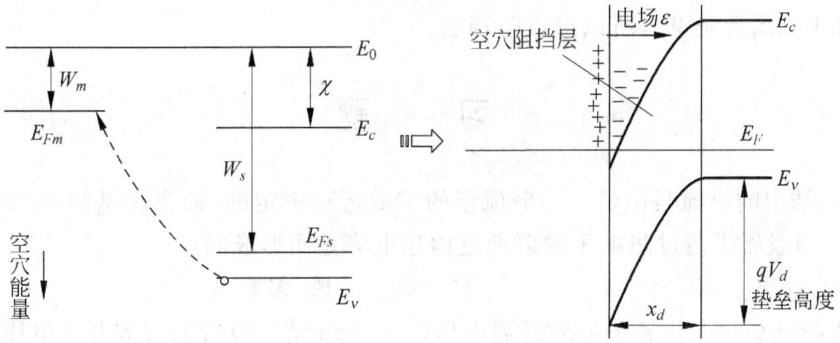

(b) 空穴阻挡层

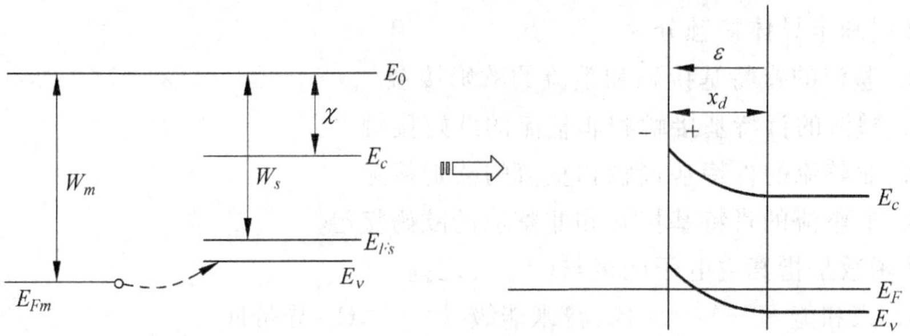

(c) 空穴反阻挡层

图 8.7　金-半接触的能带图

欧姆接触是金-半接触的另一个重要应用，即作为器件引线的电极接触。为了不影响器件的电学特性，对欧姆接触的要求是：接触电阻应小到与半导体的体电阻相比可以忽略。显然，若金-半之间形成反阻挡层，由于反阻挡层是很薄的高电导层，对半导体和金属的接触电阻的影响很小，这时易于形成欧姆接触。但是由于半导体表面态的原因，利用反阻挡层制作欧姆接触的办法实际上很难实现。

还可以利用阻挡层制作欧姆接触。这时需要利用隧道效应。在金-半接触中有 3 种电流机制：热电子发射(多子)、少子扩散和隧穿电流。当半导体高掺杂时，势垒很薄，这时电子隧穿效应为主，此时金-半接触表现出电阻性质，而非整流特性，所以可以利用隧道效应制作欧姆接触(非整流接触)。而实现欧姆接触的主要方法是对接触处的半导体高掺杂，利用隧道效应，得到很小的接触电阻。实际生产中，主要利用隧道效应在半导体上制造欧姆接触。

【例】 施主浓度 $N_D=10^{17}\text{cm}^{-3}$ 的n型砷化镓，室温下功函数是多少？它分别和铝、金接触时形成阻挡层还是反阻挡层？砷化镓的电子亲和能为4.07eV，$W_{\text{Al}}=4.25\text{eV}$，$W_{\text{Au}}=4.80\text{eV}$。

解：室温下杂质全电离，则

$$n_0 = N_c \mathrm{e}^{-(E_c-E_F)/k_0T} = N_c \mathrm{e}^{-E_n/k_0T} = 10^{16}$$

解得

$$E_n = 0.04\text{eV}$$

故

$$W_s = 4.07 + 0.04 = 4.11\text{eV}$$

W_{Au} 和 W_{Al} 均大于 W_s，所以形成阻挡层。

习　　题

(1) pn结中的电流是由(　　)载流子的扩散运动决定的，而肖特基势垒二极管中的电流是由(　　)载流子通过热电子发射跃过内建电势差而形成的。

A. 少数　　B. 多数

(2) 肖特基势垒二极管的有效开启电压(　　)pn结二极管的有效开启电压。

A. 低于　　B. 高于　　C. 等于　　D. 不大于

(3) 金属和半导体接触分为(　　)。

A. 整流的肖特基接触和整流的欧姆接触

B. 整流的肖特基接触和非整流的欧姆接触

C. 非整流的肖特基接触和整流的欧姆接触

D. 非整流的肖特基接触和非整流的欧姆接触

(4) 功函数是指真空电子能级与(　　)之差。

A. 亲和能　　B. 费米能级　　C. 导带底

(5) 1874年德国的布劳恩观察到某些硫化物的电导与所加电场的方向有关，即它的电导有方向性。这种电导的方向性实际上是(　　)。

A. 肖特基结的单向导电性　　B. pn结的单向导电性

第 9 章　MOS 结构

阅读提示：MOS 场效应管就像水龙头一样。

9.1　MOS 电容

MIS 结构(见图 9.1)是指金属(M)-绝缘体(I)-半导体(S)结构，又叫 MIS 电容结构。当其中的绝缘体(I)采用氧化物绝缘体(Oxide，一般用二氧化硅 SiO_2)材料时，这种结构即 MOS 结构，或 MOS 电容结构。在 MOS 结构上增加金属电极即构成 MOS 电容和 MOS 二极管。MOS 二极管在半导体器件中占有重要地位，是研究半导体表面特性最有用的器件之一，是现代 IC 中最重要器件-MOSFET 的核心。实际应用中，MOS 二极管可作为储存电容器，是电荷耦合器件(CCD)的基本组成部分。

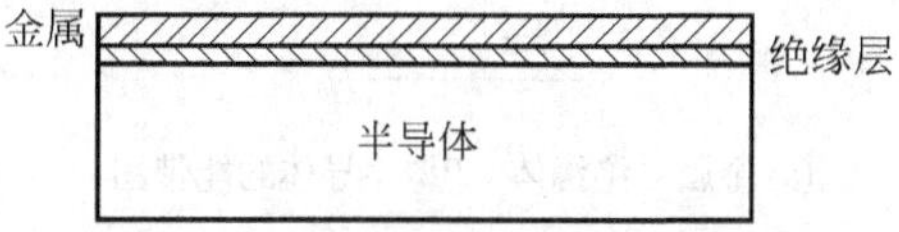

图 9.1　MIS 结构

图 9.2 是 MOS 二极管基本结构，其中半导体采用了硅材料，这样氧化层就是二氧化硅，其厚度为 d。金属层采用了铝材料。值得注意的是：现代半导体工艺中金属层多用多晶硅材料替代。通常硅基板接地，金属端 $V>0$ 表示其接正偏压，反之，金属端 $V<0$ 表示其接反偏。若半导体材料采用 P 型硅，则 $V>0$ 时，空穴(h^+)远离 SiO_2/Si 界面，形成空间电荷区。如图 9.3 所示。这里 x_d 表示感应电荷层的厚度。

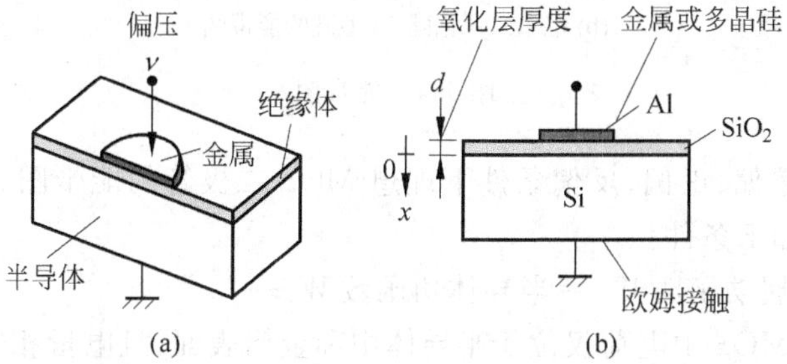

图 9.2　MOS 二极管基本结构

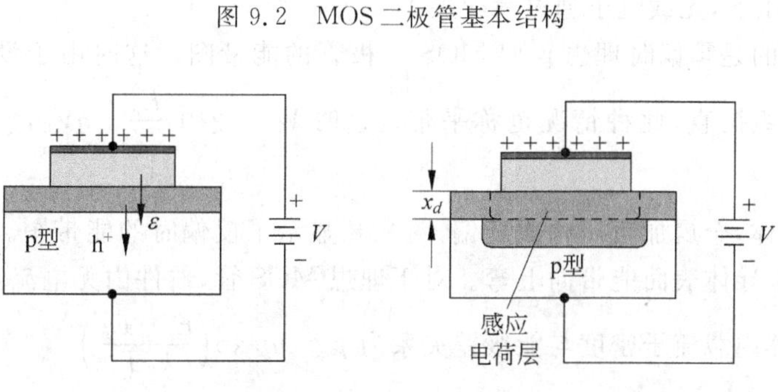

图 9.3　MOS 结构正偏和空间电荷区的形成

9.2 能 带 图

MOS结构的性质也必须通过能带图来说明。图 9.4 (a)给出的是金属、绝缘体、P 型半导体相互分离时的能带图,其中 W 表示功函数、E_0 为真空能级、χ 表示半导体亲和能。图 9.4(b)则是实际材料铝、二氧化硅和 P 型硅的具体能带图。

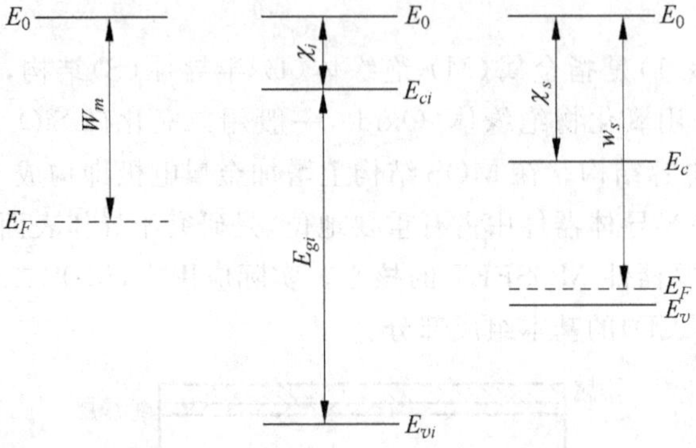

(a) 金属、绝缘体、P型半导体的能带图

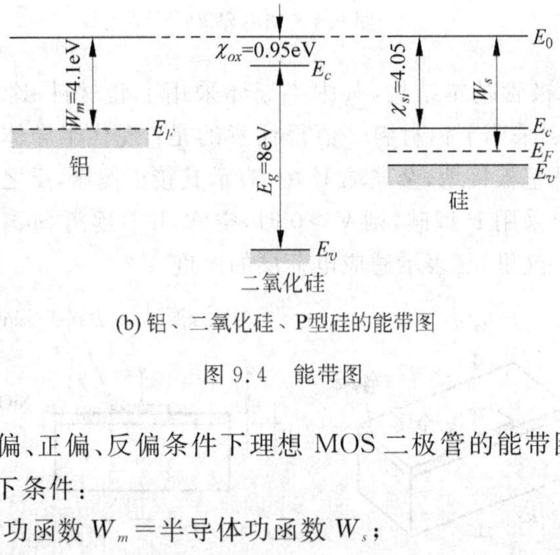

(b) 铝、二氧化硅、P型硅的能带图

图 9.4 能带图

下面分别讨论零偏、正偏、反偏条件下理想 MOS 二极管的能带图。所谓理想 MOS 二极管是指必须满足如下条件:

(1) 零偏时,金属功函数 W_m = 半导体功函数 W_s;

(2) 任意偏压,MOS 中电荷仅位于半导体中和金属表面,且电量相等,极性相反;

(3) 直流偏压下,无载流子通过氧化层。

图 9.5 给出的是零偏时理想 p 型 MOS 二极管的能带图。这时由于没有能级倾斜,费米能级和真空能级拉直,此种情况也称平带。这时 $W_s=\chi_s+\frac{E_g}{2}+qV_B$,$\chi$ 为电子亲和力,$qV_B=E_i-E_F$。

对 p 型半导体,金属加负压构成反偏,图 9.6 显示了反偏时的能带图。SiO_2/Si 界面处产生超量空穴,半导体表面能带向上弯。对于理想 MOS 管,器件内无电流,半导体内 E_F 维持为常数;半导体内载流子密度与能级差关系为 $p_p=n_i\exp\left(\frac{E_i-E_F}{k_0T}\right)$。

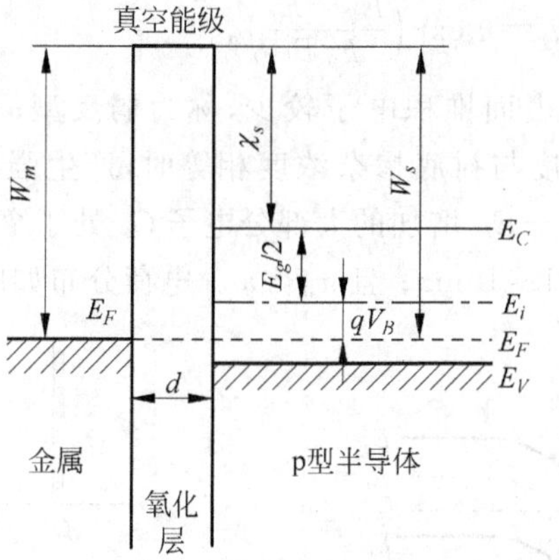

图 9.5 零偏时理想 p 型 MOS 二极管的能带图(平带)

半导体内越靠近界面,能带越向上弯曲,$E_i - E_F$ 增大,E_F 接近 E_V,空穴浓度上升,SiO_2/半导体界面造成空穴堆积,这种情况也称**积累**。对应电荷分布如图 9.7 所示。其中 Q_m、Q_s 分别表示金属/SiO_2、SiO_2/半导体界面积累的电荷量。

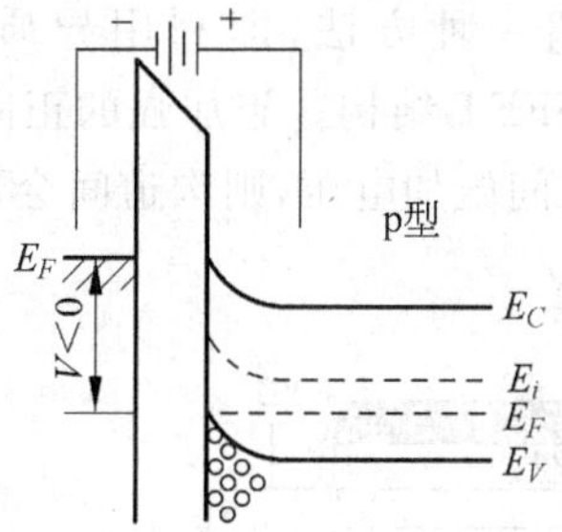

图 9.6 反偏时的能带图(积累)

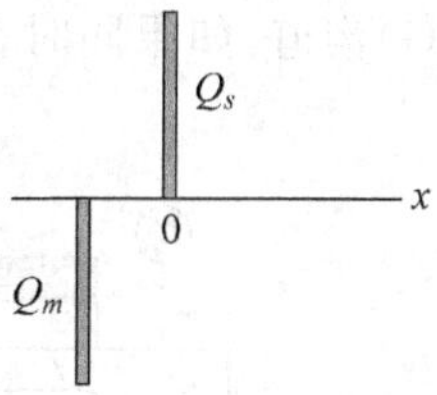

图 9.7 电荷分布图

金属加正压构成正偏。正偏能带图如图 9.8 所示。如果正偏较小,半导体表面能带向下弯曲;增加正偏压,当 $E_F = E_i$ 时,表面多子(空穴)耗尽,这种情况称为**耗尽**。耗尽时空间电荷区没有自由载流子,只有电离离子。半导体中单位面积空间电荷 $Q_s = qN_Aw$,w 是表面耗尽区宽度。电荷分布如图 9.9 所示。

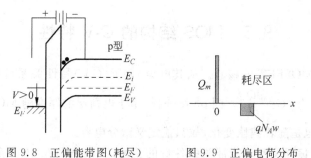

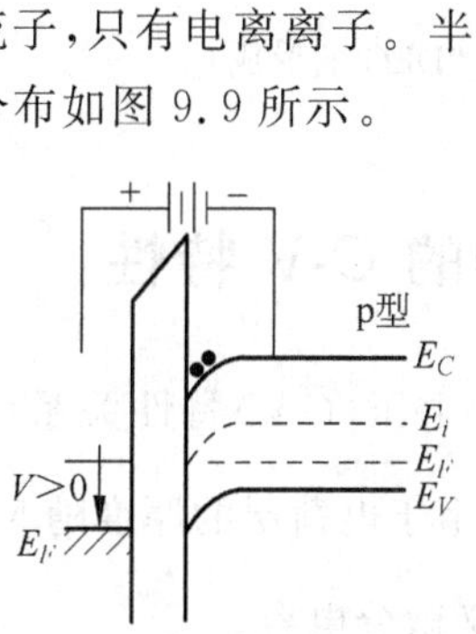

图 9.8 正偏能带图(耗尽)

图 9.9 正偏电荷分布

增加正偏压,则能带向下进一步弯曲。当表面处 $E_F - E_i > 0$ 时,半导体表面电子浓度$>n_i$,而空穴浓度$<n_i$,即表面电子(少子)数>空穴(多子),表面载流子呈现反型,反型电

子浓度与 E_F-E_i 关系为：$n_p=n_i\exp\left(\frac{E_F-E_i}{k_0T}\right)$。

当 $E_F-E_i>0$ 较小时，表面堆积电子较少，称为弱反型；随着 E_F-E_i 增加，E_F 接近 E_c；当 SiO_2/Si 界面电子浓度与衬底掺杂浓度相等时，产生强反型。强反型时的能带图如图 9.10 所示。继续增大 E_F-E_i，增加的大部分电子 Q_n 处于窄反型层($0\leqslant x\leqslant x_d$)中；$x_d$ 为反型层宽度，典型值范围为 1～10nm；且 $x_d\ll w$。电荷分布如图 9.11 所示。

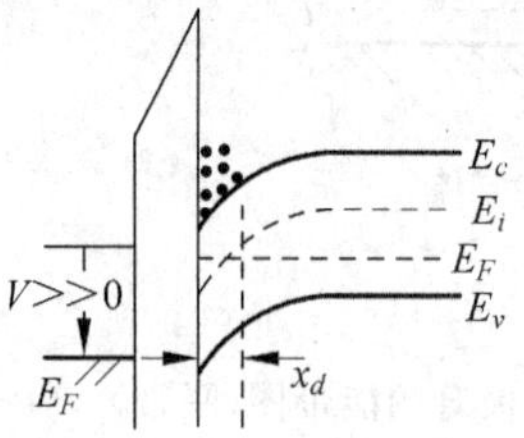

图 9.10　强反型时能带图

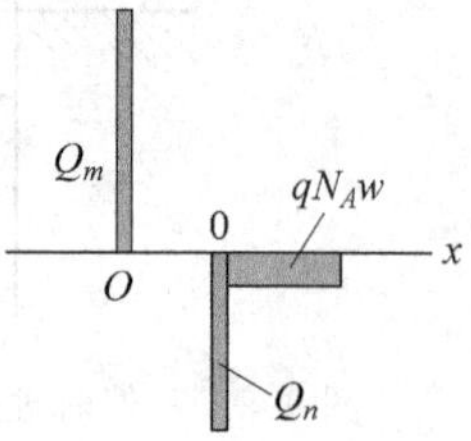

图 9.11　反型时电荷分布图

由于 x_d 较小，所以反型层可近似看成是二维的。处于二维反型层中的电子就称为二维电子气(Two Dimensional Electron Gas,2DEG)。这是产生 2DEG 比较方便的一种方法，而之前都是利用液氦的表面。第 10 章会介绍一种方法，即利用异质结构产生 2DEG。图 9.12 是MOS 电容与两个 pn 结构成的 MOSFET 结构。施加强的正向偏压后，半导体表面形成反型层(2DEG)沟道，如果同时在源漏之间施加电压，则沟道间会形成电子电流。

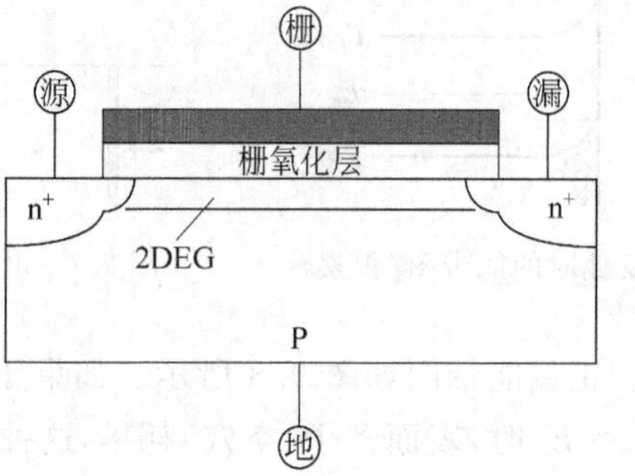

图 9.12　强反型时 2DEG 的形成

9.3　MOS 结构的 C-V 特性

MOS 电容是 MOSFET 的核心。从其电容-电压(C-V)特性关系可得到器件的大量信息。器件电容定义为：$C=\frac{dQ_M}{dV}$。同 pn 结一样，由于电荷层的厚度随 MOS 结构上的电压变化，因此它的电容也是随着偏压变化，故只能定义微分电容。

为定量说明正偏强反型时能带图中各量的关系，我们将图 9.10 重新画成图 9.13。对没有功函数差的 MOS 结构，外加偏压降在氧化物和半导体上，所以 $V=V_o+V_s$，其中 $V_o=E_od_0=\frac{Q_Md_0}{\varepsilon_{r0}\varepsilon_0}=\frac{Q_M}{C_0}$，其中 $C_0=\frac{\varepsilon_{r0}\varepsilon_0}{d_0}$为单位面积氧化物层的电容。$V_s$ 是空间电荷区两端的电

势差，称为**表面势**。图 9.14 画出了 p 衬底理想 MOS 电容的电容-栅压(C-V)特性。

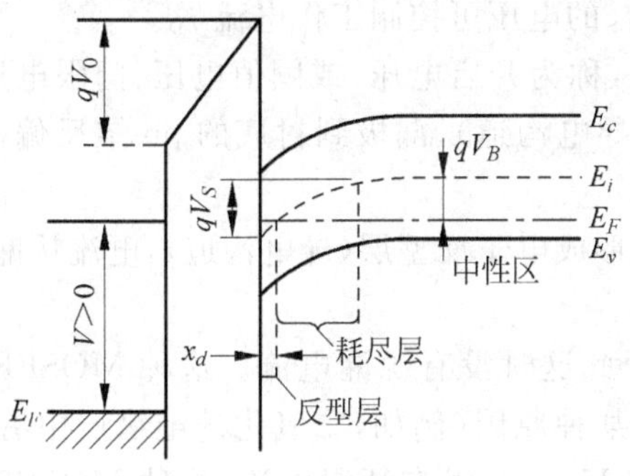

图 9.13 正偏强反型时能带图

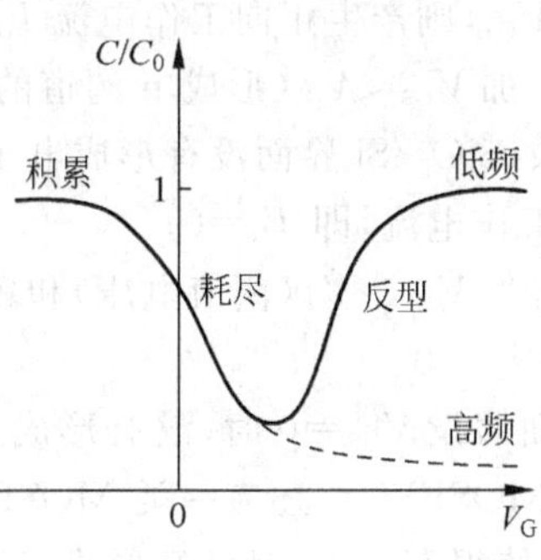

图 9.14 MOS 结构 C-V 特性

p 衬底理想 MOS 电容的电容-栅压(C-V)特性具有频率选择性。主要体现在反型时低频和高频相应不同。反型层的电荷即电子的来源有两个：

① p 型中少子，即电子的扩散；

② 耗尽层中的热运动形成的电子-空穴对。

低频时，反型层中的电荷相应能够跟上电容电压的微小变化，即电容电压的微小变化会造成反型层电荷密度变化。

高频时，只有金属和空间电荷区内电荷变化，反型层中的电荷不能响应电容电压的微小变化，所以高频时电容趋向其最小值。

9.4 MOSFET 基本工作原理

MOSFET 的基本结构如图 9.15 所示。它包含 3 个电极，即源极(S)、漏极(D)和栅极(G)。早期 MOSFET 的栅极(gate electrode)使用金属作为材料，但随着半导体技术的进步，现代的 MOSFET 栅极早已用高掺杂或结合金属硅化物的多晶硅取代了金属。

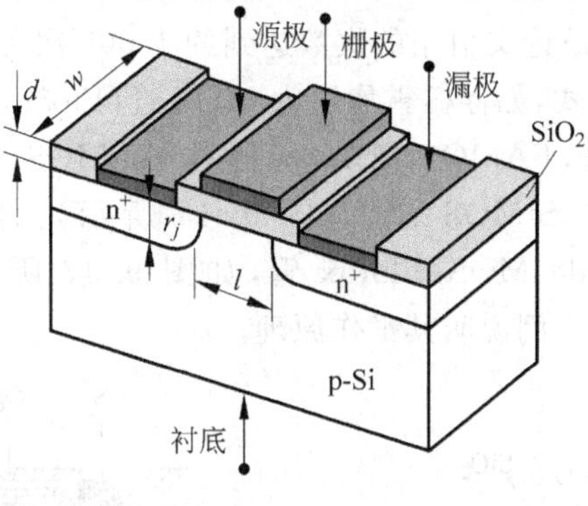

图 9.15 MOSFET

MOSFET 的基本器件参数包括：沟道长度 l(两 n^+ p 冶金结间距)，沟道宽度 w，氧化层厚度 d，结深 r_j 及衬底掺杂浓度 N_A。器件中央部分即为 MOS 二极管。

MOSFET 分为两类：n 沟道 MOSFET 和 p 沟道 MOSFET。n 沟道 MOSFET 的基本

工作原理如下：要使 n 沟道 MOSFET 工作，要在 G、S 之间加正电压 V_{GS} 及在 D、S 之间加正电压 V_{DS}，则产生正向工作电流 I_D。改变 V_{GS} 的电压可控制工作电流 I_D。

(1) 加 $V_{GS}<V_T$（形成 n 沟道的临界电压，称为开启电压，或阈值电压、门限电压）和较小的 V_{DS}，SiO_2/Si 界面没有形成电子反型层（导电沟道），漏极到衬底的 pn 结反偏，所以不会形成工作电流，即 $I_D=0$；

(2) 加 $V_{GS}>V_T$（阈值电压）和较小的 V_{DS} 形成电子反型层（导电沟道），电流从漏极流向源极，即 $I_D>0$。

上面假设 $V_{GS}=0$ 时，没有形成反型层，因此这时没有源漏电流。这种 MOSFET 称为增强型 MOSFET。还有一类 MOSFET，由于某种原因（例如，二氧化硅绝缘层中有大量的正离子）使得 $V_{GS}=0$ 时已经形成反型沟道，即 $V_{GS}=0$ 时有源漏电流，这种 MOSFET 叫做耗尽型 MOSFET。

通俗地讲，MOSFET 的运转原理类似于水龙头控制水流。水龙头是个闸门，打开闸门可以让水流通，关上闸门可以使水流无法通过。MOSFET 栅极就是闸门，只不过这里控制的是电流。

9.5 MOS 存储器结构

数据就是 0、1 的任意组合，存储数据就是要记录 0 和 1。理论上，任何有两种稳定状态的材料都可作为存储器使用。上述 MOSFET 具备导通与不导通两种状态，可以分别用来表示 1 和 0。

半导体存储器分为挥发性（Volatile，或称逸失性）与非挥发性（Non-Volatile）存储器。挥发性是指掉电后所存储的信息会消失。DRAM（动态随机存储器）、SRAM（静态随机存储器）是挥发性存储器；非挥发性存储器广泛应用在 EPROM（可擦除可编程只读存储器）、EEPROM（电可擦除可编程只读存储器）、闪存（flash）等 IC（集成电路）中。

非挥发性存储器的基本单元是浮栅 MOS 管，这种晶体管是美国华裔科学家施敏教授 1967 年发明的。施敏教授现为美国工程院、中国工程院和中国台湾工程院三院院士。曾获得 IEEE 电子器件的最高荣誉奖（Ebers 奖），已被诺贝尔奖三次提名。由施敏教授撰写的经典教材《半导体器件物理》，被论文引用的次数达到约 15000 次（ISI 统计）。

浮栅 MOS 管有几种形式，如浮栅雪崩注入 MOS 管（Floating-gate Avalanche-injuction Metal-Oxide-Semiconductor，FAMOS 管）、叠栅注入 MOS 管（Stacked-gate Injuction Metal-Oxide-Semiconductor，SIMOS 管，如图 9.16 所示）、浮栅隧道氧化层 MOS 管（Floating-gate Tunnel Oxide MOS，Flotox 管，如图 9.17 所示）等。闪存中主要应用 Flotox，所以下面以 Flotox 为例说明其工作原理。

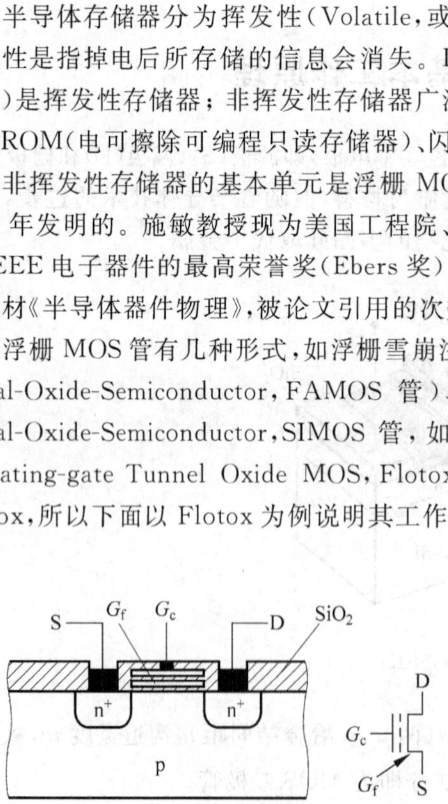

图 9.16 SIMOS 管

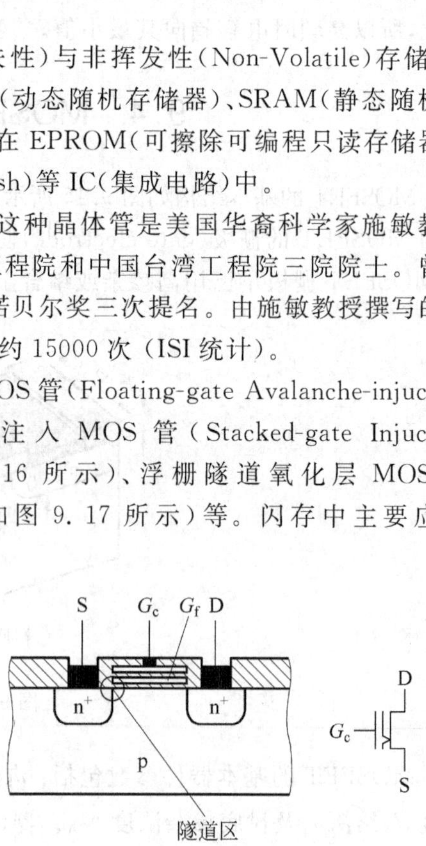

图 9.17 Flotox 管

Flotox 管与普通的 MOSFET 类似，仍为三端器件，分别为源极、漏极和栅极，工作原理与场效应管的工作原理也相似，主要是利用电场的效应来控制源极与漏极之间的通断，栅极的电流消耗极小，不同的是普通的 MOSFET 为单栅极结构，而 Flotox 管为双栅极结构，有两个重叠的栅极，即控制栅 G_c 和浮空栅（简称浮栅）G_f。控制栅 G_c 有引线引出，用于控制读出和写入；浮栅 G_f 没有引线引出，用于长期保存注入的负电荷。利用 Flotox 管的存储单元如图 9.18 所示。Flotox 利用浮栅上是否存储电荷表示数字 0 或 1，其存储原理如图 9.19 所示。

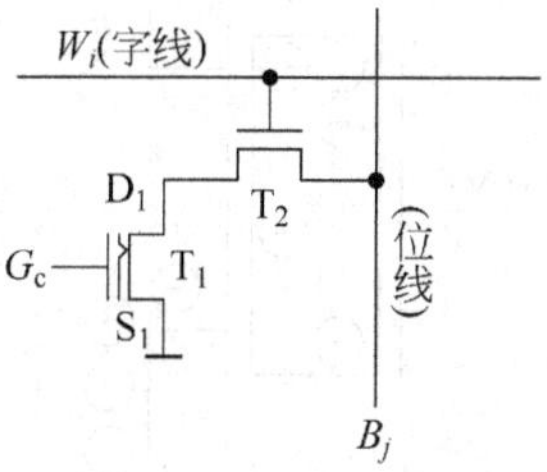

图 9.18　存储单元

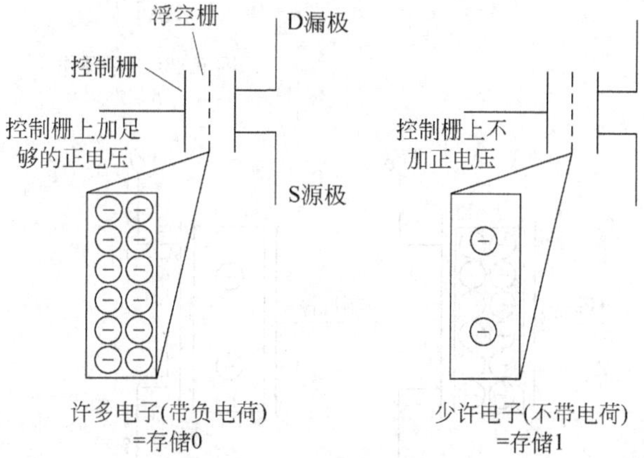

图 9.19　Flotox 存储原理

G_f 栅周围都是绝缘的二氧化硅，泄漏电流很小，所以一旦电子注入到浮栅之后，就能保存相当长时间（通常浮栅上的电荷 10 年才损失 30%）。

如果浮栅 G_f 上没有积累电子，则 MOS 的开启电压很低，此时若给控制栅 G_c 加 +5V 电压，MOS 导通，位线上读出 1。

反之，如果浮栅 G_f 上积累了电子，则 MOS 管的开启电压很高，控制栅 G_c 上加 +5V 电压时，MOS 管截止，位线上读出 0。

写入时首先选中需要存储 0 的单元，在其对应的 MOS 管的漏极上加约几十伏的正脉冲电压，使电子注入到浮栅 G_f 中，即在存储单元中写入了 0。由于无引线（即浮栅上的电子无放电通路），所以电子能够长期保存。

Flotox 管的浮栅与漏极区（n^+）之间有一小块面积极薄的二氧化硅绝缘层（厚度在 2×10^{-8}m 以下）的区域，称为**隧道区**。当隧道区的电场强度大到一定程度（$>10^7$ V/cm）时，漏区和浮栅之间出现导电隧道，电子可以双向通过，形成电流。利用隧道效应可使浮栅上的电荷消失，实现擦除。

Flotox 的 3 种基本操作可通过图 9.20、图 9.21、图 9.22 详细说明。

首先，编程操作（写操作）：只写 0（控制栅上加正电压），不写 1。通过这一过程可以给存储元的浮栅补充电子。

编程时，栅极加正电压，电荷通过某种方式（如隧穿）注入到存储层（浮栅）中，这时，存储层起到一个势阱的作用，进入其中的电荷在没有外力的作用下是无法“逃走”的，因此可以存储电荷。由于存储层中电荷产生的电场屏蔽作用，使得器件的阈值电压增大。

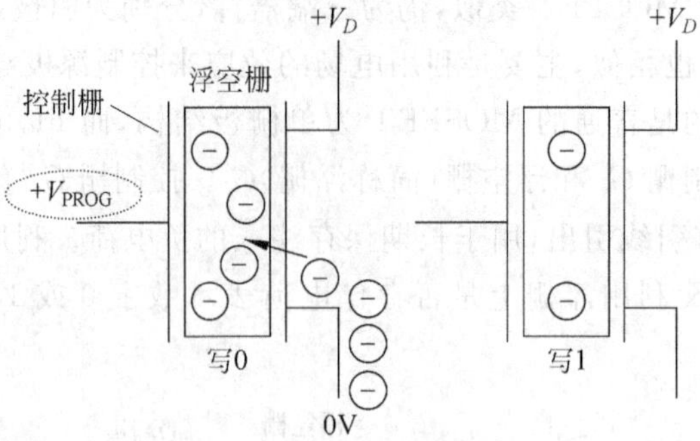

图 9.20 写操作

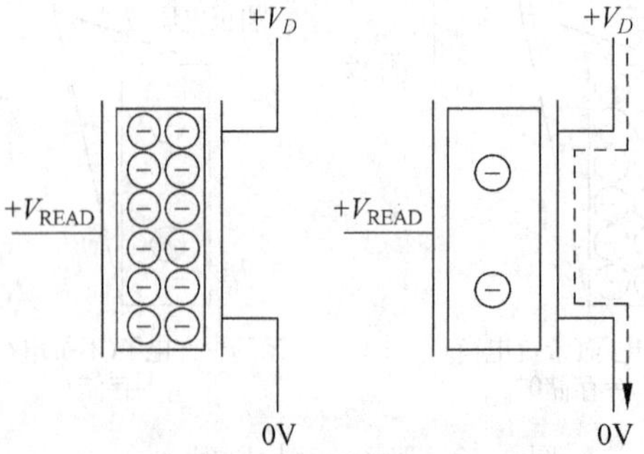

图 9.21 读出操作

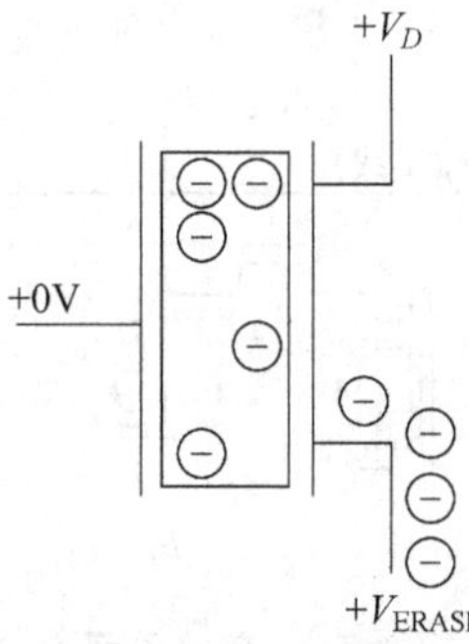

图 9.22 擦除操作：电擦除

第二，读出操作：以浮栅极是否带电来表示存 1 或者 0。浮栅带电、不带电直接影响沟道开启的阈值电压。

第三，擦除操作。擦除时，栅极加负电压，电荷以某种机制（如隧穿）从存储层回到衬底时，器件阈值电压又会降回原来的大小。显然，写操作是给存储元的浮空栅补充电子，而擦除操作正好相反，是吸收浮栅上的电子。

这里用二进制数“1”和“0”分别代表低阈值电压状态和高阈值电压状态，“0”表示存储器已经被编程，“1”表示存储器已经被擦除。

9.6 鳍式晶体管

MOSFET 是通过栅压控制电流流动，实现可控操作。这种想法是革命性的，源漏栅这种水龙头结构也产生了深远影响。在此基础上，诞生了许多新发明，解决了半导体工业技术，特别是集成电路技术发展中的许多问题。

在 9.5 节介绍了浮栅场效应管，通过引入浮栅解决了半导体存储器的逸失问题（断电丢失信息问题）。另外一个发明是隧穿场效应管，解决器件尺寸减小造成的栅极漏电流过大的问题（将在 14 章介绍）。

通过浮栅场效应管，我们认识了施敏教授。其实，在美国，像施敏这样的华裔半导体专家还有一位——胡正明（Chenming Hu）教授。他是鳍式晶体管（Fin Field-Effect Transistor，FinFET）技术的发明者，也是现在另一个主流工艺技术 FD-SOI（全耗尽型绝缘层上硅)的发明者,他的发明推动了半导体产业的发展,如今三星、台积电能实现14nm/16nm IC工艺都依赖这项技术。

什么是鳍式晶体管(FinFET)呢?我们知道,FET的基本结构中,左边有一个"源",右边有一个"漏",中间就是电流的通道,通道的上面有一个"栅",这个栅用于控制电流能不能通过。电流的通过其实不是一个大问题,真正的问题在于不需要电流通过的时候,能不能把它关闭。

举例来说,如果在花园草地上有一根塑料的水管,你想要把这个水管的水流堵绝,如果这个水管很长的话,倒不很难,你搬一块大石头压在这个水管上,把它压扁了,大概水就不能够流过了。如果水管越切越短,这个水管超短的时候反而是很难关闭的,因为没有位置施加力量来把这个水管压扁了。如果我们要超短的水管能够很容易地关闭,一定要把水管做得很扁薄,想想看,我们用两个手指压捏着一根超扁薄的水管,就可以把漏水关闭了。

现在回到集成电路芯片上的晶体管。FET通常的结构是,源极在一边,漏极在一边,栅极在中间的电流通道的上面(也就是放石头压水管的位置)。随着器件尺寸的减小,源跟漏越来越近了,相当于水管越做越短了。但是电流可以流过的深度并没有把它做薄。芯片还是做在相当厚的硅晶圆上。但是我们不能够把硅晶圆改薄,因为再薄的话,制造过程里面硅晶圆就很容易破裂,可是我们真正需要电流通过的厚度,大约硅晶圆厚度的一万分之一。

胡正明教授提出了一个两全其美的解法,在芯片表面用光刻蚀刻的办法,做成一片一片垂直的、超扁薄的、好像鲨鱼背脊形状的晶体管。这种晶体管命名为"鳍式晶体管(FinFET)",如图9.23所示。

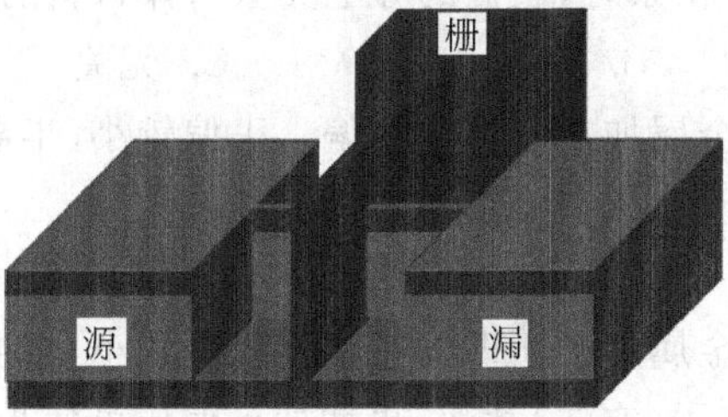

图9.23 FinFET示意图

近年来,自旋电子学的研究风起云涌。关于自旋电子学的基本概念将在第13章介绍。传统的电子学是控制电流(电荷流)的学问,而自旋电子学要控制自旋流。1990年,普渡大学的S. Datta和A. Das仿照传统的FET提出了利用栅极控制自旋流的设想,即自旋场效应管(spinFET),叫做Datta-Das自旋场效应管。

Datta-Das spinFET的基本结构及原理见图9.24(a),其中S和D分别表示源极和漏极。两边的铁磁电极(源和漏)取相同的、固定的极化方向,中间是由半导体掺杂异质结形成的二维电子气通道(红色)。图9.24(b)说明了Datta-Das FET的工作原理:电子从源极注入,其自旋极化方向与两边磁性金属的极化方向一致。然后,控制栅极的电场大小可以使沟道中的极化电子自旋取向发生进动和翻转。

图9.24(b)中上面一条所显示的是FET处于"开通"状态时的情形。这时栅极电压被调节到不影响电子的运动。电子因为极化方向与两边铁磁体磁化方向一致而形成较大的电流,晶体管为"开启"状态。

图 9.24(b)中下面一条所显示的是 FET 处于“关闭”状态时的情形。这时，电子自旋的极化方向受栅极电场的影响而产生进动。调节栅极的电场，可刚好使得电子到达漏极时自旋方向翻转而与漏极磁化方向相反。如此一来，电子被漏极阻挡而不能通过，FET 呈“关闭”状态。

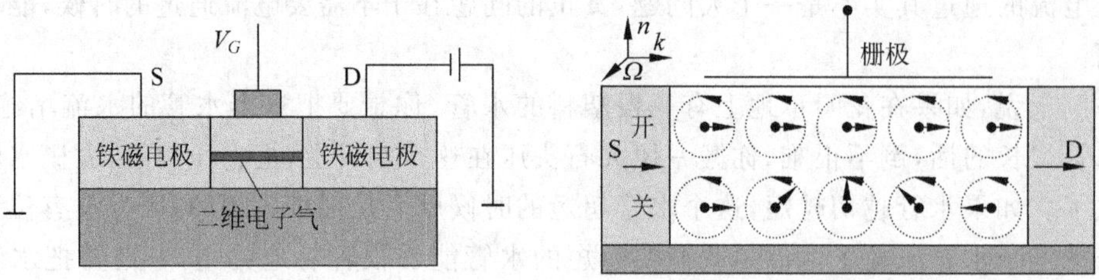

(a) 结构　　(b) 原理

图 9.24　Datta-Das 自旋场效应管

Datta-Das spinFET 提出已经 20 多年，但一直没能在实验上实现，看来还需要时间。创新虽然艰难，但永无止境。在半导体行业，创新总是围绕源漏栅结构进行。

习　题

以下是单项选择题。

(1) MIS 结构发生多子积累时，表面的导电类型与体材料的类型(　　)。

A. 相同　　B. 不同　　C. 无关

(2) MIS(p 型)结构中金属加正压即为正偏。正偏较小，半导体表面能带向下弯曲；增加正偏压使半导体表面多子(空穴)耗尽，这时表面处(　　)。

A. $E_F<E_i$　　B. $E_F=E_i$　　C. $E_F>E_i$

(3) MIS(p 型)结构中金属加正压即为正偏。正偏较小，半导体表面能带向下弯曲；增加正偏压可使半导体表面多子(空穴)耗尽，再增加正偏压可使半导体表面电子浓度$>n_i$，而空穴浓度$<n_i$，即表面电子(少子)数>空穴(多子)，表面载流子呈现反型，这时表面处(　　)。

A. $E_F<E_i$　　B. $E_F=E_i$　　C. $E_F>E_i$

(4) 对于 MOSFET，半导体衬底材料为 p 型时，栅极加大的(　　)压时，可出现(　　)型反型层。

A. 正，n，　　B. 负，n　　C. 正，p　　D. 负，p

(5) 对于 MOSFET，半导体衬底材料为 n 型时，栅极加大的(　　)压时，可出现(　　)型反型层。

A. 正，n，　　B. 负，n　　C. 正，p　　D. 负，p

第 10 章　半导体异质结构

阅读提示：钢筋水泥蕴含的材料生长原则对半导体同样适用；超晶格(人工晶格)和超晶体(人工晶体)是有区别的。

人类研究半导体器件的历史已经超过 100 年，迄今产生了大约有 60 种主要的器件以及 100 种和主要器件相关的变异器件，但所有这些器件均可由下面 4 种基本器件结构组成(见图 10.1)。

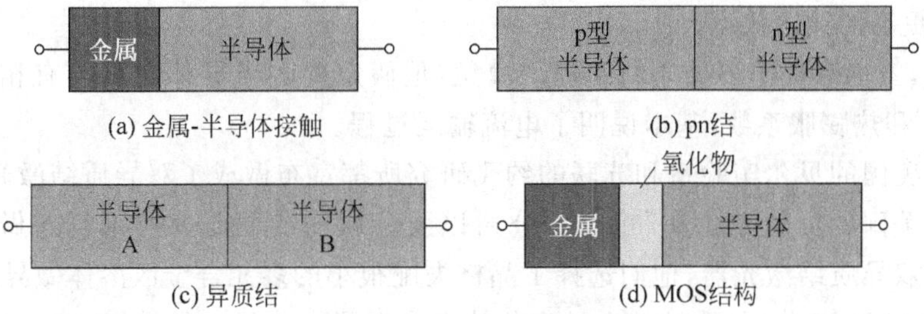

图 10.1　基础器件结构

图 10.1(a)是金属-半导体(metal-semiconductor)接触界面(interface)的示意图，此种界面由金属和半导体两种材料紧密接触所形成。关于这种基础结构的研究最早始于 1874 年，可以说它开创了半导体器件研究的先河。它可以用作整流接触(rectifying contact)，使电流只能向单一方向流过；也可以用作欧姆接触(Ohmic contact)，使电流可以双向通过，且落在接触上的电压差小至可以忽略。此种界面可以用来形成很多有用的器件，例如制作整流接触的栅极(gate)、欧姆接触的漏极(drain)和源极(source)，即形成一个金-半场效应晶体管(MEtal-Semiconductor Field-Effect Transistor，MESFET)，这种晶体管是一种很重要的微波器件(microwave device)。

第二种基础结构是 pn 结(junction)，如图 10.1(b)所示。这种结构的详细介绍见第 7 章。pn 结是大部分半导体器件的关键基础结构，其理论也可说是半导体器件物理的基础。如果我们结合两个 pn 结，亦即在 pn 结的 n 端加上另一个 p 型半导体，就可以形成一个 pnp 双极型晶体管(pnp bipolar transistor)，这是一种在 1947 年发明的晶体管，它为半导体工业带来了空前的冲击。而如果我们结合 3 个 pn 结就可以形成 pnpn 结构，这是一种开关器件(switching device)，叫做可控硅器件(thyristor)。

第三种基础结构是异质结(heterojunction interface)，如图 10.1(c)所示，这是由两种不同材料的半导体接触形成的界面，例如，我们可以用砷化镓和砷化铝接触来形成一个异质结界面。异质界面是快速器件和光电器件的关键构成要素。

图 10.1(d)显示的是金属-氧化物-半导体(Metal-Oxide-Semiconductor，MOS)结构，这种结构可以视为金属-氧化物界面和氧化物-半导体界面的结合。用 MOS 结构当作栅极，再用两个 pn 结分别当作漏极和源极，即可以制作出金属-氧化物-半导体场效应晶体管(Metal-Oxide-Semiconductor Field-Effect Transistor，MOSFET)。对先进的集成电路而言，要将上万个器件整合在一个集成电路芯片(chip)中，MOSFET 是最重要的器件。

10.1 异 质 结

前面的 pn 结由不同导电类型的同种材料组成,叫做同质结。1949 年,肖克莱提出 pn 结理论,以此研究 pn 结的物理性质和晶体管的放大作用,这就是著名的晶体管放大效应。由于技术条件的限制,当时未能制成 pn 结型晶体管,直到 1950 年才试制出第一个 pn 结型晶体管。这种晶体管成功地克服了点接触型晶体管不稳定、噪声大、信号放大倍数小的缺点。

1957 年,克罗默(H. Kroemer)指出由导电类型相反的两种半导体材料制成异质结,比同质结具有更高的注入效率。

1962 年,安德森提出了异质结的理论模型,他假定两种半导体材料具有相同的晶体结构、晶格常数和热膨胀系数,基本说明了电流输运过程。

1968 年美国的贝尔实验室和苏联的约飞研究所都宣布做成了双异质结激光器。

1968 年美国的贝尔实验室和 RCA 公司以及苏联的约飞研究所都宣布做成了 GaAs-$Al_xGa_{1-x}As$ 双异质结激光器,他们选择了晶格失配很小的多元合金区溶体做异质结对。

在 20 世纪 70 年代,异质结的生长工艺技术取得了十分巨大的进展。液相外延(Liquid Phase Epitaxy,LPE)、气相外延(VPE)、金属有机化学气相沉积(MO-CVD)和分子束外延(MBE)等先进的材料生长方法相继出现,因而使异质结的生长日趋完善。分子束外延不仅能生长出很完整的异质结界面,而且对异质结的组分、掺杂、各层厚度都能在原子量级的范围内精确控制。

异质结可以分成两类:反型异质结和同型异质结。反型异质结是导电类型相反的两种材料制成的结(也叫异质 pn 结),例如:

- p-nGe-GaAs 或 (p)Ge-(n)GaAs;
- n-pGe-GaAs 或 (n)Ge-(p)GaAs;
- p-nGe-Si,p-nSi-GaAs,p-nSi-ZnS;
- p-nGaAs-GaP,n-pGe-GaAs 等。

同型异质结是导电类型相同的两种材料制成的结(nn 结,pp 结),例如:

- n-nGe-GaAs 或 (n)Ge-(n)GaAs;
- p-pGe-GaAs 或 (p)Ge-(p)GaAs;
- n-nGe-Si,n-nSi-GaAs,n-nGaAs-ZnSe;
- p-pSi-GaP,p-pPbS-Ge 等。

以上的符号都把同型异质结两种材料中禁带宽度 E_g 较小的材料放在前面。异质结的禁带宽度可能相同,也可能不同,我们主要讨论禁带宽度不同的情形。

当然,不是任意两种材料都可以构成异质结。异质结的形成条件是:两种材料要有相同的晶体结构,还要有相近的晶格常数。

异质结也可分为突变异质结和缓变异质结。如果从一种半导体材料向另一种半导体材料的过渡只发生于几个原子距离范围内,叫做突变异质结;如果从一种半导体材料向另一种半导体材料的过渡发生在几个扩散长度范围内,则叫做缓变异质结。

10.2　异质结的能带图

异质结的能带结构与构成异质结材料的禁带宽度、禁带失调有关。设构成异质结材料的禁带宽度分别为 E_{g1} 和 E_{g2}，且 $E_{g1}>E_{g2}$，则禁带的失调可能有 3 种情形，如图 10.2 所示。

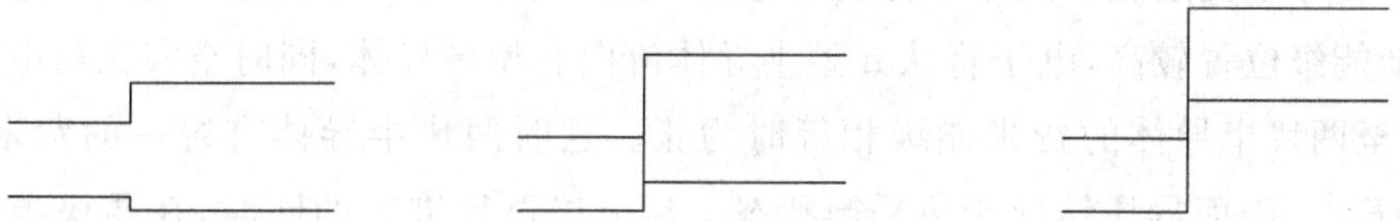

(a) Ⅰ型嵌套方式对准　(b) Ⅱ型交错方式对准　(c) Ⅲ型禁带断开方式对准

图 10.2　异质结类型

(1) 能带结构是嵌套式对准的，窄带材料的导带底和价带顶都位于宽带材料的禁带中(E_{g2} 包含在 E_{g1} 之间)，ΔE_c 和 ΔE_v 的符号相反，如图 10.2(a)所示。GaAlAs/GaAs 和 InGaAsP/InP 都属于这一种。这里的 GaAlAs 是 $Ga_{1-x}Al_xAs$ 的简写。$Ga_{1-x}Al_xAs$ 是指在 GaAs 材料中掺入 AlAs 而形成，叫做砷镓铝晶体(混晶)，1-x，x 是指 AlAs 与 GaAs 的比例。

(2) ΔE_c 和 ΔE_v 的符号相同。具体又可以分为两种：一种如图 10.2(b)所示的交错式对准，窄带材料的导带底位于宽带材料的禁带中，窄带材料的价带顶位于宽带材料的价带中。

(3) 另一种如图 10.2(c)所示窄带材料的导带底和价带顶都位于宽带材料的价带中，E_{g1} 与 E_{g2} 禁带相互错开，二者没有共能量，如 $Ga_{1-x}In_xAs$(下)和 $GaAs_{1-x}Sb_x$(上)。

其中，(1)称为Ⅰ型异质结，(2)和(3)称为Ⅱ型异质结。

对于不同材料，最主要的不同有两个，亲和能 χ 不同，禁带宽度 E_g 不同。以下讨论突变反型异质结。窄带是 P 型用“1”标注，宽带为 N 型用“2”标注。实际中常用到的一种典型情况为 $\chi_2<\chi_1$，且 $\chi_2+E_{g2}>\chi_1+E_{g1}$，我们也以这种情况为例进行讨论，接触前的能带图如图 10.3 所示。

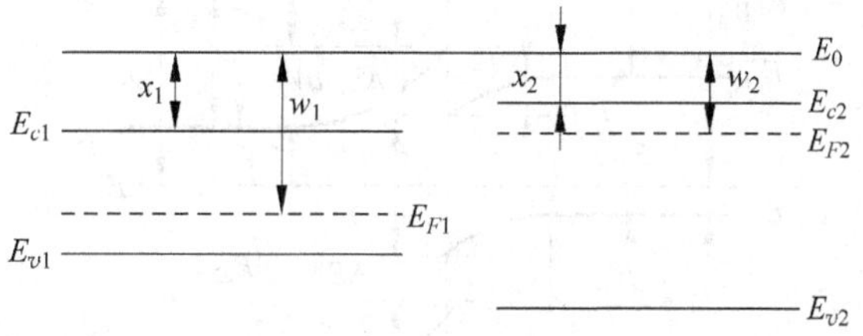

图 10.3　接触前的能带图

接触前的参数如下：

(1) 材料 1：亲和能 χ_1、功函数 W_1、费米能级 E_{F1}、带隙 $E_{g1}=E_{c1}-E_{v1}$；

（2）材料 2：亲和能 χ_2、功函数 W_2、费米能级 E_{F2}（$E_{F2}>E_{F1}$）、带隙 $E_{g2}=E_{c2}-E_{v2}$。

两种材料禁带宽度之差 $\Delta E_g=E_{g2}-E_{g1}$，导带底之差 $\Delta E_C=\chi_1-\chi_2$ 称为导带阶，表示导带底在交界面处的突变。价带顶之差 $\Delta E_V=(E_{g2}-E_{g1})-(\chi_1-\chi_2)$ 称为价带阶，表示价带顶在交界面处的突变。显然，$\Delta E_c+\Delta E_V=E_{g2}-E_{g1}$。

当这两块导电类型相反的半导体材料紧密接触形成异质结时（见图 10.4），由于 n 型半导体的费米能级位置较高，电子将从 n 型半导体流向 p 型半导体，同时空穴在与电子进行反向流动，直至两块半导体的费米能级相等时为止。这时两块半导体有统一的费米能级，即 $E_F=E_{F1}=E_{F2}$。因而异质结处于热平衡状态。与上述过程进行的同时，在两块半导体材料交界面的两边形成了空间电荷区（即势垒区或耗尽层）。n 型半导体一边为正空间电荷数，等于负空间电荷数。正、负空间电荷间产生电场，也称为内建电场。因为两种半导体材料的介电常数不同，内建电场在交界面处是不连续的。因为存在电场，所以电子在空间电荷区中各点有附加电势能，使空间电荷区中的能带发生了弯曲。由于 E_{F2} 比 E_{F1} 高，则能带总的弯曲量就是真空电子能级的弯曲量，即

$$qV_D = qV_{D1} + qV_D = E_{F2} - E_{F1}$$

显然，$V_D=V_{D1}+V_{D2}=\frac{1}{q}(E_{F2}-E_{F1})=\frac{1}{q}(W_1-W_2)$。式中，$V_D$ 称为接触电势差（或称内建电势差、扩散电势），而 V_{D1}、V_{D2} 分别为交界面两侧的 p 型半导体和 n 型半导体中的内建电势差。由两块半导体材料的交界面及其附近的能带可反映出两个特点：

① 能带发生了弯曲。n 型半导体的导带底和价带顶的弯曲量为 qV_{D2}，而且导带底在交界面处形成一向上的“尖峰”。p 型半导体的导带底和价带顶的弯曲量为 qV_{D1}，而且导带底在交界面处形成一向下的“凹口”。

② 能带在交界面处不连续，有一个突变。两种半导体的导带底在交界面处的突变 ΔE_c 为 p 型材料和 n 型材料的电子亲合能之差。

应当注意的是，异质结界面处能带不连续，发生突变，这一点与同质结不同。

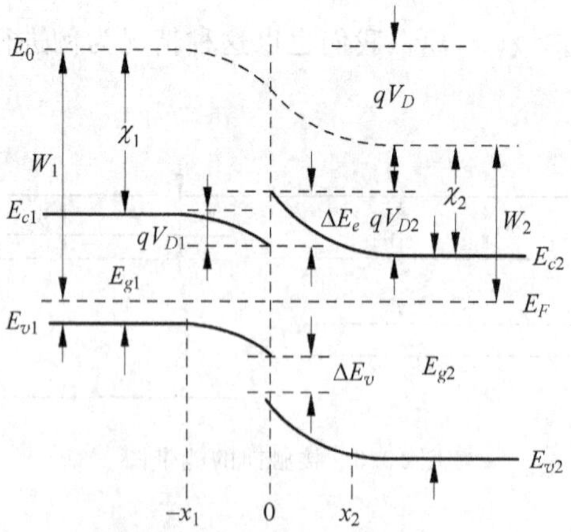

图 10.4　接触后能带图

10.3 量子阱和超晶格

异质结的主要应用之一是形成量子阱。它由两个异质结背对背相接形成。所谓**量子阱**是能够对电子(空穴)的运动产生某种约束,是其能量量子化的势场。量子力学中的一维方势阱、有限深势阱等都是量子阱。

异质结的主要应用之二是形成超晶格。它是由几种成分或掺杂类型不同的超薄层周期性地重叠,构成一种特殊的准人工晶体。超晶格周期即重叠周期,应小于电子的平均自由程,可人工控制。超薄层厚度应当足够薄(与电子的波长相当),使相邻势阱的电子波函数重叠。单量子阱、多量子阱、超晶格结构的示意图分别如图 10.5、图 10.6、图 10.7 所示。

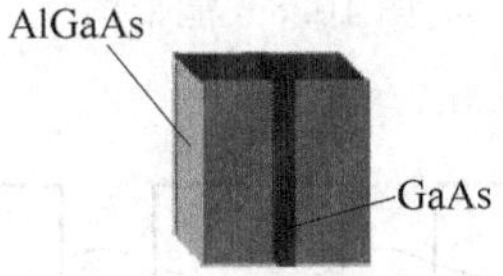

图 10.5 单量子阱

图 10.6 多量子阱

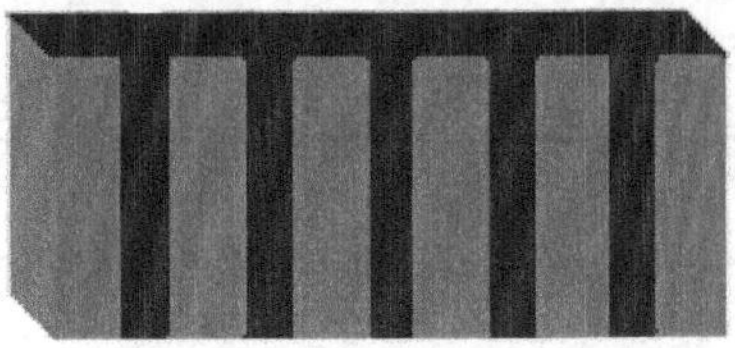

图 10.7 超晶格

超晶格是江崎(L. Esaki)和朱兆祥(R. Tsu)在 1969 年提出的。这里要注意的是超晶格和超晶体的差别。晶体即 crystal,它是内部质点在三维空间成周期性重复排列的固体;或者说,晶体是具有格子构造的固体;晶格或格子,也称作空间晶格或空间格子,即 lattice,晶格是内部质点(原子、离子或分子)规律排列构成的几何图形。可以说,晶体是真实的材料,而晶格是其几何抽象。超晶格是 super lattice,而不是 super crystal,因为它不是真正的晶体,例如,超晶格只在一个方向周期性重复排列,而不是晶体定义的那样在三维空间周期性重复排列。

江崎等提出的超晶格有两类:①同质调制掺杂;②异质材料交替生长。本书主要介绍后者。

图 10.8 给出了单量子阱、多量子阱、超晶格的能带图。多量子阱与超晶格结构类似,能

带图结构也类似，只是阱与阱之间距离不同。多量子阱的阱与阱之间距离较远，无相互作用，而超晶格的阱与阱之间距离近，有相互作用。这一点从波函数上更容易说明，前者载流子波函数无交叠，后者波函数有交叠，见图 10.9 和图 10.10。

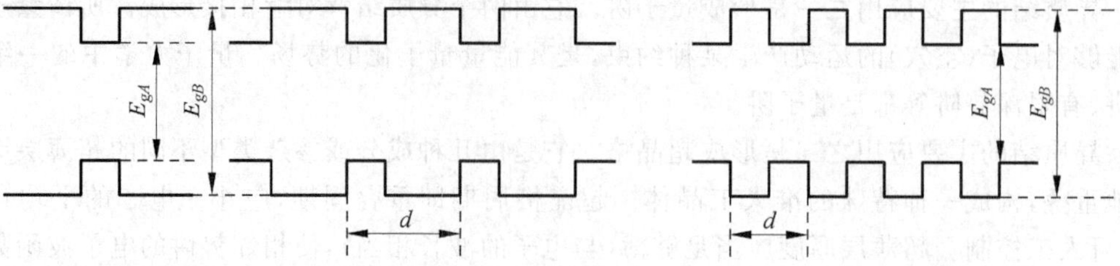

(a) 单量子阱　　(b) 多量子阱　　(c) 超晶格

图 10.8　能带图

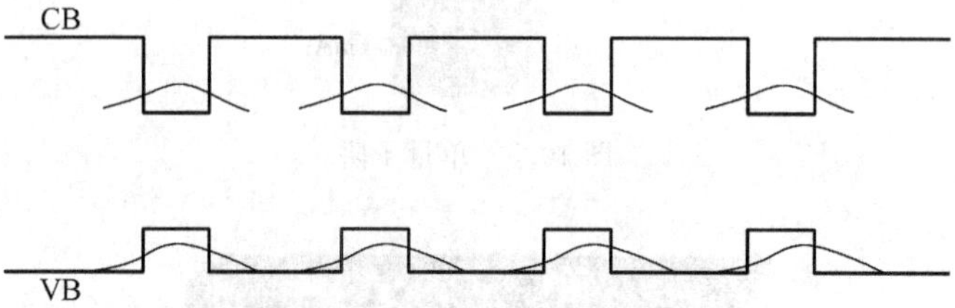

图 10.9　多量子阱：波函数无交叠

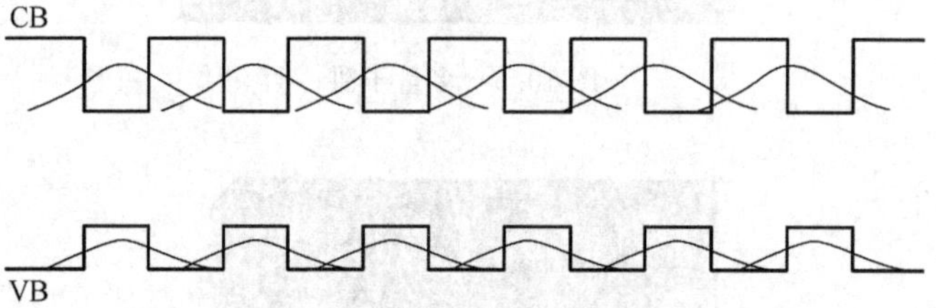

图 10.10　超晶格：波函数有交叠

不管是称作"超晶格"也好，"超晶体"也好，虽然不是真正的晶体，但毕竟是准"人工晶体"。超晶格概念的提出意味着晶体研究和制造由天然转向人工，具有跨时代的意义，它的的提出和实现使得低维系统的研究又活跃起来，过去仅仅在量子力学习题中设想的一维、二维问题真正得以实现。

10.4　异质结激光器

半导体、原子能和激光器被视为 20 世纪的三大发明。半导体激光器又称激光二极管(Laser Diode，LD)，是以半导体材料为工作物质的一类激光器件。半导体激光器有很多种类：

(1) 依材料划分。激光二极管主要集中在Ⅲ-Ⅴ族 AlGaAs、GaInAsP、InGaAlP、InGaNg 以及 Ⅱ-Ⅵ族 ZnSSe、ZnO 等材料上。研究、开发、生产最多的是 AlGaAs、

GaInAsP、InGaAlP，InGaN 在最近几年非常引人注目。

(2) 依波长划分。半导体激光二极管分为可见光、红外长波长、远红外长波长三大类。红外长波长的激光二极管有 1.3μm、1.55μm 和 1.48μm 的 GaInAsP 激光器，以及 980nm 的 InGaAs 激光器，近红外波长(760～900nm)的激光二极管有 AlGaAs 激光器，可见光波段中有红色的 AlGaAs 激光器(760～720nm)、InGaAlP (680～630nm)、蓝绿光的 InGaN (490～400nm)。还有远红外波长Ⅱ-Ⅵ族激光器。

四元混晶 $Ga_{1-x}In_xAs_yP_{1-y}$ 由于有 x、y 参数可以调节，其发光波长可覆盖 1300～1650nm 波段。这一点对于光纤通信尤为重要。

用光作为信息载体，采用石英光纤传输信息，在今天已经得到了广泛的应用。但光在石英光纤中传输时有损耗，不利于信号的长距离传输。只有在近红外波段，特别是 1300nm 波长和 1550nm 波长附近其损耗达到极小(见图 10.11)。GaInAsP 激光器恰能满足石英光纤中的光源要求。所以，作为光源器件，基于 InGaAsP 材料的半导体激光器广泛应用于光纤通信系统。一般基于 InGaAsP 材料的激光器温度特性不好，多采用量子阱结构改善之。

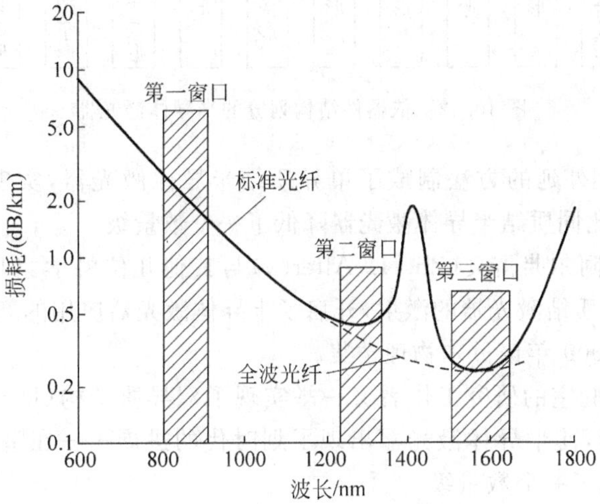

图 10.11 光纤传输衰减曲线

(3) 如果依器件结构划分，半导体激光器的种类繁多，详见图 10.12。

(4) 依输出功率划分。激光二极管的输出功率通常为毫瓦量级。经过研究和开发，现在已经有各种规格的功率输出。除了常规的小功率(通常为 1～10mW)的 AlGaAs、InGaAsP、InGaAlP 激光二极管之外，大功率(高达 1～10W，甚至 100W、1000W)以及脉冲功率为万瓦级的激光器阵列也越来越受到重视，并且已经进入实用化。

(5) 依应用领域划分。半导体激光二极管主要应用于光纤通信、光盘存储、光纤传感、激光仪器等。

在各类半导体激光器中，半导体异质结激光器具有重要地位。1963 年克罗默首先提出：用 AlGaAs/GaAs 双异质结构做成激光二极管可以使激射的阈值电流密度大大降低，从而能得到连续的激光输出。

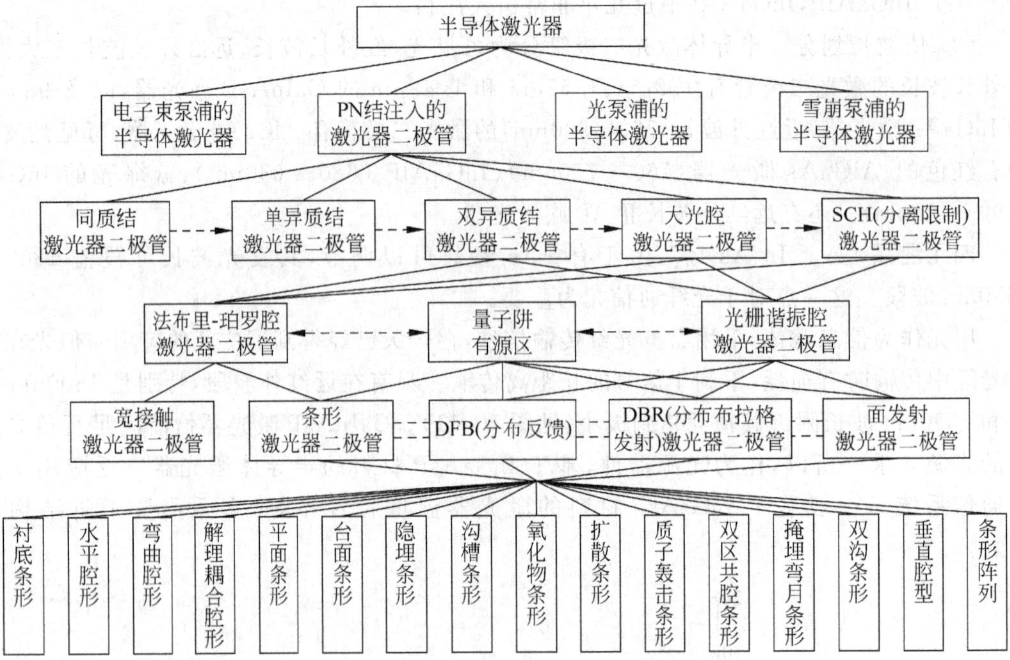

图 10.12　依器件结构划分的半导体激光器

1967 年利用液相外延的方法制成了单异质结半导体激光器，实现了在室温下脉冲工作，其阈值电流密度比同质结半导体激光器降低了一个数量级。

1969 年，苏联的阿尔弗雷夫（Zh. I. Alferov）与其他几位科学家几乎同时独立地得到了 AlGaAs/GaAs 异质结激光器的激射，开启了半导体激光器应用的新时代，克罗默和阿尔弗雷夫因此获得了 2000 年诺贝尔物理学奖。

1970 年，贝尔实验室的研究工作者又一举实现了双异质结构（Double Heterojunction，DH）的半导体激光器，使半导体激光器出现了划时代的进展——在室温下连续工作，并使阈值电流密度又降低了一个数量级。

双异质结激光器（四层结构）（如 p-$Al_xGa_{1-x}As$/p-GaAs/n-$Al_xGa_{1-x}As$/n-GaAs）见图 10.13，p-$Al_xGa_{1-x}As$/p-GaAs 构成第 1 个异质结，p-GaAs/n-$Al_xGa_{1-x}As$ 构成第 2 个异质结，N 型砷化镓为衬底。

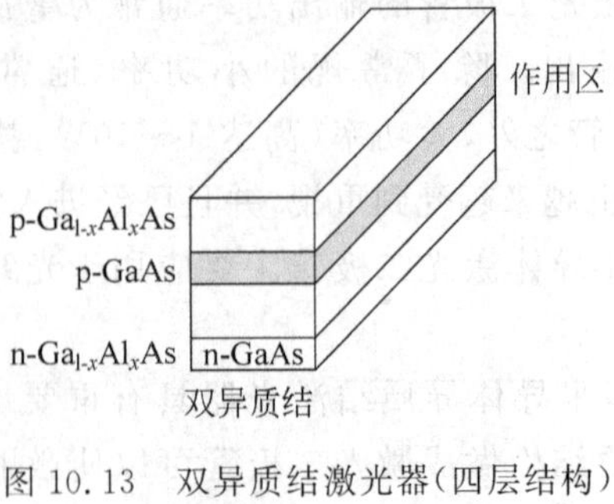

图 10.13　双异质结激光器（四层结构）

双异质结 DH 半导体激光器的工作原理如图 10.14 所示，可简述如下。

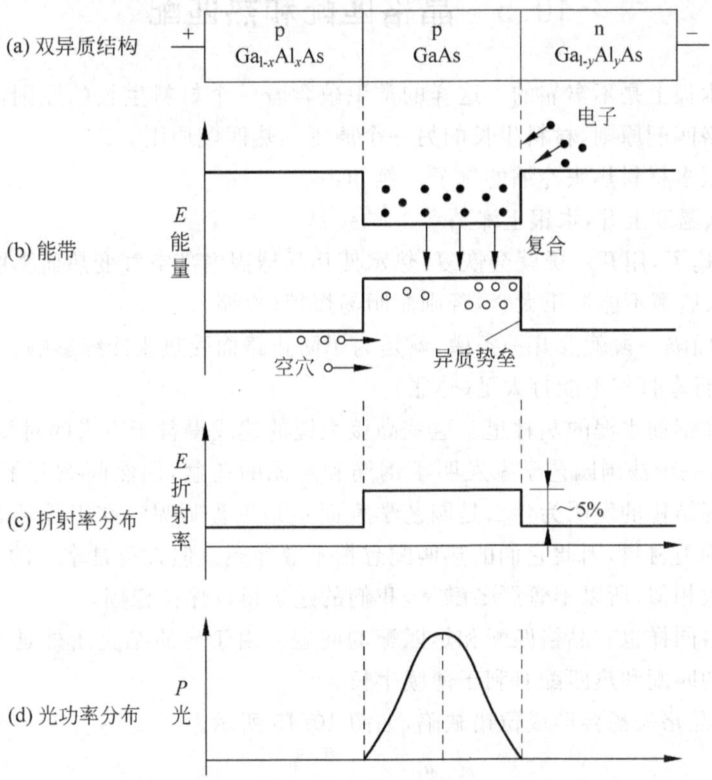

图 10.14　DH 激光器工作原理

由于限制层的带隙比有源层宽，施加正向偏压后，p 层的空穴和 n 层的电子注入有源层。p 层带隙宽，导带的能态比有源层高，对注入电子形成了势垒，注入到有源层的电子不可能扩散到 p 层。同理，注入到有源层的空穴也不可能扩散到 n 层。这样，注入到有源层的电子和空穴被限制在厚度为 0.1～0.3μm 的有源层内形成粒子数反转分布，这时只要很小的外加电流，就可以使电子和空穴浓度增大而提高效益。

另一方面，有源层的折射率比限制层高，产生的激光被限制在有源区内，因而电/光转换效率很高，输出激光的阈值电流很低，很小的散热体就可以在室温连续工作。

在研制半导体激光器的历史中，双异质结激光器是重要的里程碑。双异质结构同时提供了载流子限制和光限制，这是此前的半导体激光器所没有的优点。因此它能将阈值电流密度由以前的 $5000A/cm^2$ 以上降至 $1000 \sim 3000A/cm^2$ 的范围。

电注入引起的增益足够大，足以形成受激辐射发出激光；电流密度足够小，所产生的热量不会引起激光的淬灭。

1970 年首次采用这种双异质结构实现了室温下半导体激光二极管的连续工作，可以连续地发出激光，这是一个非常重大的突破。

30 多年来，人们对双异质结进行了深入的研究，使其形式、结构、特性多种多样，丰富多彩。此后的结构几乎都是双异质结构的延伸、丰富与创新。

10.5 晶格匹配和热匹配

水泥抹到木板上是不牢靠的。这样的常识蕴含着一个材料生长的原则，就是晶格匹配原则。除了晶格匹配原则，材料生长的另一个原则是热匹配原则。

生活中有很多材料热胀冷缩的例子。例如：

- 温度计(温度上升，水银上涨)；
- 乒乓球瘪了，用开水烫就会恢复(热水使乒乓球因内部空气变热而膨胀开来)；
- 冬天，水瓶塞不能按压太紧，否则瓶胆易爆掉(冷缩)；
- 水泥路面隔一段就要开一条槽，就是为了防止路面受热胀冷缩影响；
- 夏天自行车打气不能打太足(热胀)。

我们生活在钢筋水泥的丛林里。这些高楼大厦的建成得益于古人的对新材料的追求和尝试。1867 年，一个法国园艺学家发明了钢筋和水泥的花盆，偶然间掀开了人类历史新的一页。钢筋水泥结构的发明为什么是园艺学家而不是工程师呢？在工程师眼里，钢筋水泥是完全不同的两类材料，因此它们的热匹配恐怕不敢奢望。但人类是幸运的，由于钢筋和水泥的热膨胀系数相似，所以不管严冬酷暑，我们的建筑得以保持稳固。

半导体材料同样也有晶格匹配和热匹配的问题。由于异质结是用外延方法制成的，薄膜和衬底之间的匹配和热匹配有利于薄膜生长。

一般而言，晶格失配会形成位错缺陷，如图 10.15 所示。

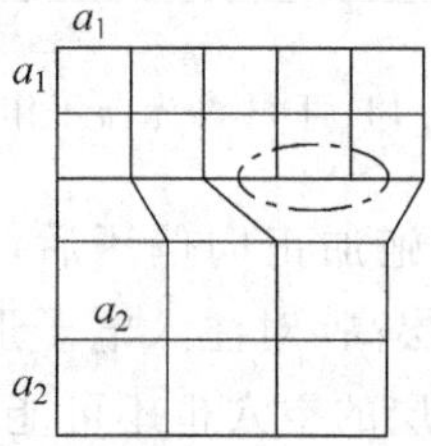

图 10.15　晶格失配会形成位错缺陷

以前人们一直认为，只有晶格匹配的两种材料生长异质结才能避免位错，从而生长高质量异质结，后来人们才发现，在一种材料衬底上外延另种晶格常数不匹配的材料时，若两种材料的晶格常数相差不太大，外延层的厚度不超过某临界值时，生长的外延层发生弹性形变，在平行于结面方向产生张应变或压缩应变，使其晶格常数改变为与衬底的晶格常数相匹配，同时，在与结面垂直的方向也产生相应的应变。晶格不匹配的两种材料借助于材料的应变，同样可以形成性能优异的异质结，这就是应变异质结的概念。应变异质结的提出使人们大大扩展了选择异质结材料的范畴，扩展了异质结材料的种类，实现了材料的人工改性。图 10.16 是应变 Si/Ge 异质结形成的示意图。

设两种材料的晶格常数分别为 a_1、a_2，则晶格失配定义为$\frac{2|a_2-a_1|}{a_2+a_1}$。根据此定义，Si/Ge 异质结的晶格失配为 4.1%。研究表明，两种材料的晶格常数不同，即晶格失配是产生界面态的主要原因。

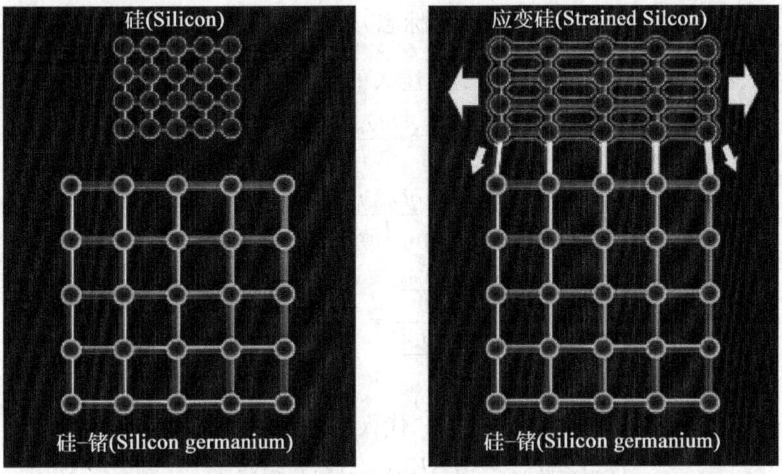

图 10.16 应变 Si/Ge 异质结的形成

如果外延层和衬底的晶格失配较大,需要外延前生长缓冲层,如图 10.17 所示。

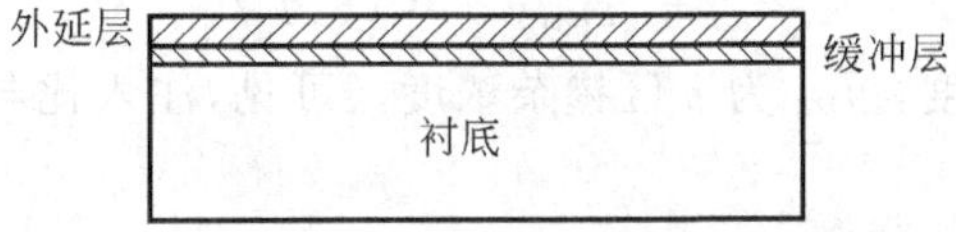

图 10.17 外延层和衬底的晶格失配较大时,需要在外延前生长缓冲层

外延层和衬底的热膨胀系数不匹配容易造成外延层出现裂缝或翘曲。另外,热膨胀系数不匹配还可导致塑封器件失效。

异质结的主要性质之一是具有高注入比。这是半导体激光器提高注入效率、降低阈值电流密度、提高量子效率的重要原因之一。对于同质 pn 结,注入比是指 pn 结正向偏置时,n 区向 p 区注入的电子流 j_n 与 p 区向 n 区注入的空穴流 j_p 之比,$\gamma=\dfrac{j_n}{j_p}$。

对于理想 pn 结,小注入时,由式(7.4)可知

$$j = j_p + j_n$$

$$j_n = j_n(-x_p) = \frac{qD_n n_{p0}}{L_n}(e^{qV/k_0T} - 1)$$

$$j_p = j_p(x_n) = \frac{qD_p p_{n0}}{L_p}(e^{qV/k_0T} - 1)$$

$$\gamma = \frac{j_n}{j_p} = \frac{\dfrac{qD_n n_{p0}}{L_n}}{\dfrac{qD_p p_{n0}}{L_p}} = \frac{D_n L_p n_{p0}}{D_p L_n p_{n0}}$$

将 $n_{p0} = \dfrac{n_i^2}{N_A}$ 和 $p_{n0} = \dfrac{n_i^2}{N_D}$ 代入上式,得

$$\gamma = \frac{D_n L_p N_D}{D_p L_n N_A}$$

对异质 pn 结，p 区用 1 标志，n 区用 2 标志，$-x_p$ 和 x_n 分别对应 $-x_1$ 和 x_2。$\gamma=\frac{j_{n1}}{j_{p2}}$ 为 2 区向 1 区注入的电子流 J_{n1} 与 1 区向 2 区注入的空穴流 j_{p2} 之比。

$$j_{n1}=j_{n1}(-x_1)=\frac{qD_{n1}n_{p10}}{L_{n1}}(e^{qV/k_0T}-1)$$

$$j_{p2}=j_{p2}(x_2)=\frac{qD_{p2}p_{n20}}{L_{p2}}(e^{qV/k_0T}-1)$$

$$\gamma=\frac{j_{n1}}{j_{p2}}=\frac{\frac{qD_{n1}n_{p10}}{L_{n1}}}{\frac{qD_{p2}p_{n20}}{L_{p2}}}=\frac{D_{n1}L_{p2}n_{p10}}{D_{p2}L_{n1}p_{n20}}$$

将 $n_{p10}=n_{n20}e^{\frac{-(qV_D-\Delta E_c)}{k_0T}}$ 和 $p_{n20}=p_{p20}e^{\frac{-(qV_D+\Delta E_v)}{k_0T}}$ 代入上式，得

$$\gamma=\frac{D_{n1}L_{p2}n_{n20}}{D_{p2}L_{n1}p_{p10}}exp\left(\frac{\Delta E_g}{k_0T}\right)=\frac{D_{n1}L_{p2}N_{D2}}{D_{p2}L_{n1}N_{A1}}exp\left(\frac{\Delta E_g}{k_0T}\right)$$

其中，$\Delta E_g=E_{g2}-E_{g1}$。如果 D_{n1} 与 D_{p2}、L_{n1} 与 L_{p2} 在相同数量级，则近似可得到

$$\gamma\approx\frac{N_{D2}}{N_{A1}}\cdot\exp\left(\frac{\Delta E_g}{k_0T}\right)$$

其中，N_{A1} 为 1 区掺杂浓度，N_{D2} 为 2 区掺杂浓度。可见，注入比与异质结两侧材料的带隙差成指数关系。

【例】 对于 p-GaAs(窄禁带)/n-$Al_{0.3}Ga_{0.7}As$(宽禁带)异质结，$\Delta E_g=0.21eV$，设 p_1 区掺杂浓度 $N_{A1}=2\times10^{19}cm^{-3}$，$n_2$ 区掺杂浓度 $N_{D2}=5\times10^{17}cm^{-3}$，求注入比。

解：

$$\gamma=\frac{N_{D2}}{N_{A1}}\cdot\exp\left(\frac{\Delta E_g}{k_0T}\right)=80$$

习　题

请判断正误。

(1) 反型异质结中的反型是指形成异质结的两种半导体单晶材料的导电类型相反。 (　　)

(2) 同质结中电子势垒与空穴势垒相同，异质结中电子势垒与空穴势垒不同。 (　　)

(3) n-nGe-GaAs 结是反型异质结。 (　　)

(4) 对于反型异质结，两种半导体交界面两边都成为耗尽层。 (　　)

(5) 引入界面态的主要原因是形成异质结的两种半导体材料的晶格失配。 (　　)

第 11 章　半导体电光和光电转换效应

阅读提示：荧光灯正被白光 LED 取代，液晶显示正被 OLED 显示取代，一切悄然发生，你感觉到了吗？

11.1　光是怎么产生的

什么是光？光是我们体验这个世界的基础，我们借助可见光了解身边的世界。关于光的本质已经探索了 100 多年。电磁学告诉我们，光是电磁波中的一段(见图 11.1)。一般意义上的光，指的是可见光。此外还有紫外光、X 光、红外光等。其他波长电磁波也有光所具有的波粒二象性等，只是由于波长大小的关系，电磁波的波长越长，波动性更明显；波长越短，粒子性更明显。它们的本质是一样的。

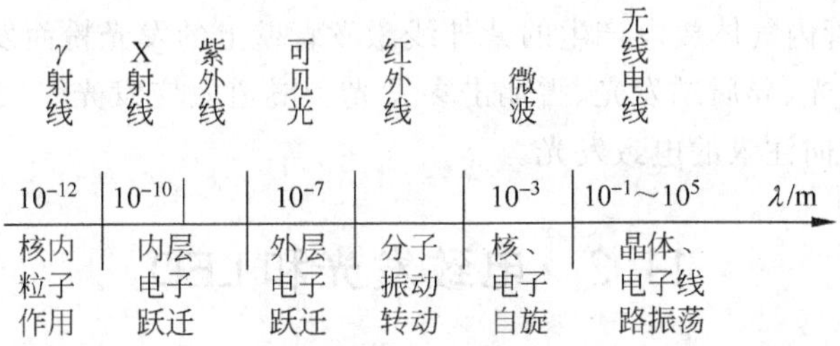

图 11.1　电磁波谱

那么，光是怎么产生的？《圣经》中说，“上帝说，要有光，于是产生了光。”宗教界人士比较喜欢这个解释。但科学家不满足。通过对于物质结构的研究，他们认为物质是由原子和分子构成的，而原子由原子核和核外电子构成。普通光源的发光来自外层电子在能级间的跃迁，如图 11.2 所示。具体地说，是因电子能级改变造成电子能量损失，而损失的能量以光的形式辐射出去的结果。

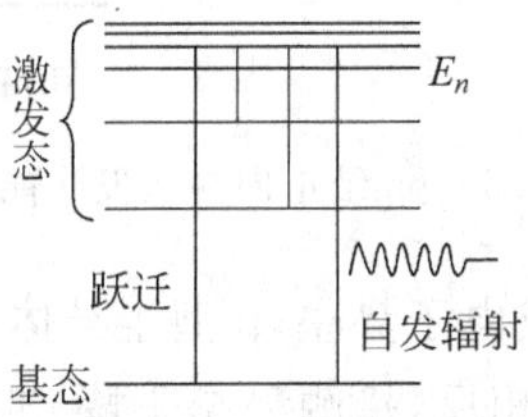

图 11.2　外层电子在能级间的跃迁示意图

【例 1】　某半导体材料禁带宽度 $E_g = 2.42\text{eV}$，用光激发其导电，计算光波的最大波长。

解：

$$h\nu = \frac{hc}{\lambda} \geqslant_{g}$$

$$\lambda \leqslant \frac{hc}{E_g}$$

$$\lambda_{max} = \frac{hc}{E_g} = \frac{6.63 \times 10^{-34} \times 3 \times 10^8}{2.42 \times 1.6 \times 10^{-19}} = 5.14 \times 10^{-7}\,\mathrm{m} = 514\,\mathrm{nm}$$

更严格一点地说，发光即发光现象。当物质受到诸如光照、外加电场或电子束轰击等的激发后，吸收了外界能量，其电子处于激发状态，如果物质没有因此而发生化学变化，当外界激发停止以后，处于激发状态的电子总要跃迁回到基态。在这个过程中，一部分多余能量通过光或热的形式释放出来。这部分能量以光的电磁波形式发射出来，即称为**发光现象**。

根据造成电子能级改变的原因，可将光源分成：热辐射、光致发光（photoluminescence）、电致发光（electroluminescence）、化学发光。

应当说明的是：热辐射也是发光。但通常意义上的发光与热辐射有区别。温度在 0K 以上的任何物体都有热辐射，但温度不够高时，辐射波长大多在红外区，人眼看不见。物体的温度达到 5000℃以上时，辐射的可见部分就够强了，例如烧红了的铁、电灯泡中的灯丝等等。而通常意义上的发光是叠加在热辐射之上的一种光发射。发光材料能够发出明亮的光，而它的温度却比室温高不了多少。因此发光有时也被称为“冷光”。

半导体发光机理有光致发光、电致发光和阴极射线发光三种。光致发光最普遍的应用为日光灯。它是灯管内气体放电产生的紫外线激发管壁上的发光粉而发出可见光的。电致发光又分为 pn 结发光、异质结发光、雪崩击穿发光和隧道效应发光。实际应用中最普遍的就是半导体 pn 结正向注入的电致发光。

11.2 电致发光和 LED

电致发光就是用电场或电流产生的发光，最初译成“场致发光”。

pn 结正向注入发光的机理可用如图 11.3 所示的能带图予以说明。

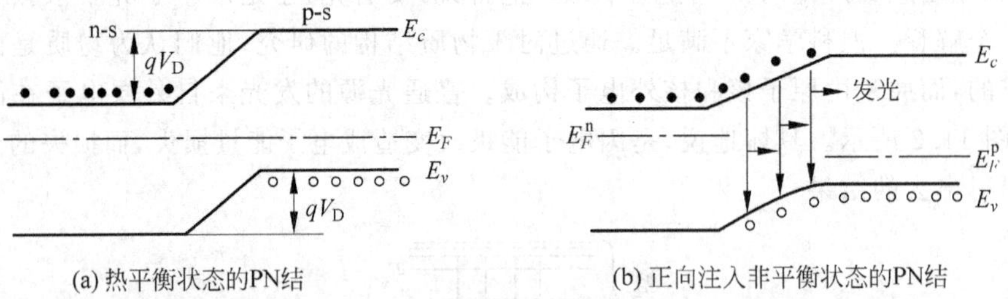

图 11.3　pn 结正向注入发光能带图

热平衡时 n 型半导体一边形成电子势垒，p 型半导体一边形成空穴势垒。如果 pn 结加正压，则外加电场与内建电场方向相反，接触势垒下降，非平衡少子和多数载流子复合形成 pn 结正向电流，同时以发射光子的形式释放多余能量。而当 pn 结加反向电压，少数载流子难以注入，故不发光。

利用注入式电致发光原理制作的二极管叫发光二极管（Light Emitting Diode，LED）。当它处于正向工作状态时（即两端加上正向电压），电流从 LED 阳极流向阴极，半导体晶体就发出从紫外到红外不同颜色的光线。光的强弱与电流有关。

50 年前人们已经了解半导体材料可产生光线的基本知识。1955 年，美国无线电公司（Radio Corporation of America）的鲁宾·布朗石泰（Rubin Braunstein）首次发现了砷化镓

(GaAs)及其他半导体合金的红外放射作用。

最早应用半导体pn结发光原理制成的商用LED光源问世于20世纪60年代初。当时所用的材料是GaAsP，LED产生红光(650nm)，在驱动电流为20毫安时，光通量只有千分之几个流明，相应的发光效率约0.1流明/瓦。70年代中期引入元素In和N，使LED产生绿光(555nm)、黄光(590nm)和橙光(610nm)，光效也提高到1流明/瓦。到了80年代初，出现了GaAlAs的LED光源，使得红色LED的光效达到10流明/瓦。90年代初，发红光、黄光的GaAlInP和发绿、蓝光的GaInN两种新材料的开发成功，使LED的光效得到大幅度的提高。而蓝光LED的出现意味着全彩化的LED得以实现。在2000年，前者做成的LED在红、橙区(615nm)的光效达到100流明/瓦，而后者制成的LED在绿色区域(530nm)的光效可以达到50流明/瓦。

可见光LED部分，可依据亮度分为传统亮度LED及高亮度LED。传统亮度LED主要以GaP、GaAsP及AlGaAs等材料做成，主要发出黄色到红色的光。高亮度LED主要以AlGaInP及GaInN等材料做成，不同的材料能做到的发光范围较传统亮度更广。

目前最热门的蓝光，主要是用GaInN做的晶粒。

光颜色、波长、频率与半导体材料能隙之关系如表11.1所示。

表11.1　光颜色、波长、频率与半导体材料能隙之关系

光颜色	不可见光		可见光				
	红外线		红	橙	黄	绿	蓝
半导体材料	磷化铟(InP)	砷化镓(GaAs)	砷化镓铝(AlGaAs)	磷化铟镓铝(AlGaInP)	磷化砷镓(GaAsP)	磷化镓(GaP)	氮化镓(GaN)
能隙/eV	1.35	1.42	1.9	2.03	2.12	2.34	3
波长/nm **nm：10^{-9} m**	1000～900	900～800	800～620	620～600	600～575	575～490	490～400
频率/THz **(THz：10^{12} Hz)**	300～333	333～375	375～484	484～500	500～522	522～612	612～750

LED光源具有以下特点：

(1) 电压：LED使用低压电源，供电电压在6～24V之间，根据产品不同而异，所以它是一个比使用高压电源更安全的电源，特别适用于公共场所。

(2) 效能：消耗能量较同光效的白炽灯减少80%。

(3) 适用性：很小，每个单元LED小片是3～5mm的正方形，所以可以制备成各种形状的器件，并且适合于易变的环境。

(4) 稳定性：10万小时，光衰为初始的50%。

(5) 响应时间：其白炽灯的响应时间为毫秒级，LED灯的响应时间为纳秒级。

(6) 对环境污染：无有害金属汞。

(7) 颜色：可以通过改变电流而改变颜色，发光二极管方便地通过化学修饰方法，调整材料的能带结构和带隙，实现红黄绿蓝橙多色发光。例如，小电流时为红色的LED，随着电流的增加，可以依次变为橙色、黄色，最后为绿色。

(8) 价格：LED的价格比较昂贵，较之于白炽灯，几只LED的价格就可以与一只白炽灯的价格相当,而通常每组信号灯需由 300～500 只二极管构成。

因为 LED 的上述特点以及全球节能减碳的需求与趋势,使得 LED 正快速取代传统灯源,成为照明的主流,LED 是爱迪生发明电灯以来的二次照明革命。

11.3 白光 LED

对于一般照明而言,人们更需要白色的光源。1998 年发白光的 LED 开发成功。白光 LED 具有无污染、长寿命、耐震动和抗冲击的鲜明特点。具有效率高、寿命长、不易破损等传统光源无法与之比较的优点。

所谓"白光"通常是指一种多颜色的混合光,人眼所见之白色光至少包括两种以上波长之色光所形成,例如:蓝色光加黄色光可得到二波长之白光,蓝色光、绿色光、红色光混合后可得到三波长之白光。

目前半导体白光光源主要有以下方式:

第一种方式为以红蓝绿三色发光二极管晶粒组成白光发光模块,见图 11.4。这种方式具有高发光效率、高演色性的优点,但同时也因不同颜色、晶粒、磊晶材料不同,使电压特性也随之不同。因此使得成本偏高、控制线路设计复杂且混光不易。

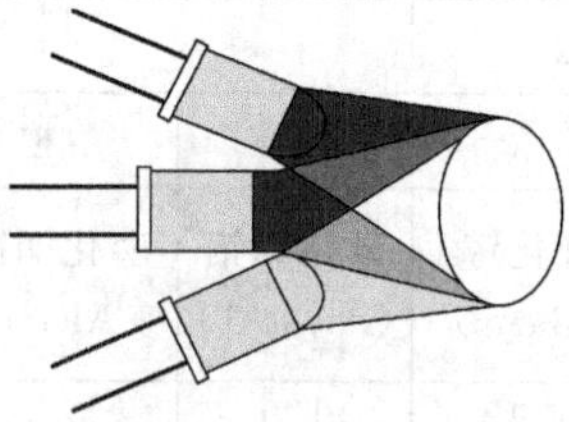

图 11.4　红蓝绿三色发光二极管产生白光

第二种方式就是日亚公司提出的蓝光 LED＋黄光荧光粉的方法,如图 11.5 所示。具体做法是:利用蓝光发光二极管芯片所发出的光线激发 YAG 黄色荧光粉产生黄色光,但同时也会有部分的蓝色光发射出来,此部分蓝色光配合上荧光粉所发出之黄色光,即形成蓝黄混合之二波长的白光。这种方式为目前市场主流方式。利用蓝光晶粒配合黄光 YAG 荧光粉的白光 LED 封装技术也是目前较成熟的技术。工艺中,黄光 YAG 荧光粉只要涂在蓝光 LED 上方即可,操作简便。目前日亚公司市售商品是利用 460nm 的 InGaN 蓝光半导体激发 YAG 荧光粉,而产生出 555nm 的黄光。

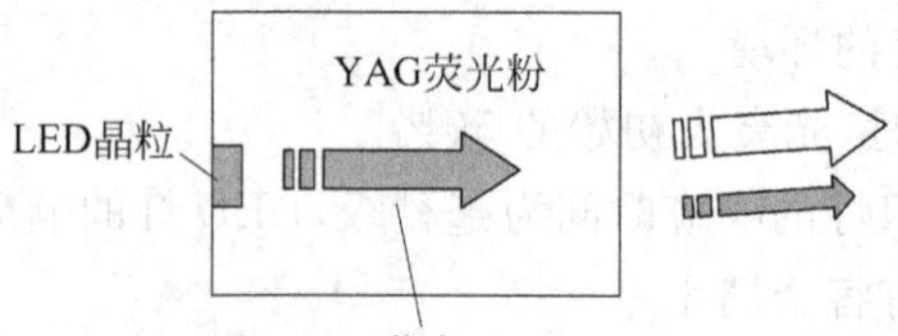

图 11.5　蓝光 LED＋黄光荧光粉产生白光

但是用这种方式产生白光，具有下列缺点：

(1) 由于蓝光占发光光谱的大部分，因此，会有色温偏高与不均匀的现象。基于上述原因，必须提高蓝光与黄光荧光粉作用的机会，以降低蓝光强度或是提高黄光的强度。

(2) 因为蓝光发光二极管发光波长会随温度提升而改变，进而造成白光源颜色控制不易。

(3) 因发光红色光谱较弱，造成演色性(color rendition)较差的现象。

第三种方式是以紫外光发光二极管激发透明光学胶中均匀混有一定比例的蓝色、绿色、红色荧光粉，激发后可得到三波长之白光(简写成 UV－LED＋RGB 荧光粉)，见图 11.6。三波长白光发光二极管具有高演色性的优点，但却有发光效率不足的缺点。

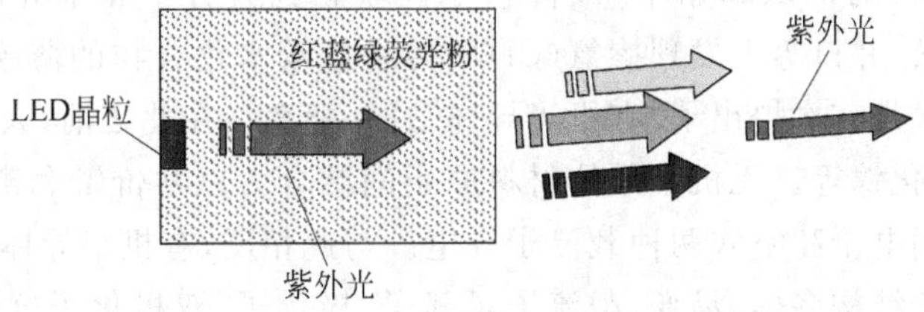

图 11.6 UV－LED＋RGB 荧光粉产生白光

其他方式还有很多。例如，蓝光 LED＋红绿荧光粉方式，是利用蓝光 LED 去激发红绿两种荧光粉混成所需的白光，其优点是可以提高白光的演色性、色彩再现佳及减少 LED 芯片的使用量。但其缺点是每一种荧光粉的生命周期长短不同及转换效率不高。

表 11.2 列出了目前白色 LED 的种类及其发光原理。目前已商品化的第一种产品为蓝光单晶片加上 YAG 黄色荧光粉，其最好的发光效率约为 25 流明/瓦，YAG 多为日本日亚化学公司的进口，价格在 2000 元/公斤；第二种是日本住友电工开发的以 ZnSe 为材料的白光 LED，不过发光效率较差。

表 11.2 白色 LED 的种类和原理

芯片数	激发源	发光材料	发光原理
1	蓝色 LED	InGaN/YAG	InGaN 的蓝光与 YAG 的黄光混合成白光
	蓝色 LED	InGaN/荧光粉	InGaN 的蓝光激发的红绿蓝三基色荧光粉发白光
	蓝色 LED	ZnSe	由薄膜层发出的蓝光和在基板上激发出的黄光混色成白光
	紫外 LED	InGaN/荧光粉	InGaN 的紫外激发的红绿蓝三基色荧光粉发白光
2	蓝色 LED 黄绿 LED	InGaN、GaP	将具有补色关系的两种芯片封装在一起，构成白色 LED
3	蓝色 LED 绿色 LED 红色 LED	InGaN AlInGaP	将发三原色的三种小片封装在一起，构成白色 LED
多个	多种光色的 LED	InGaN、GaP AlInGaP	将遍布可见光区的多种光芯片封装在一起，构成白色 LED

从表中也可以看出，某些种类的白色LED光源离不开四种荧光粉：即三基色稀土红、绿、蓝粉和石榴石结构的黄色粉，前景较好的是三波长光，即以无机紫外光晶片加红、绿、蓝三颜色荧光粉，用于封装LED白光。但此处三基色荧光粉的粒度要求比较小，稳定性要求也高，具体应用方面还在探索之中。

11.4 OLED

OLED就是有机发光二极管(Organic light-emitting diodes)。

人们对有机材料的认识起始于塑料，它令人联想到大分子和不导电(绝缘体)。1954年，日本科学家赤松、井口等人发现掺氯(Cl)的芳香族碳水化合物的薄膜中能产生电流，导电率为0.1S/cm，于是首次提出了"有机半导体"这一概念。在此之前，人们熟悉的半导体都是无机的，如硅、砷化镓等。无机半导体材料原子间结合力以共价键和离子键为主，具有严格的晶格结构，利用电子和空穴两种载流子导电。与此相反，有机半导体材料原子间以范德瓦尔斯力为主，分子结构多样、易变，载流子是孤子、极化子、双极化子这样的等效粒子。无机半导体材料的制备工艺复杂，多需要高温、真空环境，而有机半导体工艺相对简单，只要真空蒸镀甚至旋涂印刷的方法就可实现。最吸引人眼球的是：有机半导体能实现柔性器件。

1977年左右，黑格、马克迪尔米德和白川英树等人，通过掺杂使聚乙炔薄膜成为良导体，从而出现了导电聚合物，可与铜媲美。1979年的一天晚上，在柯达(Kodak)公司从事科研工作的华裔科学家邓青云博士(Dr. C. W. Tang)在回家的路上忽然想起有东西忘记在实验室里，回去以后，他发现黑暗中有个东西在发出亮光。打开灯发现原来是一块做实验的有机蓄电池在发光。这是怎么回事？OLED(有机发光二极管)研究就此开始，邓博士由此也被称为OLED之父。

"伟大的发现源于偶然"，这话一点没错。从那时起到现在，几十年过去了，OLED的应用已经初露锋芒。OLED的优点是能主动发光、发光效率较高、功耗低、轻、薄、无视角限制。缺点是器件寿命、良品率等还有待进一步研究、提高，应用领域也有待进一步扩大。

OLED的应用之一就是作为手机屏幕材质。之前市场上绝大多数手机均采用TFT材质屏幕，例如，诺基亚5800 XpressMusic、三星i329等。TFT是Thin Film Transistor的缩写，即薄膜场效应晶体管，TFT屏幕常被称为"真彩"屏幕，可以支持到1670万色，TFT屏幕的亮度高。

OLED屏幕又称有机发光显示器，在手机LCD上属于新崛起的种类，被称誉为"梦幻显示器"，主要包含AMOLED(自动矩阵有机发光二极管板面)和PMOLED(被动矩阵有机发光二极管板面)两种。

目前，各大手机厂商开始在一些高端产品中运用AMOLED屏幕，它也被称为"下一代显示技术"。在OLED屏幕推广方面，三星无疑走在最前沿。三星i8910U、三星S8300C最早使用"梦幻显示器"，在此基础上，三星陆续推出炫屏、炫丽屏、魔丽屏、高清炫丽屏、全高清绚丽屏等，引领显示世界潮流。

仔细比较这两种屏幕材质，就可以找到OLED近年迅速走红的原因了。TFT屏幕下方有背光源，当屏幕点亮时，所有灯光同时亮，通过晶体管层的变换发出不同颜色，浪费电，易发热。而AMOLED不需要背光源,屏幕上的每个像素点自己发光,只有需要显示的像素点会亮,更省电,发热少。

手机与台式计算机机不同。台式计算机不担心电力问题,因为它利用交流电,而手机用电池。电池工作时间短是世界性难题。另外,台式机不怕发热,因为电脑中有两个风扇。当CPU后边的风扇不工作时,电脑会自动停机。但手机上无法自带风扇。所以手机CPU牺牲了很多性能,目的就是降低功耗。

AMOLED的另一个优点是薄。它自发光,不需要背光源,因此可以更薄一点。这也契合手机发展的趋势。总结起来,OLED显示亮度更高、色彩更饱满、体积更小巧、使用时间更长(耗电少),以上特点有利于OLED显示在手机领域的推广。

难道OLED没有缺点吗?有。第一个缺点就是寿命短。寿命通常只有5000小时,比LCD至少要低1万小时的寿命。但是,目前的消费观念已经不是过去"新三年,旧三年,缝缝补补又三年"了。现在消费者淘汰手机的速度真是过去难以想象。不止手机,没有人会指望使用某一个电器一辈子。这种思想的转变可能最早来自1903年一个美国商人,他的名字叫吉列(King Camp Gillette)。在吉列的时代,男人每天必做的一件事是磨刀,因为他要刮胡子。吉列决定采用贝塞麦法制造的廉价工业用钢来制作抛弃式刀刃,好让每个男人都能轻松刮胡子。他的想法是,只要剃须刀够便宜,钝了直接扔掉,就再也不必磨刀了。1903年,吉列卖出了51把剃须刀和168枚刀片,隔年变为90 884把剃须刀和123 648枚刀片。现在,生产吉列刀片的公司已经遍布全世界,售出的刀片更是数不胜数。一旦男人不再需要到理发馆刮胡子,抛弃式刀片就成了家家浴室必备的物品,直到现在依然如此。

与刮胡刀片相比,手机可能更珍贵,所以扔起来不会太随意。但显然手机的更换速度越来越快了。年轻人手机的使用周期可能是1年半,所以如果有人告诉你AMOLED的寿命是5年,谁也不会介意。因为还没等它的显示性能下降,这个手机早被淘汰了。

观念真的可以改变。观念改变对市场和产业的冲击不可谓不大。

11.5 半导体光电效应

11.5.1 光电效应

1887年,德国物理学家赫兹(M. Hertz)在证明波动理论的实验中发现,如果用紫外线照射两个锌质小球之一,则在两个小球之间就非常容易跳过电花,这就是光电效应。这一效应的发现对发展量子理论起到根本性作用。

大约1900年,马克思·普朗克(Max Planck)对光电效应做出最初解释,并引出了"光具有量子化(quantised)的能量"这一理论。他给这一理论归纳成一个等式,也就是 $E=h\nu$,E 是光所具有的能量,h 是普朗克常数,而 ν 就是光源的频率。也就是说,光能的强弱是由其频率而决定的。但就是布朗克自己对于光能量量子化的说法也不太肯定。

1902年,勒纳德(Lenard)也对其进行了研究,指出光电效应是金属中的电子吸收了入射光的能量而从表面逸出的现象,但无法根据当时的理论加以解释。

1905年,爱因斯坦(Albert Einstein)26岁时提出光子假设,成功解释了光电效应,因此获得1921年诺贝尔物理奖。他进一步推广了普朗克的理论,并导出公式 $E_k=h\nu-W$,这里

W 便是所需将电子从金属表面上自由化的能量，而 E_k 就是电子自由后具有的动能。

光照射到某些物质上，引起物质的电性质发生变化，也就是光能量转换成电能。这类光致电变的现象统称为光电效应(Photoelectric effect)。光电效应分为光电子发射、光电导效应和光生伏特效应(光伏效应)。前一种现象发生在物体表面，又称外光电效应。后两种现象发生在物体内部，称为内光电效应。所谓光电导效应是指在光线作用下，电子吸收光子能量从键合状态过渡到自由状态，从而引起材料电导率的变化。当光照射到光电导体上时，若这个光电导体为本征半导体材料，且光辐射能量又足够强，光电材料价带上的电子将被激发到导带上去，使光导体的电导率变大。基于这种效应的光电器件有光敏电阻。

光生伏特效应是指在光作用下能使物体产生一定方向电动势的现象。基于该效应的器件有光电池和光敏二极管、三极管。如果此光电效应发生在结上，称为结光电效应。即，用光照射 pn 结时，若 $h\nu \geqslant E_g$，使价带中的电子跃迁到导带，而产生电子空穴对，在阻挡层内电场的作用下，电子偏向 n 区外侧，空穴偏向 p 区外侧，使 p 区带正电，n 区带负电，形成光生电动势。

当半导体光电器件受光照不均匀时，光照部分产生电子空穴对，载流子浓度比未受光照部分的大，出现了载流子浓度梯度，引起载流子扩散，如果电子比空穴扩散得快，导致光照部分带正电，未照部分带负电，从而产生电动势，即为侧向光电效应(丹培效应)。

11.5.2 半导体的内光电效应

当光照射到半导体表面时，由于半导体中的电子吸收了光子的能量，使电子从半导体表面逸出至周围空间的现象叫外光电效应。利用这种现象可以制成阴极射线管、光电倍增管和摄像管的光阴极等。半导体材料的价带与导带间有一个带隙，其能量间隔为 E_g。一般情况下，价带中的电子不会自发地跃迁到导带，所以半导体材料的导电性远不如导体。但如果通过某种方式给价带中的电子提供能量，就可以将其激发到导带中，形成载流子，增加导电性。光照就是一种激励方式。当入射光的能量 $h\nu \geqslant E_g$(E_g 为带隙，或禁带宽度)时，价带中的电子就会吸收光子的能量，跃迁到导带，而在价带中留下一个空穴，形成一对可以导电的电子-空穴对。这里的电子并未逸出形成光电子，但显然存在着由于光照而产生的电效应。因此，这种光电效应就是一种内光电效应。从理论和实验结果分析，要使价带中的电子跃迁到导带，也存在一个入射光的极限能量，即 $h\nu_0 = E_g$，其中 ν_0 是低频限(即极限频率 $\nu_0 = E_g/h$)。这个关系也可以用长波限表示，即 $\lambda_0 = hc/E_g$。入射光的频率大于 ν_0 或波长小于 λ_0 时，才会发生电子的带间跃迁。当入射光能量较小，不能使电子由价带跃迁到导带时，有可能使电子吸收光能后，在一个能带内的亚能级结构间跃迁。广义地说，这也是一种光电效应。这些效应可以由半导体材料对光波的吸收谱线来观察和分析。

pn 结光伏效应的光电转换机制可根据图 11.7 进行说明。

半导体 pn 结的光生伏特效应是指半导体吸收光能在 pn 结区产生电动势的效应。用适当波长的光垂直照射 pn 结面，如果结较浅，光子将进入 pn 结区，甚至深入到半导体内部。能量大于禁带宽度的光子，由本征吸收在结的两边产生电子-空穴对。在光激发下，多数载流子浓度一般改变很小，而少数载流子浓度却变化很大，因此应主要研究光生少数载流子的运动。由于 pn 结势垒区内存在较强的内建场(由 n 区指向 p 区)，结两边的光生少数载流子受该场的作用，各自向相反的方向运动，如图 11.7(a)所示：p 区的电子穿过 pn 结进入

n 区；n 区的空穴进入 p 区，使 p 端电势升高，n 区电势降低，于是在 pn 结两端形成了光生电动势，这就是 pn 结的光生伏特效应。由于光照产生的载流子各自向相反的方向运动，从而在 pn 结内部形成自 n 区向 p 区的光生电流 I_L。由于光照在 pn 结两端产生光生电动势，相当于在 pn 结两端加正向电压 V，使势垒降低为 qV_D-qV，产生正向电流 I_F。在 pn 结开路的情况下，光生电流和正向电流相等时，pn 结两端建立起稳定的电势差（p 区相对于 n 区是正的），这就是光电池的开路电压，如图 11.7(b)所示。如将 pn 结与外电路接通，只要光照不停止，就会有源源不断的电流通过电路，pn 结起了电源的作用。这就是光电池（也称光电二极管）的基本原理。

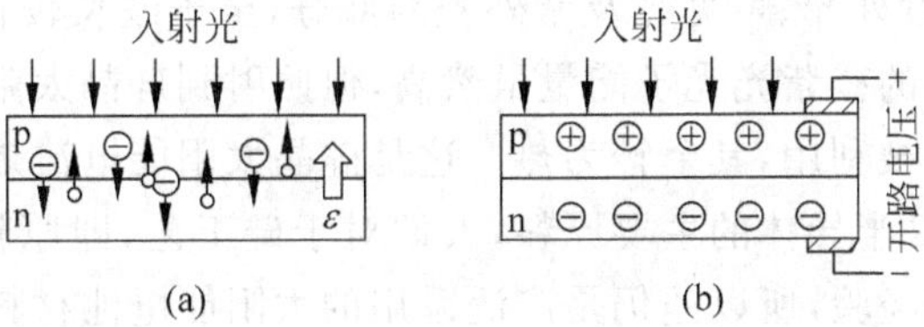

图 11.7　pn 结光伏效应的光电转换机制

11.6　半导体光伏效应的应用

要注意的是，光电池的工作原理与普通 pn 结不同。后者是靠外加电压产生电流，其电压可正可负；而光电池是靠入射光能工作的。其 pn 结两端的电压不会是负电源，p 区电极电压总比 n 区高，因此，它可以用作直流电源。

将太阳的辐射能量直接转变为电能，通常叫做太阳能电池，它是典型的光电池，一般由一个大面积 pn 结组成。太阳能电池可作为长期电源，现已在人造卫星及宇宙飞船中广泛使用。太阳光电池要求转换效率高、成本低。这里光电转换效率的定义为光电池的最大输出功率与垂直照射到光电池表面上的光照功率的比值。为更好地接受日光照射，正面电极不能遮光，常做成栅状。为了减少入射光的反射，一般在表面层再做一层减反射膜，表面层下是 pn 结，底电极一般做成大面积的金属板。

制造太阳电池的材料主要有硅(Si)、硫化镉(CdS)和砷化镓(GaAs)等。现在仍有很多新型高效材料正在研究实验中，也就是说，寻找理想的太阳能电池材料的工作始终在进行着。什么才是理想的太阳能电池材料呢？理想的太阳电池材料要求：(1)半导体材料的禁带不能太宽；(2)要有较高的光电转换效率；(3)材料本身对环境不造成污染；(4)材料便于工业化生产，且材料性能稳定。

太阳辐射光谱，主要是以可见光为中心，其分布范围从 0.3 微米的紫外光到数微米的红外光，若换算成光子的能量，则约在 0.4eV（电子伏特）到 4eV 之间。当光子的能量小于半导体的能隙(energy bandgap)时，则光子不被半导体吸收，此时半导体对光子而言是透明的。当光子的能量大于半导体的能隙时，则相当于半导体能隙的能量将被半导体吸收，产生电子-空穴对，而其余的能量则以热的形式消耗掉。因此，制作太阳能电池材料的能隙，必须要仔细地选择，才能有效地产生电子-空穴对。

除了半导体材料的能隙需要考虑外，能带结构也有很大影响。能带分为直接能隙与间接能隙两种。砷化镓为直接带隙半导体，而硅为间接带隙半导体。由于电子运动亦要遵守能量守恒与动量守恒的原理，当电子获得能量跃迁时，对砷化镓这类直接能隙半导体而言，可由价带直接垂直向上跃迁到达导带，而动量未发生变化，即直接满足动量守恒。但对硅这类间接能隙半导体而言，则必须吸收或放出一个声子才能满足动量守恒。因此，间接能隙半导体中电子的跃迁会比直接能隙半导体更困难。

太阳能电池高效率化的基本原理是结合不同能隙的发电层材质，把它们做成叠层结构，以便能分段吸收波长范围广泛的太阳光能。也就是说，利用具有高低能隙的半导体材料，吸收太阳光中对应的短波长及长波长的能量。由于硅的能隙是1.1电子伏特，仅能吸收波长约1000纳米以下的近红外光、可见光及紫外光的部分，至于波长较长的红外光则完全无法吸收。太阳光中短波长的蓝紫光光子能量虽然高，但照射到硅晶太阳能电池时，也仅有等同于近红外光的较低能量被利用，其余转为热。这是硅晶太阳能电池效率难以超越40%的主要原因。但由于硅是IC半导体的主要原料，人们对于硅工艺，即原料的制作及器件加工技术已累积了相当成熟的经验，所以硅仍是广泛采用的太阳能电池材料。

以无机盐如砷化镓、硫化镉、铜铟硒等多元化合物为材料的电池含有镉等剧毒元素和铟、硒等稀有元素，因此在安全性和价格方面没有优势。

半导体光生伏特效应也广泛应用于辐射探测器，包括光辐射及其他辐射。其突出优点是不需外接电源，直接通过辐射或高能粒子激发产生非平衡载流子，通过测量光生电压来探测辐射或粒子的强度。

习　题

以下为填空或选择填空题。

(1) 目前市场主流的白光LED产品是由蓝光芯片产生的蓝光与其激发(　　)荧光粉产生的(　　)光混合而成的，且该方面的专利技术主要掌握在日本日亚化学公司手中。

(2) 590nm波长的光是(　　)光；380nm波长的光是(　　)光。可见光的波长范围是(　　)nm。(前两处请填颜色)

(3) 以下哪种不是发光二极管的优点(　　)？

A. 体积小　　B. 色彩丰富　　C. 节能　　D. 单颗亮度高

(4) 目前我国常用蓝光芯片的材质为(　　)。

A. InGaP　　B. InGaAs　　C. InGaN　　D. InGaAl

(5) 下列哪种材料不能作为LED的衬底材料(　　)。

A. 砷化镓　　B. 硅　　C. 蓝宝石　　D. PPV

第12章　半导体低维结构

阅读提示：电子运动受限是其能量量子化的根源。

12.1　量子受限系统

量子化就是不连续。量子现象发现得很早，例如，一个带电体的带电量就是量子化的。原因是电荷的产生是由于电子的移动：损失电子的物体带正电，而收获电子的物体带负电。电子数目一定是整数，而每个电子的带电量是一定的，所以总带电量一定是电子电量的整数倍。原子的线状光谱说明原子中电子能量一定是量子化的。原子中电子能量的量子化是电子受到束缚（限制）造成的。束缚是量子化的根源。一个自由自在的电子能量是连续的，但如果把电子束缚在平面内，则垂直平面方向上电子能量发生量子化。

半导体低维受限系统分为量子阱（Quantum Well）、量子线（Quantum Wire）、量子点（Quantum Dot）三类。在一般块体材料（Bulk material）中，电子的波长远远小于材料的尺寸，因此量子局限效应不显著。如果将一个维度的尺寸缩小到小于一个波长，此时电子只能在另外两个维度所构成的二维空间中自由运动，这样的系统我们称为**量子阱**。如果我们再将另外一个维度缩小到小于一个波长，则电子只能在一个维度上自由运动，我们称为**量子线**。当三个维度的尺寸都缩小到一个波长以下时，就成为**量子点**了。当材料的直径与它的德布罗意波长相当时，导带与价带进一步分裂，能隙将随着直径的减小而增大，各种量子效应、非定域量子相干效应、量子涨落和混沌、光生伏特效应与非线性光学效应等都会表现得越来越明显，这必将从更深层次上揭示低温材料所特有的新现象。

在人工微结构中（包括量子阱、量子线和量子点），电子的运动是由有效势控制的。有效势在一、二或三个方向上对电子加以限制。这些限制将带来明显的量子效应。由于大多数物理性质都是由费米面处的电子所决定，故可以设想费米波长就相当于这个特征尺寸，我们现在以费米波长为依据定义低微纳米结构。

考虑有限尺度的自由电子气系统而略去正电荷背景和离子的晶格结构。在这种情况下，电子是相互独立的，单电子的薛定谔方程为

$$-\frac{\hbar^2}{2m}\nabla^2\psi_k(\vec{r}) = E_k\psi_k(\vec{r}) \tag{12.1}$$

假定系统是一个长方体并具有周期性的边界条件，且其长、宽、高分别为 l_x，l_y、l_z。电子的波函数是平面波

$$\psi_k(\vec{r}) = \sqrt{\frac{1}{l_x l_y l_z}}\, e^{i\vec{k}\cdot\vec{r}} \tag{12.2}$$

本征能量为

$$E_k = \frac{\hbar^2 k^2}{2m} \tag{12.3}$$

这里 $\vec{k}$ 是电子的波矢量，由它所构成的空间称为电子的相空间或 k 空间。图 12.1 为一个最简单的长方体金属导体。电子的动量 $\vec{p}$ 可表示为 $\vec{p}=\hbar\vec{k}$。根据周期性边界条件，波矢量

的取值为

$$k_x = \frac{2\pi n_x}{l_x},\quad k_y = \frac{2\pi n_y}{l_y},\quad k_z = \frac{2\pi n_z}{l_z}$$

这里 n_x、n_y、n_z 是整数(n_x、n_y、$n_z=1,2,3,\cdots$)，每组$\{n_x, n_y, n_z\}$表示电子的一个动量本征态。为简单起见，取 $l_x=l_y=l_z=l$，由上式可以看出，单位体积内的状态数是

$$\left(\frac{l}{2\pi}\right)^d$$

其中，d 表示系统的维数。对于上面情况，$d=3$。每一个由波矢量 $\vec{k}$ 表示的本征态，可以被两个电子占据，在绝对零度时，电子首先占据能量最低的本征态，被占据的最高的本征态的波矢量称为**费米波矢量**，用 $\vec{k}_F$ 表示。由费米波矢量所定义的相体积的表面或边界称为费米面。表征介观系统的一个重要的特征长度是电子的费米波长 $\lambda_F=\frac{2\pi}{k_F}$。当系统的尺度接近费米波长时，量子涨落非常强；当尺度远大于费米波长时，粒子的量子涨落相对比较弱，它的量子相干性很容易被破坏。根据电子的费米波长，我们可以定义系统的有效维数：当在一个方向上的尺寸接近电子的费米波长时，即 $l_x\approx\lambda_F$ 时，这就是二维介观系统，也就是量子阱。当在两个方向上的尺寸接近电子的费米波长时，即 l_x、$l_y\approx\lambda_F$ 时，这就是一维介观系统，也就是量子线，当在三个方向上的尺寸都接近电子的费米波长时，即 l_x、l_y、$l_z\approx\lambda_F$ 时，这就是零维介观系统，也就是量子点。换句话说：介观体系内的载流子(电子、空穴)在三个方向的运动都受到限制，载流子只能占据类似原子的分离能级状态，在任何方向上都不能自由运动，这种具有零维结构的介观体系就称为量子点。

量子点是准零维(quasi-zero-dimensional)的纳米材料，由少量的原子构成。粗略地说，量子点三个维度的尺寸都在 100 纳米(nm)以下，外观恰似一极小的点状物，其内部电子在各方向上的运动都受到限制，所以量子限制效应(quantum confinement effect)特别显著。由于量子限制效应会导致类似原子的不连续电子能带结构，因此量子点又称为“人造原子”(artificial atom)。量子阱、量子线、量子点的示意图如图 12.2 所示。

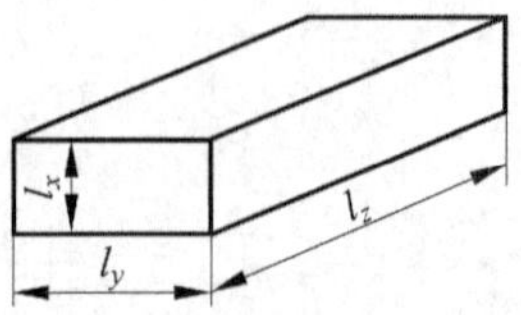

图 12.1　一个最简单的长方体金属导体

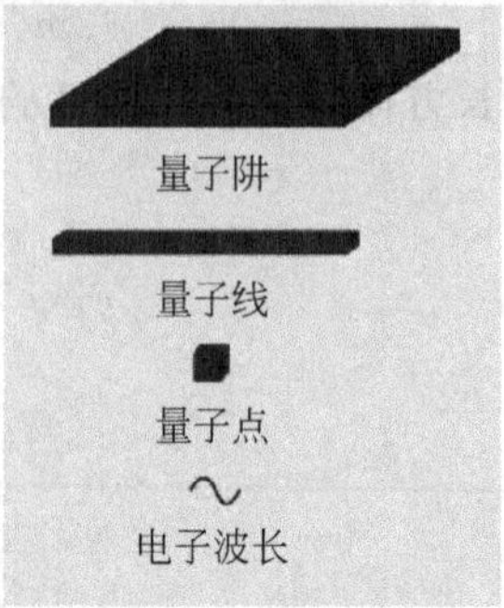

图 12.2　量子阱、量子线、量子点

12.2 量子限域效应

当电子沿某一方向的运动受到限制时,电子在该方向的能量就要发生量子化,这是因为在该方向上受到束缚的电子形成驻波。根据被束缚方向的数目,我们可以把材料分为体材料(0 个束缚方向,0D 受限);量子阱(一个束缚方向,1D 受限);量子线(两个束缚方向,2D 受限);量子点(三个束缚方向,3D 受限)。

12.2.1 量子阱

如前所述,在量子阱结构中,电子的运动在一个方向受限。设受限方向为 z 方向,一般为其生长方向,即电子在 z 方向受到一个有效限制势场 $V(z)$ 的作用,而在 x-y 平面是自由的。设电子具有各向同性的有效质量(有效质量近似)m^*,则电子的运动可用薛定谔方程描述

$$-\frac{\hbar^2}{2m^*}\left[\frac{\mathrm{d}^2}{\mathrm{d}x^2}+\frac{\mathrm{d}^2}{\mathrm{d}y^2}+\frac{\mathrm{d}^2}{\mathrm{d}z^2}\right]\psi(x,y,z)+V(z)\psi(x,y,z)=E(x,y,z)\psi(x,y,z) \quad (12.4)$$

此方程可用分离变量方法求解。解出的波函数为

$$\Psi_{n_z,k_{//}}(\vec{x}_{//},z)=\frac{1}{\sqrt{l_x l_y}}\mathrm{e}^{i\vec{k}_{//}\cdot\vec{x}_{//}}\phi_{n_z}(z) \quad (12.5)$$

此解由两部分构成,第一部分是 x-y 方向的平面波 $\frac{1}{\sqrt{l_x l_y}}\mathrm{e}^{i\vec{k}_{//}\cdot\vec{x}_{//}}$,其中 $\vec{k}_{//}$ 是二维波矢量,$\vec{x}_{//}=(x,y)$,第二部分是 z 方向的驻波 $\phi_{n_z}(z)$,其中 $\phi_{n_z}(z)$ 由

$$\left[-\frac{\hbar^2}{2m^*}\frac{\mathrm{d}^2}{\mathrm{d}z^2}+V(z)\right]\phi_{n_z}(z)=E_{n_z}\phi_{n_z}(z) \quad (12.6)$$

确定。电子能量为

$$E_{n_z,k_{//}}=E_z+E_{xy}=E_{n_z}+\frac{\hbar^2k_{//}^2}{2m^*} \quad (12.7)$$

其中,$k_{//}^2=k_x^2+k_y^2$。

对于无限深量子阱,$V(z)=\begin{cases}0 & (0<z<l_z)\\ +\infty & (z<0,z>l_z)\end{cases}$,其中 l_z 为阱宽。$z<0,z>l_z$ 处,波函数为零,$0<z<l_z$ 处满足方程

$$-\frac{\hbar^2}{2m^*}\frac{\mathrm{d}^2}{\mathrm{d}z^2}\phi(z)=E\phi(z) \quad (0<z<l_z) \quad (12.8)$$

令 $\alpha^2=\frac{2m^*E}{\hbar^2}$,上式变成

$$\frac{\mathrm{d}^2\phi}{\mathrm{d}z^2}+\alpha^2\phi(z)=0 \quad (12.9)$$

通解为

$$\phi(z)=A\sin\alpha z+B\cos\alpha z \quad (12.10)$$

利用波函数的连续性可得,有解的条件为 $\alpha_{n_z}=\frac{n_z\pi}{l_z}$,$n_z=1,2,3,\cdots$,所以

$$\phi_{n_z}(z) = A\sin\frac{n_z\pi}{l_z}z \tag{12.11}$$

而

$$E_{n_z} = \frac{h^2}{8m^*}\left(\frac{n_z}{l_z}\right)^2 \quad (n_z = 1,2,3,\cdots) \tag{12.12}$$

归一化后

$$\phi_{n_z}(z) = \sqrt{1/l_z}\sin\frac{n_z\pi}{l_z}z \tag{12.13}$$

图 12.3 示意地画出了 n_z 分别为 1、2、3 时电子波函数的基本形状及其相应的能量本征值。严格地说，图 12.3 实际上是电子的波函数图与能级图的结合。实际上，波函数和能量的计量单位截然不同，把波函数与相应的能级画在一起非常牵强，这只是为了方便说明问题的一种习惯做法。

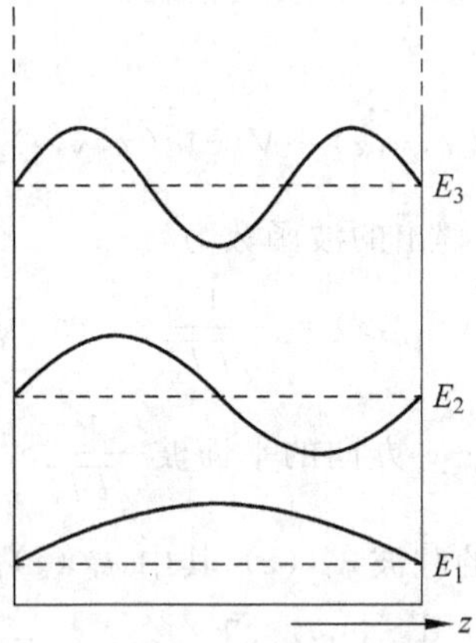

图 12.3　电子的波函数与能级图

实际情况下，电子势垒高度不会为无穷高，而是有限高。假设电子势垒高度为 V_0，则电子沿 z 方向的定态薛定锷方程对阱内外的不同区域分别为

$$-\frac{\hbar^2}{2m^*}\frac{d^2\phi}{dz^2} = E\phi \quad 0 < z < l_z \tag{12.14a}$$

$$-\frac{\hbar^2}{2m^*}\frac{d^2\phi}{dz^2} = (E+V_0)\phi \quad z < 0, z > l_z \tag{12.14b}$$

这时，势阱中电子的运动状态决定于电子势垒高度 V_0，且波函数在阱外的势垒层中不为零，但随着透入深度的增加而呈指数式的衰减。当势垒高度有限时，会发生电子出现在势阱之外的事件，即量子力学中著名的**隧穿效应**。

对于多量子阱，若势垒层厚度为无限大，势垒足够高，其电子的状态类似于单量子阱中的电子，相邻量子阱中电子的波函数不会发生重叠。但若势垒层逐渐变窄，则相邻量子阱中电子的波函数就会因隧穿效应而逐渐有所交迭，并使简并能级分裂成带，如图 12.4 所示。这时阱与阱间的电子具有相互作用，多量子阱变成超晶格。

图 12.4 使我们很容易想到固体物理学中著名的克龙尼格-彭耐(Kronig-Penny)模型。这个模型是讨论固体中能带形成过程的基础，是针对固体中原子的周期性排列而抽象出来的一个最简单的理想化一维周期势。这个模型所反映的一维周期势在提出的当时只是一个

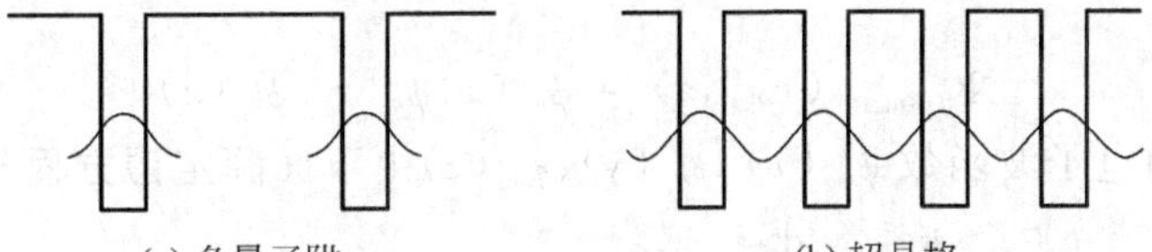

图 12.4　势垒高度有限的电子的波函数

数学模型，没有人想到它会在几十年后由超晶格使其变为现实。当然，与之十分贴切的也仅仅是第 1 类超晶格，但这是最典型的超晶格。

量子阱和超晶格的功能之一，是将热平衡载流子密度较高但迁移率较低的势垒层中的多数载流子转移到材料较纯、因而迁移率较高的势阱层中，从而构成一种高密度、高迁移率的载流子环境。例如，对于 $Ga_xAl_{1-x}As$/GaAs 超晶格，如果生长时只在宽禁带的 $Ga_xAl_{1-x}As$ 层中进行高掺杂（如掺 N 型杂质硅），而把 GaAs 层做成高纯材料，由于 GaAs 导带底比 $Ga_xAl_{1-x}As$ 的导带底低，高掺杂 N 型 $Ga_xAl_{1-x}As$ 层中的电子将转移到 GaAs 的导带中去，使高纯的 GaAs 具有高电子密度。而高纯 GaAs 中电离杂质散射中心上很少，故在低温下，电子迁移率可以很高。这种迁移率增强特性，对于研制高速低功耗器件很有利。

12.2.2　量子线

电子的运动在两个方向受限。设受限方向为 y、z 方向，即电子在 y、z 方向分别受到一个有效限制势场 $U(y)$ 和 $V(z)$ 的作用，而在 x 方向是自由的。薛定谔方程为

$$-\frac{\hbar^2}{2m^*}\left[\frac{d^2}{dx^2}+\frac{d^2}{dy^2}+\frac{d^2}{dz^2}\right]\psi(x,y,z)+U(y)\psi(x,y,z)+V(z)\psi(x,y,z) = E(x,y,z)\psi(x,y,z) \tag{12.15}$$

其解为

$$\Psi_{n_y,n_z,k}(x,y,z)=\frac{1}{\sqrt{l_x}}e^{i\vec{k}\cdot\vec{x}}\phi_{n_y}(y)\phi_{n_z}(z) \tag{12.16}$$

这个方程的解由三部分构成，第一部分是 x 方向的平面波 $\frac{1}{\sqrt{l_x}}e^{i\vec{k}\cdot\vec{x}}$，其中 $\vec{k}$ 是波矢量，第二部分和第三部分分别是 y、z 方向的驻波——$\phi_{n_z}(z)$ 和 $\phi_{n_y}(y)$，其中 $\phi_{n_z}(z)$ 由方程

$$\left[-\frac{\hbar^2}{2m^*}\frac{d^2}{dz^2}+V(z)\right]\phi_{n_z}(z)=E_{n_z}\phi_{n_z}(z) \tag{12.17}$$

确定，$\phi_{n_y}(y)$ 由方程

$$\left[-\frac{\hbar^2}{2m^*}\frac{d^2}{dy^2}+U(y)\right]\phi_{n_y}(y)=E_{n_y}\phi_{n_y}(y) \tag{12.18}$$

决定。

12.2.3　量子点

电子的运动在三个方向受限。即电子在 x、y、z 方向分别受到一个有效限制势场 $W(x)$、$U(y)$ 和 $V(z)$ 的作用。薛定谔方程为

$$\left[-\frac{\hbar^2}{2m^*}\left(\frac{d^2}{dx^2}+\frac{d^2}{dy^2}+\frac{d^2}{dz^2}\right)+W(x)+U(y)+V(z)\right]\psi(x,y,z) = E(x,y,z)\psi(x,y,z) \tag{12.19}$$

其解为

$$\Psi_{n_x,n_y,n_z}(x,y,z)=\phi_{n_x}(x)\phi_{n_y}(y)\phi_{n_z}(z) \tag{12.20}$$

相应的三个方向的电子波函数 $\phi_{n_x}(x)$、$\phi_{n_y}(y)$、$\phi_{n_z}(z)$由下面薛定谔方程分别给出

$$\left[-\frac{\hbar^2}{2m^*}\cdot\frac{\mathrm{d}^2}{\mathrm{d}x^2}+W(x)\right]\phi_{n_x}(x)=E_{n_x}\phi_{n_x}(x) \tag{12.21}$$

$$\left[-\frac{\hbar^2}{2m^*}\cdot\frac{\mathrm{d}^2}{\mathrm{d}y^2}+U(y)\right]\phi_{n_y}(y)=E_{n_y}\phi_{n_y}(y) \tag{12.22}$$

$$\left[-\frac{\hbar^2}{2m^*}\cdot\frac{\mathrm{d}^2}{\mathrm{d}z^2}+V(z)\right]\phi_{n_z}(z)=E_{n_z}\phi_{n_z}(z) \tag{12.23}$$

取无限深方形势阱作近似，则计算得出电子在 3 个方向上的能量本征值，综合得到量子点体系中电子的总能量为

$$E_{n_x,n_y,n_z}=E_x+E_y+E_z=\frac{\hbar^2}{2m^*}\left[\left(\frac{n_x\pi}{l_x}\right)^2+\left(\frac{n_y\pi}{l_y}\right)^2+\left(\frac{n_z\pi}{l_z}\right)^2\right] \tag{12.24}$$

12.2.4 态密度

电子的这种限域效应可以用态密度表示出来。

孤立原子中，能级分裂，每个能级能填两个不同状态的电子；而晶体中，能级准连续分布形成能带(能级间隔 10^{-21} eV)。电子能级非常密集，标明每个能级没有意义。但能级密集的程度直接反映有多少电子可以存在于这一能量区域中。例如，高温超导材料的一个特征就是费米面附近的能级密度非常高。那么如何表示这种情况下能级到底密集到什么程度呢？

能量态密度就是表示这种密集程度的量。

第 4 章已经定义了电子态密度。能态密度为单位体积、单位能量间隔上的状态数，如果用 $\mathrm{d}Z$ 表示能量在 $E\sim E+\mathrm{d}E$ 的状态数，则态密度为

$$g(E)=\frac{1}{V}\frac{\mathrm{d}Z}{\mathrm{d}E} \tag{12.25}$$

但这种定义的适用范围受到限制。

实际上，量子态可用一个量子数 α（单个或多个/矢量指数）标识，相应于量子数 α 的能量本征值为 E_α。所有能量本征值的集合$\{E_\alpha\}$称为单粒子的能谱。式(12.25)只适合电子谱是连续谱的情况。由于态密度就是体积 V 内的本征态的数目，因此可定义态密度为

$$g(E)=\frac{1}{V}\sum_\alpha\delta(E-E_\alpha) \tag{12.26}$$

α 可用于连续谱，也可用于分离谱。这里体积 $V=l^d$，d 是系统的维度：l^3 是一个立方体，l^2 是一个面积，l 是一段线段。

对于连续谱的情况，在 $\vec{k}$ 空间(也称状态空间)，状态分布是均匀的，波矢密度为$\frac{2V}{(2\pi)^3}$，其中 2 为自旋简并度。因此，在 $\vec{k}$ 空间 Ω 的体积内，状态数目为

$$\mathrm{d}Z=\int_\Omega\frac{2V}{(2\pi)^3}\mathrm{d}k^3=\frac{2V}{(2\pi)^3}\int_\Omega\mathrm{d}k^3 \tag{12.27}$$

在 $\vec{k}$ 空间中作 $E(\vec{k})=E$ 和 $E(\vec{k})=E+\mathrm{d}E$ 等能面，在两等能面之间状态数即为 $\mathrm{d}Z$。则

$$dZ = \frac{2V}{(2\pi)^3}\int d\mathbf{S}_E d\mathbf{k}_\perp \tag{12.28}$$

$\int d\mathbf{S}_E d\mathbf{k}_\perp$ 表示两等能面之间的 k 空间体积，$d\mathbf{k}_\perp$ 表示两等能面之间的垂直距离，$d\mathbf{S}_E$ 表示等能面的面积元。

另一方面，$dE = |\nabla_k E(\mathbf{k})| d\mathbf{k}_\perp$，其中 $|\nabla_k E|$ 表示沿法线方向能量的改变率，所以

$$d\mathbf{k}_\perp = \frac{dE}{|\nabla_k E(\mathbf{k})|} \tag{12.29}$$

由此得能态密度 $g(E)$ 一般表达式为

$$dZ = \frac{2V}{(2\pi)^3}\int d\mathbf{S}_E d\mathbf{k}_\perp = \left(\frac{2V}{(2\pi)^3}\int \frac{d\mathbf{S}_E}{|\nabla_k E(\mathbf{k})|}\right) dE \tag{12.30}$$

$$g(E) = \frac{1}{V}\frac{dZ}{dE} = \frac{2}{(2\pi)^3}\int \frac{d\mathbf{S}_E}{|\nabla_k E(\mathbf{k})|} \tag{12.31}$$

可以通过能带来求得态密度。如不止一条能带，则总态密度对所有能带求和

$$g(E) = \sum g_n(E) \tag{12.32}$$

$$g(E) = \sum_j \frac{2}{(2\pi)^3}\int \frac{d\mathbf{S}_E}{|\nabla_k E_j(\mathbf{k})|} \tag{12.33}$$

对于不同维度，上式具有不同形式

$$3D: g(E) = \frac{2}{(2\pi)^3}\int \frac{d\mathbf{S}_E}{|\nabla_k E(\mathbf{k})|}\ (\mathbf{S}\text{ 为等能面}) \tag{12.34}$$

$$2D: g(E) = \frac{2}{(2\pi)^2}\int \frac{dl_E}{|\nabla_k E(\mathbf{k})|}\ (\text{等能面退化成等能线}) \tag{12.35}$$

$$1D: g(E) = \frac{2}{2\pi}\frac{2}{|dE(k)/dk|}\ (\text{等能面退化成两个等能点}) \tag{12.36}$$

这里 3D、2D、1D 指的是三维、二维、一维。

【例 1】 计算自由电子的态密度。

解：自由电子的能量本征值 $E(k) = \frac{\hbar^2 k^2}{2m}$，$k$ 空间自由电子等能面为球面，其半径为 $k = \frac{\sqrt{2mE}}{\hbar}$，在球面上 $|\nabla_\mathbf{k} E(\mathbf{k})| = \frac{dE}{dk} = \frac{\hbar^2 k}{m}$，球面面积为 $\int d\mathbf{S}_E = 4\pi k^2$，所以

$$g(E) = \frac{2}{(2\pi)^3}\int \frac{d\mathbf{S}_E}{|\nabla_k E(\mathbf{k})|} = \frac{2}{(2\pi)^3}\frac{4\pi k^2}{\frac{2\hbar^2 k}{2m}} = \frac{\sqrt{2}m^{\frac{3}{2}}}{\pi^2\hbar^3}\sqrt{E} = C\sqrt{E}$$

此式也可从式(12.26)推出，过程如下：

对于三维粒子，不考虑自旋的情况下，能量为连续谱 $E_\alpha = E_k = \frac{\hbar^2 k^2}{2m}$，且 $V = l^3 \to \infty$

$$\begin{aligned} g(E) &= \lim_{l\to\infty}\frac{1}{l^3}\sum_k \delta(E - E_k) \\ &= \frac{1}{(2\pi)^3}\int d^3 k\,\delta(E - E_k) \\ &= \frac{1}{(2\pi)^3}\int_0^{+\infty} k^2 dk\int_0^{2\pi} d\varphi\int_0^{\pi}\sin\theta\, d\theta\,\delta(E - E_k) \end{aligned}$$

$$= \frac{4\pi}{(2\pi)^3}\int_0^{+\infty} k^2 \mathrm{d}k\delta\left(E-\frac{\hbar^2 k^2}{2m}\right)$$

利用$\delta(f(x))=\sum_i \frac{\delta(x-x_i)}{|f'(x_i)|}$，这里$\delta(x)$为$\delta$函数，其中$x_i$是函数$f(x)=0$第$i$个实数根，$f'(x_i)$为$x_i$点的导数值。这里$f(k)=E-\frac{\hbar^2 k^2}{2m}$，其实数零点为$k_1=\sqrt{2mE/\hbar^2}$，$k_2=-\sqrt{2mE/\hbar^2}$，其中$E>0$。如果$E<0$，$f(k)=0$无解，$\delta(f(k))=0$。引入阶梯函数$\theta(E)$，则

$$\theta(E)=\begin{cases}1 & (E>0)\\ 0 & (E<0)\end{cases}$$

$$g(E)=\frac{4\pi}{(2\pi)^3}\int_0^{+\infty} k^2\mathrm{d}k\left[\frac{\delta(k+\sqrt{2mE/\hbar^2})}{|\hbar^2 k/m|}+\frac{\delta(k-\sqrt{2mE/\hbar^2})}{|\hbar^2 k/m|}\right]\theta(E)$$

$$=\frac{4\pi}{(2\pi)^3}\int_0^{+\infty} k^2\mathrm{d}k\left[\frac{\delta(k-\sqrt{2mE/\hbar^2})}{|\hbar^2 k/m|}\right]\theta(E)$$

$$=\frac{4\pi}{(2\pi)^3}\frac{\sqrt{2mE/\hbar^2}}{\hbar^2/m}\theta(E)=\frac{m^{3/2}}{\sqrt{2}\pi^2\hbar^3}\sqrt{E}\theta(E)$$

考虑自旋简并度，上式可写成

$$g(E)=\frac{\sqrt{2}m^{3/2}}{\pi^2\hbar^3}\sqrt{E}\theta(E)$$

【例 2】 计算量子阱中电子态密度。

$$g(E)=\frac{1}{S}\sum_\alpha\delta(E-E_\alpha)=\frac{2}{S}\sum_{n_z,k_{//}}\delta(E-E_{n_z,k_{//}})$$

$$E_{n_z,k_{//}}=E_{n_z}+\frac{\hbar^2 k_{//}^2}{2m^*}$$

$\vec{k}_{//}$为平行于界面的二维波矢量；态密度表达式中考虑了自旋简并度，未考虑能带谷简并度。对k求和积分后得到

$$g(E)=2\sum_{n_z}\frac{1}{(2\pi)^2}2\pi\int_0^{+\infty} k_{//}\mathrm{d}k_{//}\delta\left(E-E_{n_z}-\frac{\hbar^2 k_{//}^2}{2m^*}\right)$$

$$g(E)=\sum_{n_z}\frac{m^*}{\pi\hbar^2}\theta(E-E_{n_z})=\sum_{n_z}C_1\theta(E-E_{n_z})$$

式中，$\theta(E)$为阶跃函数，$S=l_x l_y$。这样，态密度就成为一些台阶，对于一个子带，态密度为常数。在最低能量E_1处，态密度不为0，这个性质与体材料不同。

对量子线可进行同样的计算，算出其态密度为

$$g(E)=\frac{1}{l_x}\sum_\alpha\delta(E-E_\alpha)=\frac{2}{l_x}\sum_{n_y,n_z,k}\delta(E-E_{n_y,n_z,k})$$

上式考虑了自旋简并度，但未考虑能带谷简并度。将量子线方向的求和转化为积分，则

$$g(E)=\frac{m^*}{\pi\hbar^2}\left(\frac{\hbar^2}{2m^*}\right)^{1/2}\sum_{n_y,n_z}(E-E_{n_y})^{-1/2}\theta(E-E_{n_y,n_z})$$

式中，$\theta(E)$为阶跃函数。态密度首先脉冲上升，进一步增加能量则迅速下降，直至下一个量子化能级。

不同维度结构中载流子态密度的差别见图 12.5 和表 12.1。

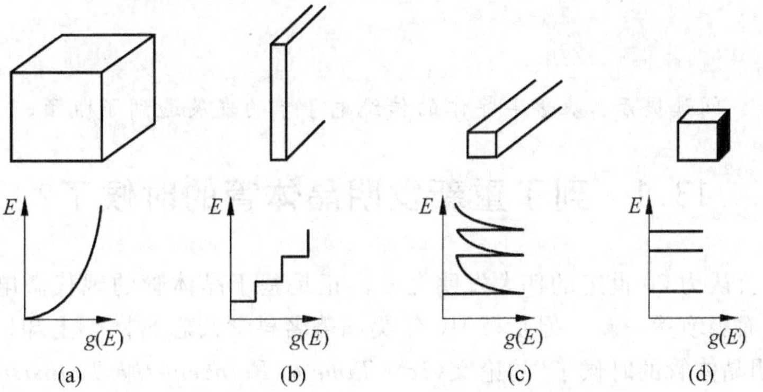

图 12.5　不同维度结构中载流子态密度

表 12.1　不同维度结构中载流子态密度的表达式

结　构	受 限 维 数	g(E)
体材料	0D	$\sqrt{E}$
量子阱	1D	1
量子线	2D	$1/\sqrt{E}$
量子点	3D	$\delta(E)$

量子限域除了会引起电子态密度的改变外，还会带来其他量子力学效应，例如，量子隧穿、量子相干、库仑阻塞和非线性光学效应等。基于这些效应的固态纳米电子、光电子器件与电路和基于单分子及大分子结构所特有性质的分子电子学目前已经受到了广泛的重视。

习　题

在导带底附近电子色散关系可采用简单能带模型 $E(k)=E_c+\frac{\hbar^2k^2}{2m^*}$，其中，$\{m^*\}$各向同性。试证明，导带底附近电子态密度为 $g_c(E)=4\pi\frac{(2m^*)^{3/2}}{h^3}(E-E_c)^{1/2}$。

第13章　半导体磁效应

阅读提示：基于半导体的传统电子学的发展遇到了瓶颈。

13.1　到了重新发明晶体管的时候了？

晶体管被公认为20世纪的伟大发明之一。正是基于晶体管的现代微电子工业的发展使我们的生活面貌焕然一新。但是，2010年美国著名科学杂志《科学》上却发表了一篇题为"到了重新发明晶体管的时候了"的论文(*It's Time to Reinvent the Transistor*!)，一时激发全球科技界的热议。

那么，半导体晶体管究竟出了什么问题呢？

随着器件小型化进程的加剧，器件越来越小，到了经典极限。CMOS器件面临若干挑战性问题。一般认为硅工艺下的MOSFET(金属-氧化物-半导体场效应管)的栅长极限为10nm。当Si-MOSFET的栅长小于10nm时，Si-MOSFET可能面临下列挑战：电子隧穿引起误差；热积累引起性能恶化；纳米器件的集成和与微电子系统的联结出现困难；介质层中高电场强度、可靠性问题；热和量子涨落误差；线路电容的延迟问题。

其中第一个问题比较容易理解，因为器件减少到纳米尺度可能会引发别的量子效应(例如隧穿)而导致电子的非经典行为，另外电场过大容易造成介质击穿。目前的微电子组件工作电流很大，功耗也相对很大。随着芯片的集成度和时间速度大幅提高后，电子在电路中流动的速度越来越快，功耗也会成倍增大，并最终导致芯片不能正常工作。

以集成电路中大量采用的MOSFET为例，近年来，MOSFET的栅长已经缩小到45nm以下，受载流子玻尔兹曼分布限制的亚阈值摆幅(Subthreshold Swing，SS)严重影响了MOSFET器件在相应的栅电压下的开关速率，导致MOSFET的漏电流随着电源电压的降低呈指数增长，从而静态功耗呈指数增长。

半导体器件发热是因为电阻的原因。所以，理论上讲，可以通过减少电阻来减少功耗。不过这一途径早已被证明是没有指望的。首先室温超导材料到现在也没有找到。现有超导材料需要低温工作环境，而要维持这一条件势必使价格上升。

解决问题只能靠发明新型的晶体管。

为解决上述问题，人们提出了隧穿场效应晶体管(Tunneling Field Effect Transistor，TFET)的概念。TFET的工作原理与传统MOSFET有着根本的不同，MOSFET的工作原理是载流子的扩散漂移机制，而TFET器件的工作原理是带-带隧穿(Band-to-Band Tunneling，BTBT)机制。从工作原理上来看，由于TFET的开启电流与温度没有指数依赖关系，因此亚阈值电流不受载流子热分布的限制，可以实现比较小的SS，从而降低器件的工作电压，减小器件的关断电流，降低器件的静态功耗，因此TFET自提出后便迅速走红，吸引了人们大量的目光。

隧穿晶体管的另一个好处是，使用它们取代目前的晶体管技术并不需要对半导体工业进行很大的变革，现有的很多电路设计和电路制造基础设施都可以继续使用。

另外一种类型的晶体管是自旋晶体管。这是一种利用电子的自旋而非电荷的器件，因此从根本上避免了焦耳热。

13.2 自旋和自旋电子学

量子力学是个违反直觉、神秘如谜的物理领域。在量子力学的描述中，电子的行为就像波动一样。自旋和磁性类似，是电子的一种量子特性。利用电子自旋原理运作的器件，构成了自旋电子学(spintronics)。

自旋电子学不同于传统的电子学，它是以自旋为基础的电子学，目前的信息工业所用的器件纯粹是电荷型的。传统的电子器件只会移动电荷，却忽略了电子与生俱来的自旋特性。

中学的教科书就已经指出，磁性是物质中电子自旋集体行为的表现。铁磁性的产生是上旋或下旋电子往某一方向作有序的排列。每一个固体都含有电子，为什么不是任何东西都具有磁性呢？对这一问题的解释是：使电子自旋有序排列的力量称为交互作用力，此力完全是量子力学效应，其作用范围只有数埃，电子在物质内运动会因散射、热扰动等因素，使得自旋平均值为零，因此在宏观测量中不被察觉。近年表面科学的进步，使得探讨在原子尺度下的物理世界成为可能。

在磁学的眼光中，电子的自旋自由度变得真实和具体。所以，早期的自旋电子学就是磁电子学(magnetronics)。表13.1给出了基于电荷控制的传统微电子学和基于自旋控制的磁电子学的一些特性，其差别可见一斑。

表 13.1 磁电子学与微电子学的特性比较

项　目	磁电子学	微电子学
载子	上旋和下旋电子	电子和空穴
存储特征	非易失性	易失性和非易失性
操作时间	纳秒	微秒
尺寸大小(集成度)	纳米(较高)	微米(较低)
抗辐射性	强	弱
电流电压特性	线性	非线性
功率损耗	较小	较大
工艺	简单	复杂
目前状况	研发中	成熟商品

电子自旋的概念在1925年由两位来自荷兰莱顿(Leiden)大学的研究生高斯密特(Samuel Goudsmit)和乌伦贝克(Georage Uhlenbeck)提出。那么，戈德史密特和乌伦贝克怎么想到要研究自旋呢？原来，1921年施特恩(O. Stern)和格拉赫(W. Gerlach)成功地让一束原子通过一个非均匀磁场来观测其路径的分化情况，从而确定了角动量取向是量子化的，但量子化的定量情况与理论的预言不完全一致，特别是用处于基态的氢原子进行实验，观测到原子束分裂为上、下两束。氢原子中只有一个电子，基态的轨道磁矩为零。氢原子束的沉积痕迹有上、下两条，这不仅表明处于基态的氢原子具有磁矩，而且确认这个磁矩在外磁场方向上有两个可能的取向。那么这个磁矩来自哪里呢？乌伦贝克和高斯密特提出了电子自旋的假设：每个电子都具有自旋角动量，自旋角动量在空间某方向的分量的取值只能取两个值，电子的自旋磁矩在空间任一方向(如外磁场方向)的分量也只有两个可能的取值。

引入了电子自旋的假设后，施特恩-格拉赫实验可以得到圆满解释。

自旋的发现使得人们对电子的认识更加全面。除了质量与电荷，电子尚有称为自旋的内禀的角动量。其行为恰似一旋转小球。自旋会产生磁场，就像一条与自旋轴平行的小磁铁所产生的磁场。

所谓“内禀”的，就是与生俱来的。电子具有自旋的内禀属性是狄拉克最早预言的。狄拉克原来从事相对论动力学的研究。1925年海森堡访问剑桥大学，他关于量子世界的描述让狄拉克深受影响。从此，狄拉克把精力转向量子力学的研究。1928年他把相对论引进了量子力学，建立了相对论形式的薛定谔方程，也就是著名的狄拉克方程。这一方程具有两个特点：一是满足相对论的所有要求，适用于运动速度无论多快的电子；二是它能自动地导出电子有自旋的结论。

自旋的提出也丰富了人们关于电子的磁性的探索。磁性与电子相关。电子以3种方法产生磁性：

(1) 运动电荷的磁性。古典的观点认为，静止的电荷只有静电场，而运动的电荷除了产生电场还会产生磁场。

(2) 自旋产生磁性。从古典的观点，孤立的电子，可看作细小的自旋负电荷，其内具有自旋角动量(Spin Angular momentum) $\vec{S}$，它在任何方向上的投影只能取$\pm\frac{\hbar}{2}$。由于自旋角动量，电子内就具有一自旋磁矩(Spin magnetic moment) $\vec{\mu}$，它在任何方向上的投影只能取$\pm\mu_B$。

(3) 轨道运动产生磁性。电子以速度 v 绕半径为 r 的圆形轨道运行，会形成圆电流。而圆电流会产生磁场。

在一般电路中，电子自旋的方向混乱，对电流不会有影响。如果能使自旋规则排列，将产生自旋极化电流，利用自旋极化电流的器件就是自旋电子器件。迄今为止，已经提出了多种自旋电子器件的模型，相信在不久的将来会有广泛应用。

13.3 半导体的磁效应

为什么要研究半导体的磁效应？追根溯源，这个目的其实源自人类的“电脑梦”。人类梦想之一是发明人脑那样的机器或器件——电脑。虽然现在人们有时把计算机称为“电脑”，但实际上计算机还远远达不到“电脑”的水平。计算机技术发展到今天已经令人瞠目。但是比较起人类的大脑来说，似乎仍然是美中不足。

首先，它们属于完全不同的运作方式。人类大脑最重要的功能是记忆和思维，对应于计算机的最重要部分：数据存储和逻辑运算。但人脑结构和计算机结构有明显的不同。人脑结构中，逻辑运算和存储器在同一“芯片”上，而计算机则不然，不管是哈佛结构(Harvard architecture，见图13.1)还是冯·诺依曼结构(von Neumann architecture，也称普林斯顿结构，见图13.2)，其数据存储和逻辑运算都是分开的。其中哈佛结构数据存储和指令存储分开，而冯·诺依曼结构数据存储和指令存储不分开。

第二，大脑有而计算机没有的3个特性：

(1) 低功耗(人脑的能耗仅约20瓦，而目前用来尝试模拟人脑的超级计算机需要消耗

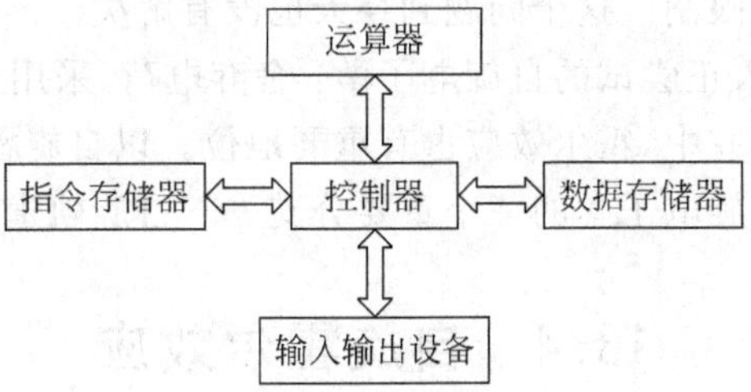

图 13.1　哈佛结构

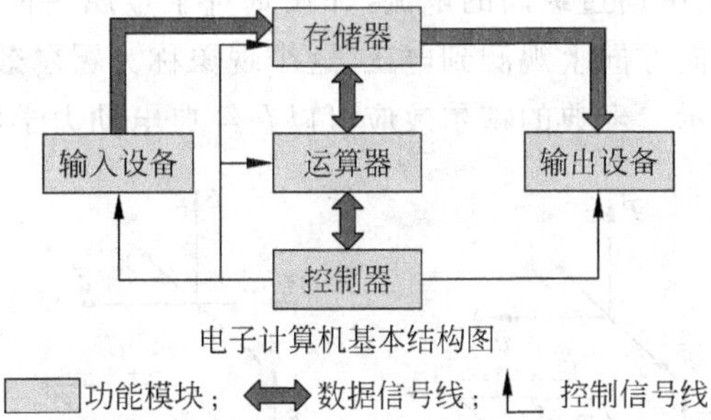

电子计算机基本结构图

图 13.2　普林斯顿结构

数兆瓦的能量)。高功耗导致散热困难。这是人脑和电子器件的最大区别。其实，电子技术的历史就是降低功耗的历史。当年 ENIAC 用了 18 000 多个电子管，一旦开动，半个城市必须停电。耗电之大，今天无法想象。其后旧的晶体管大大减少了体积，也大大降低了功耗。但功耗仍是制约后摩尔时代集成电路发展的主要瓶颈。手机也是如此，考虑到电池的问题，我们不得不牺牲手机的一些功能。否则，再强大的手机的工作时间也不会超过 12 分钟。

(2) 容错性(坏掉一个晶体管就能毁掉一块微处理器，但是大脑的神经元每时每刻都在死亡)。

(3) 学习性。人脑的一个重要特征是会"学习"。计算机是死的，你输入什么指令它就处理什么指令，但人脑是活的，它会根据实际情况自行判断和处理一切事宜，而且不需为其编制程序，大脑在与外界互动的同时也会进行学习和改变，而不是遵循预设算法的固定路径和分支运行。

为什么计算机的结构不能和人脑一样呢？原因可能很多，但从材料角度讲，我们不能不提的一点是：长期以来，制造计算机的逻辑运算部分(CPU)和记忆部分(硬盘)的材料是截然不同的两类，前者是半导体材料，而后者是磁性材料。为了走上半导体与磁的结合之路，人类做了很多尝试，第一步是研究半导体在磁场下的性质，即半导体的磁效应，例如霍尔效应。第二，试图制造磁性半导体，这主要是通过向半导体中掺杂磁性杂质实现的(稀磁半导体，DMS)。早在 1960 年就有实验报道，向半导体材料中加入磁性元素可使其具有铁磁性，但是要求的居里温度小于 100K，没有实用价值，人们也就没有意识到其重要性，因此没有取得发展。1995 年左右，自旋电子学建立后，对 DMS 的研究有了真正意义上突破性的进步。人们开始关注 InAs、GaAs 等Ⅲ-Ⅵ稀磁半导体，但其居里温度小于 172K。除此之外，人们还研究了 ZnO 稀磁半导体。但是不管哪一类稀磁半导体，其居里温度都在室温以下。这使得稀磁半导体的应用受到限制。这个问题到今天也没有解决。

第三步，即目前许多人正尝试的自旋电子学：舍弃电荷，采用自旋。

在半导体的磁效应研究中，霍尔效应占有重要地位。以自旋霍尔效应为代表的自旋-轨道效应研究已经开辟了自旋电子学的一个重要分支——自旋轨道电子学。

13.4 自旋霍尔效应

霍尔效应也称经典(classical)霍尔效应(Hall Effect，HE)。1879 年，霍尔(E. Hall)观测到在一个二维简单金属中通过纵向的电流，并在垂直于金属平面的方向上加一个外加磁场后，会在金属平面的横向方向上观测到电压，这个现象称为**霍尔效应**。半导体霍尔效应及其测量装置如图 13.3 所示。经典的霍尔效应可以在经典电动力学(电磁学)的框架内解释。

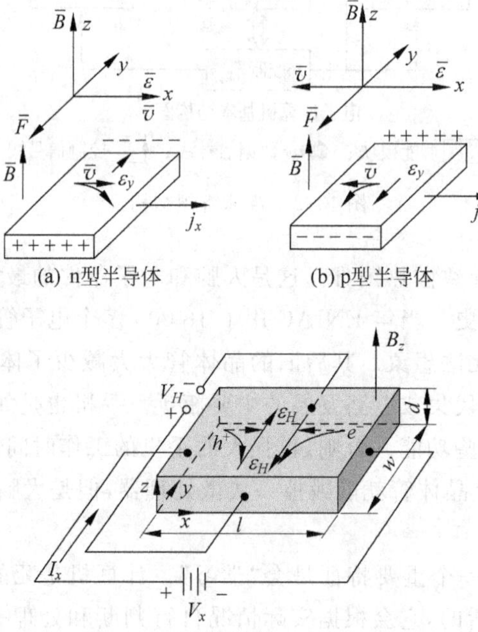

图 13.3 半导体霍尔效应

霍尔电场 ε_y 与电流密度 j_x 和磁感应强度 B_z 成正比，即：$\varepsilon_y = R_H j_x B_z$，比例系数 R_H 称为霍尔系数，即 $R_H = \frac{E_y}{j_x B_z}$，霍尔系数的单位为：$m^3 C^{-1}$。

以 p 型半导体为例，当横向电场对空穴的作用和洛伦兹力平衡时，达到稳定状态，横向霍尔电场满足：$q\varepsilon_y - qv_x B_z = 0$，因此霍尔电场 $\varepsilon_y = \nu_x B_z = \frac{j_x}{pq} B_z$，霍尔系数 R_H 为 $R_H = \frac{1}{pq} > 0$。

对于 n 型半导体，类似地，得到 $R_H = -\frac{1}{nq} < 0$。

实验中通过测量霍尔电压测量霍尔系数，从而确定半导体的导电类型和载流子浓度。一般金属中的电子浓度为 $10^{22}\,cm^{-3}$，而半导体中的电子浓度要小几个数量级，所以半导体材料的霍尔效应要比金属明显很多。霍尔当初的实验主要利用金属,所以效应不是很明显,霍尔进行了大量艰辛的工作,只在少数金属上面获得成功,原因就在这里。

【例】 假设只有一种载流子导电,已知半导体的长(x 向)、宽(y 向)、厚(z 向)分别为 $l=10^{-1}\text{cm}$,$w=10^{-2}\text{cm}$,$d=10^{-3}\text{cm}$,设 $I_x=1.0\text{mA}$,$V_x=12.5\text{V}$,$V_H=-6.25\text{mV}$,$B_z=5\times10^{-2}\text{T}$,求(1)霍尔系数;(2)多子浓度;(3)多子的迁移率。

解:

(1) $$R_H=-\frac{1}{nq}=\frac{V_H d}{I_x B_z}=\frac{(-6.25\times10^{-3}\text{V})\times(10^{-3}\times10^{-2}\text{m})}{(1.0\times10^{-3}\text{A})\times(5\times10^{-2}\text{T})}$$
$$=-1.25\times10^{-3}(\text{m}^3/\text{C})$$

(2) $$n=\frac{1}{R_H q}=\frac{1}{(1.25\times10^{-3}\text{m}^3\text{C}^{-1})\times1.6\times10^{-19}\text{C}}=5\times10^{21}\text{m}^{-3}$$
$$=5\times10^{15}\text{cm}^{-3}$$

(3) $$j_x=qn\mu_n\varepsilon_x=qn\mu_n\frac{V_x}{l}$$

$$\mu_n=\frac{J_x l}{qnV_x}=\frac{I_x l}{wdqnV_x}=\frac{10^{-3}\times10^{-3}}{10^{-4}\times10^{-5}\times1.6\times10^{-19}\times5\times10^{21}\times12.5}$$
$$=0.10\text{m}^2/\text{V}\cdot\text{s}=1000\text{cm}^2/\text{V}\cdot\text{s}$$

在发现霍尔效应一年后(即 1880 年),霍尔又在一个具有铁磁性的二维金属中发现,即使是在没有外加磁场的情况下(或弱外场),也可以观测到霍尔效应,这就是反常霍尔效应(Anomalous Hall Effect,AHE)。

经典霍尔效应表明,R_H 随所加磁场的磁感应强度 B 增加而增加,呈线性关系。1980 年冯·克利青(Klaus von Klitzing)在超强磁场(18T)和极低温(1.5K)条件下测量一种 MOSFET 结构的霍尔电阻,观察到霍尔电压 U_H 与磁场 B 之间的关系不再是线性的,出现一系列量子化平台。量子霍尔电阻 $R_H=\frac{U_H}{I}=\frac{h}{iq^2}$,这里 i 是正整数,h 为普朗克常数,q 为电子电荷。该现象称为整数量子霍尔效应(Integer Quantum Hall Effect,IQHE)。量子霍尔效应是体系态密度在磁场下量子化的结果,只能在量子力学的框架下解释。

1982 年崔琦(Daniel Chee Tsui)和 H.斯托默(Horst L. Stormer)等人对有更高迁移率的铝镓砷/砷化镓异质结中的二维电子气在样品纯度更高、磁场更强(20T)和温度更低(0.1K)的极端条件下也观察到霍尔电阻呈现量子化平台,但极为不同的是,这些平台对应的不是整数值而是分数值。量子霍尔电阻 $R_H=\frac{h}{iq^2}$($i=1/3,2/3,4/3,5/3,1/5,2/5,3/5,4/5,7/5,8/5,2/7,3/7,4/7,5/2\cdots$),这就是分数量子霍尔效应(Fractional Quantum Hall Effect,FQHE)。

从表面上看,分数量子霍尔效应的获得只是整数量子霍尔效应实验条件的严苛化的结果:更低温、更高磁场、更纯材料。其实事情远没有这么简单。用当时的整数量子霍尔效应的理论无法解释分数霍尔效应。1983 年,R.劳克林(Robert B. Laughlin)指出,这两种效应的差别在于不考虑电子关联与考虑电子关联。劳克林提出了一种计及电子间库仑关联效应的多电子波函数,并成功地描述了 FQHE 现象。劳克林的理论同时显示了分数电荷存在的可能性。

分数电荷粒子的预言很早就已出现，最初是夸克。在微观粒子世界中，基本粒子的电荷是可以呈现出分数化的，如夸克的电荷可表示 1/3、2/3。但夸克只能出现在微观粒子世界中，微观粒子世界之外是否存在分数电荷还没有答案。分数量子霍尔效应的现象意外地回答了这一悬而未决的问题，显得更加“高大上”。需要说明的是，分数量子霍尔效应预言的分数电荷只是一种“物态”，即在温度更低、磁场更强的条件下，原来的二维电子气已经变成电子液体，该液体是由分数电荷的准粒子构成的。

整数量子霍尔效应与分数量子霍尔效应的发现者分别于 1985 年和 1998 年两度获得诺贝尔物理学奖。霍尔效应的本质特征是电荷分离。后来人们把粒子的分离现象都称为霍尔效应，例如自旋霍尔效应(Spin Hall Effect，SHE)。

自旋霍尔效应是俄罗斯 Dyakonov 和 Perel 于 1971 年发现的，指的是在电场作用下，一个纵向加载的电场除了产生纵向电流以外，还会在垂直于电场的方向上产生自旋流的现象(见图 13.4)。这种自旋流的产生是靠自旋向上和自旋向下的分离形成的。因此也是电荷分离的情况，即霍尔效应的一种。

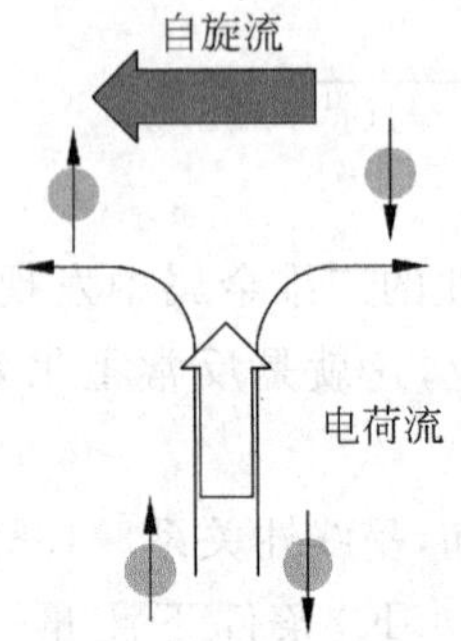

图 13.4　自旋霍尔效应

自旋霍尔效应可以分为两种：本征自旋霍尔效应(intrinsic SHE)和非本征自旋霍尔效应(extrinsic SHE)。非本征自旋霍尔效应是由与自旋-轨道相关的各向异性杂质散射引起的对于纯净(无掺杂)的半导体，不存在非本征的自旋霍尔效应。与非本征自旋霍尔效应不同，本征自旋霍尔效应由某些半导体能带结构所固有的自旋-轨道劈裂导致的，因而是某些半导体材料所固有的一种性质。

SHE 为在半导体中产生自旋流提供了新的途径，并为未来的全电操纵的自旋电子学器件提供了物理基础。

量子力学指出，量子化是电子受到束缚的结果。例如，自由电子能量一定是连续的。而当电子被束缚在原子周围时，便形成了多个量子能级。对量子霍尔效应仔细的分析说明，这个量子化也来自于电子的被束缚。当电子被束缚在表面运动时，便会产生量子霍尔效应。更准确地说，当载流子被限制在一个二维平面内运动时，在一定的外加磁场下，霍尔电阻变成了精准的常数$\frac{h}{iq^2}$。同理，发生量子自旋霍尔效应(Quantum Spin Hall Effect，QSHE，由美国的张首晟于 2006 年理论预言，并于 2007 年实验时发现)时，电子沿表面运动，同时向上的自旋和向下的自旋发生分离。

同 QHE 相比，QSHE 不需外加磁场。如果有了外加磁场，体系的时间反演对称性被破坏，这个时候自旋量子霍尔效应不再存在。另外，QSHE 不依赖低温。

发生量子自旋霍尔效应的体系一定是特殊的材料体系，称作拓扑绝缘体。拓扑绝缘体是体内绝缘、表面导电的一种材料。自旋量子霍尔效应体系是拓扑绝缘体中的一种。电子在整数霍尔系统和自旋霍尔绝缘体中运动的示意图见图 13.5。

反常量子霍尔效应(Anomalous Quantum Hall Effect，AQHE)是由美国物理学家霍尔丹 1988 年提出，清华大学薛其坤在 2013 年的实验中发现的，是不需要外加磁场(也没有朗道能级)的情况下就能够观察到的量子霍尔效应。观察这种效应需要二维磁性拓扑绝缘体。AQHE 是在接近绝对零度的极低温度下对拓扑绝缘体薄膜进行精密测量后获得的。也就

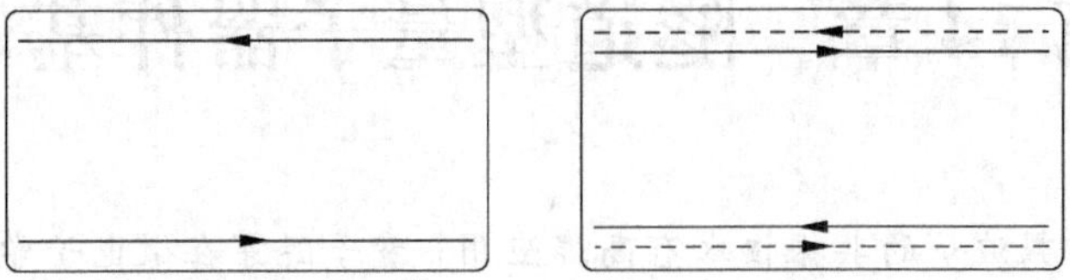

(a) 整数霍尔系统：电子被束缚在表面　(b) 自旋霍尔绝缘体，电子在表面运动被分离

图 13.5 整数霍尔系统和自旋霍尔绝缘体

是说，目前要谈论这种现象在生活中的实际应用，还为时过早。

AQHE 与 QSHE 都不需要磁场，因而有相似性。但 QSHE 材料是二维 Z2(拓扑数)拓扑绝缘体，而 AQHE 材料是二维磁性拓扑绝缘体。量子自旋霍尔态可以看成是两套量子反常霍尔态的叠加。

对量子自旋霍尔体系(见图 13.6 左图)引入磁性杂质破坏体系的时间反演对称性，这会破坏两套互为时间反演边界态中的一套(见图 13.6 中图)，使得体系呈现出量子反常霍尔效应(见图 13.6 右图)。

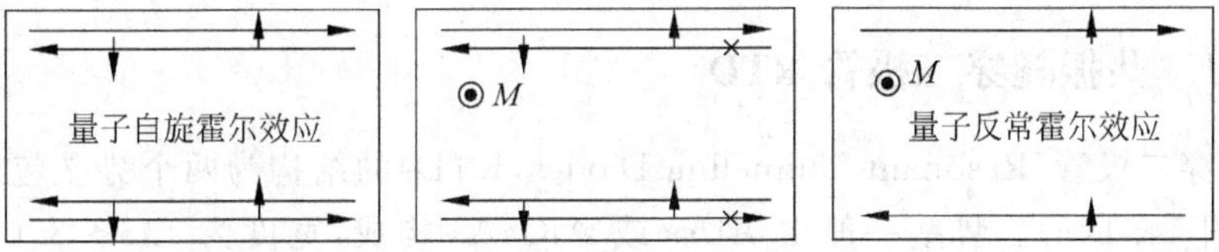

图 13.6 量子反常霍尔效应

习　题

下面"新好汉歌"中描述的现象可用于说明某些霍尔效应，试详述之。

"新好汉歌"
"大河向东流哇
磁场中的电子溜边儿走哇
嘿 嘿 溜边儿走啊
一边儿转圈儿，一边儿走哇
说走咱就走
量子效应无厘头哇
嘿 嘿 无厘头啊
怎么它就溜边儿走哇
没有磁场也能走哇
每个电子都很牛哇
转着圈儿溜边儿走哇"

第14章　隧道型量子器件基础

阅读提示：微波炉的共振技术有高端应用；量子隧穿在微电子学成为常态。

14.1　半导体隧道效应

齐纳击穿
隧道二极管
金属-半导体欧姆接触
浮栅场效应管
……

上面列举了前文介绍过的一些内容，可见量子隧穿效应取得了很多应用。随着器件尺寸的减小，量子隧穿效应的应用将越来越广泛。建立在量子力学隧道效应基础上的新型器件已经提出很多，例如共振隧穿二极管(RTD)、隧穿场效应管(TFET)等。

14.1.1　共振隧穿二极管 RTD

共振隧穿二极管(Resonant Tunneling Diodes，RTD)的结构为两个势垒包围单个势阱的结构，见图 14.1(a)。势垒一般由 AlAs 或 AlGaAs 构成，宽度为 1.5～3.0nm，势阱由 GaAs 或 InGaAs 构成，宽度为 3.0～5.0nm。左侧发射极和右侧集电极由与势阱相同的材料重掺杂层构成。

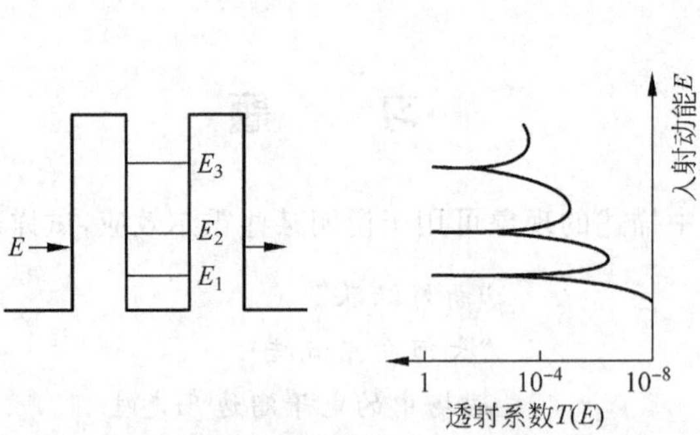

(a) 两个势垒包围单个势阱的结构　　(b) 共振透射

图　14.1

共振隧穿现象是指入射粒子能量等于量子阱内束缚能级时透射系数取得极大值的现象(见图 14.1(b))。

共振(resonance)是物理学上使用频率非常高的专业术语。共振的定义是两个振动频率相同的物体，当一个发生振动时，引起另一个物体振动的现象。共振在声学中亦称“共鸣”，它指的是物体因共振而发声的现象，如两个频率相同的音叉靠近，其中一个振动发声时，另一个也会发声。在电学中，振荡电路的共振现象称为“谐振”。弦乐器中的共鸣箱、无线电中的电谐振等，就是使系统固有频率与驱动力的频率相同，发生共振。

共振技术有很多应用，例如微波炉。具有 2500 赫兹左右频率的电磁波称为“微波”。食物中水分子的振动频率与微波大致相同，微波炉加热食品时，炉内产生很强的振荡电磁场，使食物中的水分子作受迫振动，发生共振，将电磁辐射能转化为热能，从而使食物的温度迅速升高。微波加热技术是对物体内部的整体加热技术，完全不同于以往的从外部对物体进行加热的方式，是一种极大地提高了加热效率、极为有利于环保的先进技术。

RTD的原理可用图14.2示意说明。

首先，图14.2(a)为RTD不加偏压时的能带图，势阱中因量子化出现分立能级，基态能量为E_1。当不加偏压时，E_1高于发射极中的费米能级E_F。当加偏压V后，E_1相对于E_F下降，位于E_F与其导带底E_C之间，图14.2(b)为共振隧穿时能带图。当E_F的电子能量与E_1重合，满足能量守恒与横向动量守恒时，则发生共振隧穿，出现隧穿电流。

随着V的增加，E_F超过E_1但低于E_2，由于不满足共振条件，透射系数下降，从而隧穿电流也下降，出现负阻现象，见图14.2(c)。继续增加V，E_F接近E_2，再次发生共振隧穿，见图14.2(d)。然后继续增大V，使得共振隧穿条件不再满足，透射系数下降，发生第二次负阻效应，见图14.2(e)。整个过程的伏安特性曲线如图14.2(f)所示。

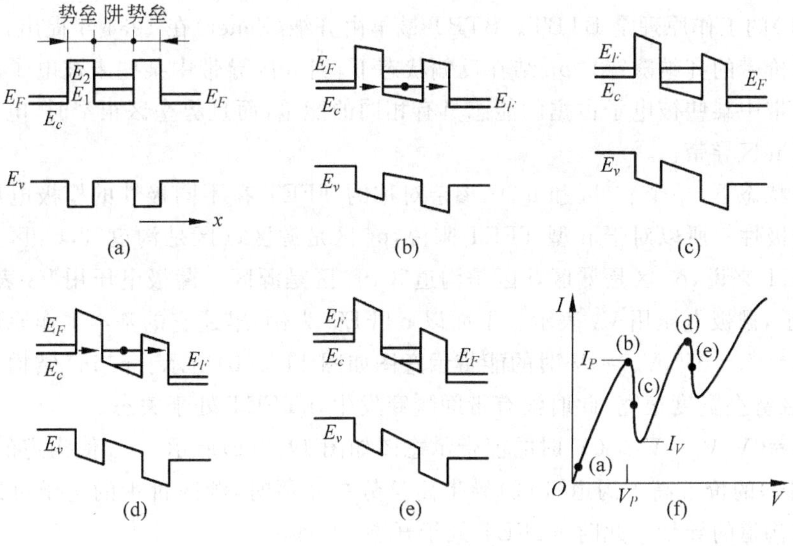

图14.2　RTD原理图

RTD具有以下特点：

(1) 高频高速，理论预计RTD峰谷间转换频率可达1.5～2.5THz；

(2) 低工作电压和低功耗，典型RTD工作电压为0.2～0.5V，一般工作电流为毫安量级，例如在材料生长中加入预势垒层，工作电流可降至微安量级；

(3) 负阻、双稳和自锁特性；

(4) 用很少的RTD可完成一定的逻辑功能。

14.1.2　隧穿场效应管

随着器件小型化进程的加剧，金属-氧化物-半导体场效应晶体管(MOSFET)的栅长已经缩小到45nm以下，漏电问题日益严重。为解决漏电问题，人们提出了隧穿场效应晶体管(Tunneling Field Effect Transistor，TFET)的概念。隧穿场效应晶体管是基于带间隧穿

(或带-带隧穿)机制(Band-to-Band Tunneling,BTBT)。与传统的 MOSFET 相比,TFET 拥有较低的工作电压、关断电流及静态功耗等优点。

TFET 结构和工作原理可用图 14.3 示意说明。

图 14.3(a)是一个典型的 TFET 示意图,它实际上是一个 p^+in^+ 结构,i 区上方是栅介质和栅电极。它通过栅极电压的变化调制 i 区的能带来控制器件的电流。

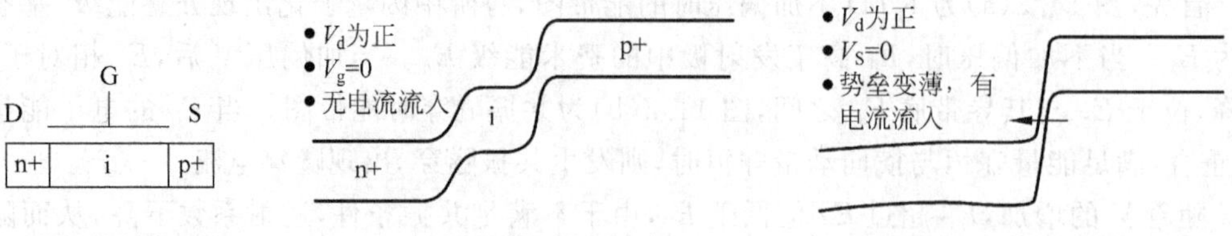

(a) 栅压控制的pin结　(b) TFET工作原理：关态　(c) TFET工作原理：开态

图 14.3 TFET 结构图以及 TFET 工作原理

在传统 MOSFET 中,载流子从源极越过 pn 结势垒热注入到沟道中。而隧穿场效应晶体管(TFET)的工作原理是 BTBT。BTBT 最早由齐纳(Zener)在 1934 年提出,江崎二极管就是导带到价带的齐纳隧穿。pn 结在反偏状态下,当 n 区导带中某些未被电子占据的空能态与 p 区价带中某些被电子占据的能态具有相同的能量,而且势垒区很窄时,电子会从 p 区价带隧穿到 n 区导带。

在理想状态下,一个 p^+ 区和 n^+ 区掺杂对称的 TFET 在不同极性的栅极电压偏置下可以表现出双极性。所以对于 n 型 TFET 来说,p^+ 区是源区,i 区是沟道区,n^+ 区是漏区。对于 p 型 TFET 来说,p^+ 区是漏区,i 区是沟道区,n^+ 区是源区。漏极电压用 V_d 表示,源极电压用 V_s 表示,栅极电压用 V_g 表示。下面以 nTFET 为例,描述它的基本工作原理:

(1) $V_g = V_s = 0V$, $V_d > 0V$ 时的能带示意图如图 14.3(b)所示。p^+in^+ 结构处于反偏状态,但是源区势垒宽度很宽,此时没有带间隧穿发生,nTFET 处于关态。

(2) $V_s = 0V$, $V_g = V_d > 0V$ 时的能带示意图如图 14.3(c)所示。V_g 使沟道的能带降低,当源区(p^+ 区)的价带高于沟道(i 区)导带而且势垒变薄时,源区价带的电子可以通过带间隧穿进入到沟道的导带。此时 nTFET 处于开态。

新型量子效应器件层出不穷,无法一一列举。对于隧穿型器件,隧穿电流计算是最基本的内容,下面将简介基于 WKB 近似的量子隧穿原理。

14.2 透射系数

14.2.1 WKB 近似

WKB 近似(Wentzel-Kramers-Brillouin approximation)是近似求解薛定谔方程,或者说近似给出波函数的一种方法。

14.2.1.1 WKB 近似的主要思想

下面我们在各种条件下求解下面形式的薛定谔方程

$$\frac{d^2\psi}{dx^2} + k^2\psi = 0 \tag{14.1}$$

其中，$k=\sqrt{2m(E-V)}/\hbar$。

(1) V 是常数，$E>V$，式(14.1)即简谐振子方程，描写具有固定波长和振幅的简谐振动

$$\psi(x)=A\mathrm{e}^{\pm ikx} \tag{14.2}$$

式(14.2)即平面波，其中"+"代表向右传播，而"−"代表向左转播，$\lambda=\frac{2\pi}{k}$。

(2) V 不是常数，但相比波长变化缓慢，如图 14.4 所示。

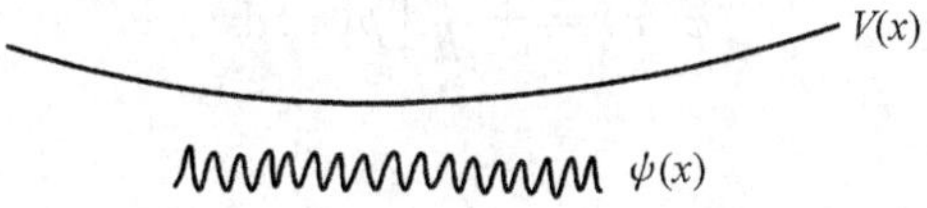

图 14.4　势函数变化示意图

此时，波函数具有正弦形式，但是波长和振幅随 x 改变。换句话说，波函数是波长和振幅受到调制的快速谐振波。

(3) 如果 V 是常数，但 $E<V$，式(14.1)的解为衰减波

$$\psi(x)=A\mathrm{e}^{\pm\kappa x} \tag{14.3}$$

其中，$\kappa=\sqrt{2m(V-E)}/\hbar$。

(4) 如果 V 不是常数，但是相对于 $1/\kappa$ 变化缓慢，则波函数为指数函数，但是 κ 和 A 都是 x 的慢变函数。

注意：对应 $E=V$ 的 x 点称为转向点或转折点，如图 14.5 所示。

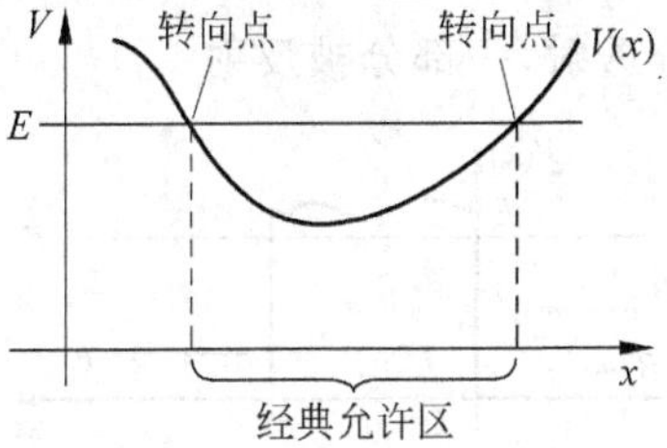

图 14.5　经典允许区示意图

(5) 经典允许区。

当 $E>V(x)$，动量 p 为实数时，这种情况称为经典允许的，所在坐标范围称为经典允许区(见图 14.5)，有

$$\frac{\mathrm{d}^2\psi}{\mathrm{d}x^2}=-\frac{p^2}{\hbar^2}\psi \tag{14.4}$$

其中，$p=\sqrt{2m(E-V)}$。$\psi(x)$仍为复数函数形式，且可写成

$$\psi(x)=A(x)\mathrm{e}^{i\varphi(x)} \tag{14.5}$$

其中，$A(x)$为振幅，$\varphi(x)$具有相位的含义。

将式(14.5)代入式(14.4)，并将两个方程的实部和虚部分开，可得

$$A''-A(\varphi')^2=-\frac{p^2}{\hbar^2}A \tag{14.6}$$

$$2\varphi'A'+A\varphi''=0 \tag{14.7}$$

解式(14.7)得 $A=\frac{C}{\sqrt{\varphi'}}$，$C$ 为实常数。

由于 A 是慢变函数，所以可忽略式(14.6)中的第一项，从而式(14.6)变成

$$A(\varphi')^2=\frac{p^2}{\hbar^2}A,\quad 即\quad \frac{\mathrm{d}\varphi}{\mathrm{d}x}=\pm\frac{p}{\hbar}$$

积分得

$$\varphi(x)=\pm\frac{1}{\hbar}\int p(x)\mathrm{d}x \tag{14.8}$$

则

$$\psi(x)\cong\frac{C}{\sqrt{p(x)}}\mathrm{e}^{\pm\frac{i}{\hbar}\int p(x)\mathrm{d}x} \tag{14.9}$$

其中，$p(x)=\sqrt{2m[E-V(x)]}$。

通解一般为上述两部分的组合。

(6) 经典不允许区。

当 $E<V$，p 为虚数，这种情况是经典不允许的，所在坐标范围称为经典不允许区。在经典不允许区，我们仍可将波函数写成

$$\psi(x)\cong\frac{C}{\sqrt{|p(x)|}}\mathrm{e}^{\pm\frac{i}{\hbar}\int|p(x)|\mathrm{d}x} \tag{14.10}$$

14.2.1.2 WKB 近似方法的应用：势垒贯穿

图 14.6 给出的是一个简单的一维势垒示意图。电子波遭遇势垒的情况与光在介质界面发生的事情很类似，即一部分透射，一部分被反射。

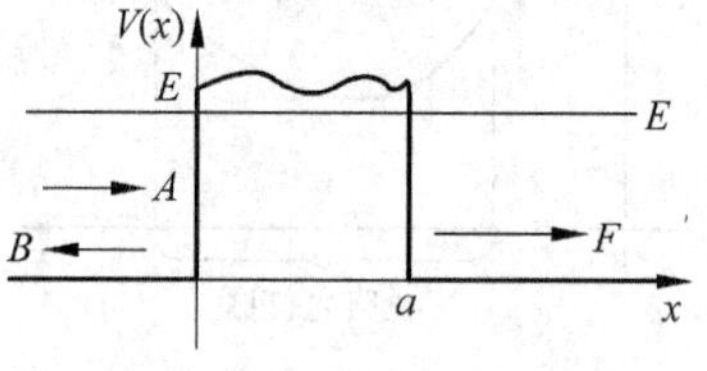

图 14.6 势垒示意图

势垒左边波函数可写成

$$\psi(x)=A\mathrm{e}^{ikx}+B\mathrm{e}^{-ikx} \tag{14.11}$$

其中，A、B 为入射波和反射波的振幅。

势垒右边波函数可写成

$$\psi(x)=F\mathrm{e}^{ikx} \tag{14.12}$$

这里，F 为透射波振幅。

透射率定义为

$$T=\frac{|F|^2}{|A|^2} \tag{14.13}$$

在隧穿区域(经典不允许区)，波函数形为

$$\psi(x)\cong\frac{C}{\sqrt{|p(x)|}}\mathrm{e}^{\frac{i}{\hbar}\int_0^x|p(x')|\mathrm{d}x'}+\frac{D}{\sqrt{|p(x)|}}\mathrm{e}^{-\frac{i}{\hbar}\int_0^x|p(x')|\mathrm{d}x'}$$

如果势垒非常宽或非常高，则透射率一定非常低，那么上式中指数增长项必须很小，入射和透射波的相对幅度取决于经典不允许区波函数中指数下降那一项，即

$$\frac{|F|}{|A|} = \mathrm{e}^{-\frac{1}{\hbar}\int_0^a |p(x')|\mathrm{d}x'} \tag{14.14}$$

所以，穿透几率可写为

$$T = \mathrm{e}^{-2\gamma}, \quad \gamma = \frac{1}{\hbar}\int_0^a |p(x')|\mathrm{d}x' \tag{14.15}$$

或者写成

$$T = \exp\left\{-\frac{2}{\hbar}\left|\int_0^a \sqrt{2m[E-V(x)]}\mathrm{d}x\right|\right\} \tag{14.16}$$

这是一个很用的公式。

只有 $T \ll 1$ 时，此式才适用。

14.2.2 传输矩阵方法

传输矩阵方法(transfer matrix method)又称转移矩阵方法，或传递矩阵方法。近年来很多作者用它来计算透射系数。下面我们以粒子(质量为 m，能量为 E)在一维任意形状、光滑连续势场中的散射为例介绍传输矩阵方法。我们将一维任意形状的连续势场划分为若干个区，每个小区内的势场取为常数势。这样一维任意形状的连续势场可近似用一阶梯势代替，如图 14.7 所示。这种近似只在小区长度较小时成立。

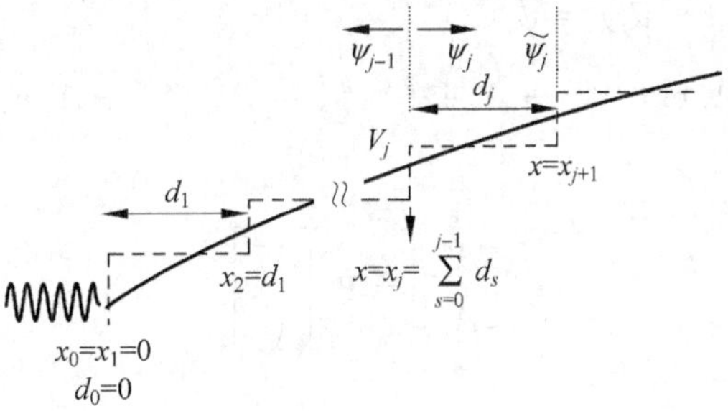

图 14.7 一维任意形状的连续势场

粒子在第 j 个区满足的薛定谔方程为

$$\left(-\frac{\hbar^2}{2m}\frac{\mathrm{d}^2}{\mathrm{d}x^2} + V_j\right)\psi_j(x) = E\psi_j(x) \tag{14.17}$$

式(14.17)的通解为

$$\psi_j(x) = A_j^+ \mathrm{e}^{ik_jx} + A_j^- \mathrm{e}^{-ik_jx} \tag{14.18}$$

其中，$k_j = \frac{\sqrt{2m(E-V_j)}}{\hbar}$，$A_j^+$、$A_j^-$ 代表向前和向后平面波的振幅。

根据边界条件可决定系数 $A_{j-1}^\pm$ 和 $A_j^\pm$ 的关系。界面处的边界条件为

$$\psi_{j-1}(x)\big|_{x=x_j} = \psi_j(x)\big|_{x=x_j} \tag{14.19a}$$

$$\psi'_{j-1}(x)\big|_{x=x_j} = \psi'_j(x)\big|_{x=x_j} \tag{14.19b}$$

即

$$A_{j-1}^+ + A_{j-1}^- = A_j^+ + A_j^- \tag{14.20a}$$

$$A_{j-1}^{+}-A_{j-1}^{-}=\frac{k_j}{k_{j-1}}A_j^{+}-\frac{k_j}{k_{j-1}}A_j^{-} \tag{14.20b}$$

上面两个方程写成矩阵形式为

$$\begin{bmatrix}1 & 1\\ 1 & -1\end{bmatrix}\begin{bmatrix}A_{j-1}^{+}\\ A_{j-1}^{-}\end{bmatrix}=\begin{bmatrix}1 & 1\\ \dfrac{k_j}{k_{j-1}} & -\dfrac{k_j}{k_{j-1}}\end{bmatrix}\begin{bmatrix}A_j^{+}\\ A_j^{-}\end{bmatrix} \tag{14.21}$$

整理得

$$\begin{bmatrix}A_{j-1}^{+}\\ A_{j-1}^{-}\end{bmatrix}=\begin{bmatrix}1 & 1\\ 1 & -1\end{bmatrix}^{-1}\begin{bmatrix}1 & 1\\ \dfrac{k_j}{k_{j-1}} & -\dfrac{k_j}{k_{j-1}}\end{bmatrix}\begin{bmatrix}A_j^{+}\\ A_j^{-}\end{bmatrix} \tag{14.22}$$

即

$$\begin{bmatrix}A_{j-1}^{+}\\ A_{j-1}^{-}\end{bmatrix}=\mathbf{D}_j\begin{bmatrix}A_j^{+}\\ A_j^{-}\end{bmatrix}$$

其中

$$\mathbf{D}_j=\frac{1}{2}\begin{bmatrix}1+\dfrac{k_j}{k_{j-1}} & 1-\dfrac{k_j}{k_{j-1}}\\ 1-\dfrac{k_j}{k_{j-1}} & 1+\dfrac{k_j}{k_{j-1}}\end{bmatrix} \tag{14.23}$$

令

$$\begin{aligned}&\psi_j(x+d_j)=\tilde{\psi}_j(x)\\ &\Rightarrow A_j^{+}e^{ik_j(x+d_j)}+A_j^{-}e^{-ik_j(x+d_j)}=\tilde{A}_j^{+}e^{ik_jx}+\tilde{A}_j^{-}e^{-ik_jx}\end{aligned} \tag{14.24}$$

则

$$\begin{bmatrix}A_j^{+}\\ A_j^{-}\end{bmatrix}=\mathbf{P}_j\begin{bmatrix}\tilde{A}_j^{+}\\ \tilde{A}_j^{-}\end{bmatrix}$$

其中

$$\mathbf{P}_j=\begin{bmatrix}e^{-ik_jd_j} & 0\\ 0 & e^{ik_jd_j}\end{bmatrix} \tag{14.25}$$

所以

$$\begin{bmatrix}A_0^{+}\\ A_0^{-}\end{bmatrix}=\mathbf{D}_1\begin{bmatrix}A_1^{+}\\ A_1^{-}\end{bmatrix}=\mathbf{D}_1\,\mathbf{P}_1\begin{bmatrix}\tilde{A}_1^{+}\\ \tilde{A}_1^{-}\end{bmatrix}=\mathbf{D}_1\,\mathbf{P}_1\mathbf{D}_2\begin{bmatrix}A_2^{+}\\ A_2^{-}\end{bmatrix} \tag{14.26}$$

$$\begin{bmatrix}A_0^{+}\\ A_0^{-}\end{bmatrix}=\mathbf{Q}\begin{bmatrix}A_N^{+}\\ A_N^{-}\end{bmatrix}=\left(\prod_{j=1}^{N-1}\mathbf{D}_j\,\mathbf{P}_j\right)\mathbf{D}_N\begin{bmatrix}A_N^{+}\\ A_N^{-}\end{bmatrix} \tag{14.27}$$

设粒子由左入射，由此初始条件可令 $A_0^{+}=1$，另外势场右边没有反射波，所以 $A_N^{-}=0$。上式变成

$$\begin{bmatrix}1\\ A_0^{-}\end{bmatrix}=\begin{bmatrix}Q_{11} & Q_{12}\\ Q_{21} & Q_{22}\end{bmatrix}\begin{bmatrix}A_N^{+}\\ 0\end{bmatrix} \tag{14.28}$$

这样透射系数为

$$T = |A_N^+|^2 = \frac{1}{|Q_{11}|^2} \tag{14.29}$$

反射系数为

$$R = |A_0^-|^2 = \frac{|Q_{21}|^2}{|Q_{11}|^2} \tag{14.30}$$

14.3 隧穿电流

所有隧穿型器件中隧穿电流的计算都是核心问题，本节以一维半导体中齐纳隧穿电流的推导为例，介绍半导体隧道电流计算的要点。

齐纳击穿发生在反向偏置的重掺杂的 p^+n^+ 结中，如图 14.8 所示。

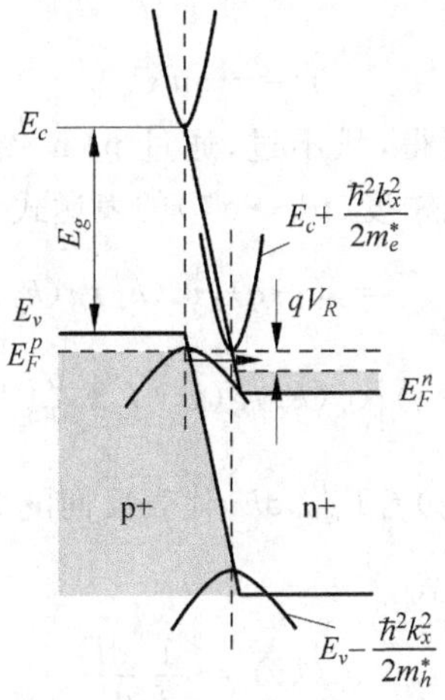

图 14.8　反向偏置的重掺杂的 p^+n^+ 结隧穿示意图

电子从 p^+ 区的价带隧穿进入 n^+ 区的导带，E_c、E_v 分别表示导带底和价带顶，E_F^p、E_F^n 分别表示 p^+ 区、n^+ 区费米能级。由于重掺杂，这两个费米能级已经分别进入 p^+ 区、n^+ 区的价带和导带。电子从 p^+ 区的价带隧穿进入 n^+ 区的导带的过程与一个电子隧穿通过一个三角势垒的过程很类似，此时三角势垒的高度为半导体的禁带宽度 E_g，三角势的斜率为电子电荷乘以电场 $\varepsilon_{\max}$，如图 14.9 所示。

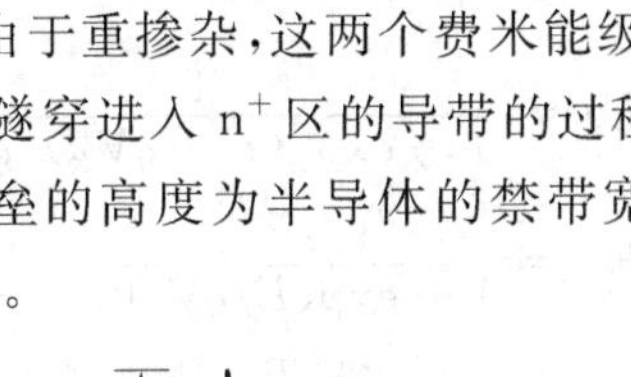

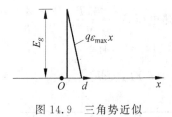

图 14.9　三角势近似

波矢量为

$$k_x(x) = \sqrt{2m^*(E - V(x))}/\hbar \tag{14.31}$$

这里 E 为粒子能量，m^* 为其有效质量，有

$$V(x) = E + q\varepsilon_{\max} x \quad (0 < x < d) \tag{14.32}$$

这里 $d = E_g / q\varepsilon_{\max}$。

由于 $V(x) > E$,波矢 $k_x(x)$ 为虚数,隧穿几率根据 WKB 近似为

$$T = \exp\left[-2\left|\int_0^d k_x(x)\mathrm{d}x\right|\right]$$

将波矢量的表达式代入,得

$$T_{WKB}^{1D} = \exp\left(-\frac{4\sqrt{2m^*}E_g^{2/3}}{3q\hbar\varepsilon_{\max}}\right) \tag{14.33}$$

对于一维(1D)直接带隙半导体材料构成的 p^+n^+ 结,m^* 实际上代表了其约化有效质量,即 $\frac{1}{m^*} = \frac{1}{m_n^*} + \frac{1}{m_h^*}$,其中 m_n^* 为电子有效质量,m_h^* 为空穴有效质量。$\varepsilon_{\max}$ 为结中的最大电场。

第 5 章曾给出电流密度公式

$$j = -qn\bar{v}_d$$

齐纳隧穿电流密度也可类似地获得,只不过,通过 p^+n^+ 结的电子浓度需要统计(积分)获得。对于 1D 情形,齐纳隧穿电流密度($p^+ \to n^+$)的表达式为

$$j^{1D} = j_{p^+\to n^+}^{1D} - j_{n^+\to p^+}^{1D} = (-q)\int v_g(k_x)g(k_x)(f_v - f_c)T_{WKS}^{1D}\mathrm{d}k_x \tag{14.34}$$

这个积分有两部分,$j_{p^+\to n^+}^{1D} = (-q)\int v_g(k_x)g(k_x)f_v T_{WKS}^{1D}\mathrm{d}k_x$ 代表从 p^+ 区到 n^+ 区的电流密度,而 $j_{n^+\to p^+}^{1D} = (-q)\int v_g(k_x)g(k_x)f_c T_{WKS}^{1D}\mathrm{d}k_x$ 代表反向隧穿的逆电流。计算电流的方法,即式(14.34)通常叫做 Landauer 公式。

$$v_g(k_x) = \frac{1}{\hbar}\frac{\mathrm{d}E}{\mathrm{d}k_x} \tag{14.35}$$

为群速度,$g(k_x) = 1/\pi$ 为一维态密度,f_v 和 f_c 为价带和导带电子的费米分布函数。$E_F^p - E_F^n = qV_R$,由于积分只与能级的相对宽度有关,所以可以令 $E_F^n = 0$,这样 $E_F^p = qV_R$,费米分布函数可写成

$$f_v(E) = \frac{1}{1 + \exp[(E - qV_R)/qV_t]}$$

$$f_c(E) = \frac{1}{1 + \exp(E/qV_t)}$$

其中,V_R 是反向偏置电压,V_t 为热电压,$V_t = \frac{k_0 T}{q}$。

将 f_v 和 f_c 等表达式代入式(14.34),有

$$\begin{aligned}
j^{1D} &= -\int qv_g(k_x)g(k_x)(f_v - f_c)T_{WKS}^{1D}\mathrm{d}k_x \\
&= -\int q\frac{1}{\hbar}\frac{\mathrm{d}E}{\mathrm{d}k_x}\frac{1}{\pi}\left(\frac{1}{1+\exp[(E-qV_R)/qV_t]} - \frac{1}{1+\exp(E/qV_t)}\right)T_{WKS}^{1D}\mathrm{d}k_x \\
&= -\frac{q}{\pi\hbar}T_{WKS}^{1D}\int\left[\left(1 - \frac{\exp[(E-qV_R)/qV_t]}{1+\exp[(E-qV_R)/qV_t]}\right) - \left(1 - \frac{1+\exp(E/qV_t)}{1+\exp(E/qV_t)}\right)\right]\mathrm{d}k_x \\
&= -\frac{q}{\pi\hbar}T_{WKS}^{1D}qV_t\left[\ln\left(1+\exp\frac{E-qV_R}{qV_t}\right) - \ln\left(1+\exp\frac{E}{qV_t}\right)\right]\Bigg|_{E=0}^{qV_R}
\end{aligned}$$

$$=-\frac{q^2}{\pi\hbar}T_{WKS}^{1D}V_t\left[\ln\frac{1}{2}\left(1+\cosh\frac{V_R}{V_t}\right)\right] \tag{14.36}$$

如果 $V_R \gg V_t$，隧穿电流可以表示成 $j^{1D}=-\frac{q^2}{\pi\hbar}T_{WKS}^{1D}(V_R-V_t\ln 4)$。进一步地，如果 $T=0\text{K}$，隧穿电流正比于反向偏压，$j^{1D}=-\frac{q^2}{\pi\hbar}T_{WKS}^{1D}V_R$。

【例】 根据第12章态密度的计算可得到，一维材料的态密度 $g^{1D}(E)=\frac{1}{\pi\hbar}\sqrt{\frac{m^*}{2E}}$。试证明 $g^{1D}(k_x)=1/\pi$。

证明：由于

$$g^{1D}(E)=\frac{1}{\pi\hbar}\sqrt{\frac{m^*}{2E}}$$

$$g^{1D}(E)\mathrm{d}E=\frac{1}{\pi\hbar}\sqrt{\frac{m^*}{2E}}\mathrm{d}E$$

$$E=\frac{\hbar^2k_x^2}{2m^*}$$

$$\mathrm{d}E=\frac{\hbar^2k_x}{m^*}\mathrm{d}k_x$$

$$g^{1D}(k_x)\mathrm{d}k_x=g^{1D}(E)\mathrm{d}E=\frac{1}{\pi\hbar}\sqrt{\frac{m^*}{2E}}\mathrm{d}E$$

$$=\frac{1}{\pi\hbar}\sqrt{\frac{m^*}{2\frac{\hbar^2k_x^2}{2m^*}}}\frac{\hbar^2k_x}{m^*}\mathrm{d}k_x=\frac{1}{\pi}\mathrm{d}k_x$$

$$g^{1D}(k_x)=\frac{1}{\pi}$$

14.4 半导体中的隧穿

半导体中的隧道效应有很多，例如 p^+n^+ 结的隧穿，或称齐纳隧穿，p^+n^+ 结的隧穿有负微分电阻效应，基于这个原理制成隧道二极管，也称“江崎二极管”。

另外，MIS 或 MOS 结构中的隧穿，会造成很大的栅极漏电流。对于这种结构中的隧穿，常用 Fowler-Nordheim 隧穿模型近似，这个模型最初是用来描写电子的场发射电流的，即解释电子从金属到真空的场发射电流大小。Fowler-Nordheim 隧穿电流与电场相关。Fowler-Nordheim 隧穿势垒是三角势垒，电子只是部分穿过介质（绝缘体）。一个修正的理论是所谓的直接隧穿，将三角势垒改成梯形势垒。

MIS结构的直接推广就是 MIM 结构，例如扫描隧道显微镜就是这样的结构：探针-样品-电极。常见的 MIM 结构是金属电极-薄膜-金属电极这样的结构。电荷在金属电极-薄膜-金属电极结构中的输运机制主要有直接隧穿、Fowler-Nordheim 隧穿、Schottky 发射效应、Poole-Frankel 效应、跳跃传导（Hopping conduction）及空间电荷限制（SCLC）效应等。如果介质层包含有非理想性结构，如不纯原子导致的缺陷，那么这些缺陷将扮演电子陷阱的作用，诱陷电子的场加强热激发将产生电流，此即为 Poole-Frankel 效应。

MIM 结构隧穿电流中一个著名的公式是 Simmons 公式。这个公式还可以应用到 FM-NM-FM(铁磁-非磁-铁磁)结构的隧穿电流计算中,因此非常有用。

14.4.1 p^+n^+ 结隧穿: 齐纳隧穿

1958 年江崎(L. Esaki)在他的博士论文工作中,研究了应用于高速双极晶体管的锗重掺杂 pn 结,其中需要窄的和重掺杂的基区。江崎在此过程中发明了"隧道二极管",这种二极管常常称为"江崎二极管"。1973 年,江崎因为在隧道二极管方面的开创性工作,获得了物理学诺贝尔奖。后来,其他研究人员采用其他材料也做出了隧道二极管。

隧道二极管的主要引人瞩目之处,除了其负微分电阻(负阻)以外,是高速工作。因为它是一种多子器件,不受少子存储效应的影响。量子力学隧穿的固有高速工作机理,使它不受漂移传输时间限制。隧道二极管的缺点是:(1)由于隧穿电流小,振荡器的功率低;(2)因为它是两端器件,没有输入和输出隔离;(3)器件的重复性特别是集成电路的重复性有些问题。尽管这种器件在 20 世纪 60 年代看起来有发展希望,但实际应用却并不理想。在振荡器应用方面,它已经被转移电子器件(TED)和碰撞电离雪崩渡越时间二极管(IMPATT)取代;在开关元件应用方面,它也被场效应晶体管取代。通常,它仅在微波低噪声放大器方面得到非常有限的应用。

对于如图 14.9 所示的势场,假设价带全被电子占据而导带全空,即 $f_v - f_c = 1$ 时,可得三维(3D)半导体中齐纳隧穿电流密度为($n^+ \rightarrow p^+$)

$$j = \frac{\sqrt{2m^*}\, q^3 \varepsilon_{\max} V_R}{8\pi^2 \hbar^2 E_g^{1/2}} \exp\left(-\frac{4}{3}\frac{\sqrt{2m^*}\, E_g^{3/2}}{\hbar\, q \varepsilon_{\max}}\right) \tag{14.37}$$

式(14.37)中各符号的说明详见 14.3 节。

14.4.2 MIS(MOS)隧穿: Fowler-Nordheim 隧穿

当一个较大的电压加在金属(多晶硅)/氧化物(比如二氧化硅)/半导体(比如硅)结构上的时候,氧化层中的势垒会变得很陡峭。半导体导带中的电子所面对的是一个依赖于外加电压的三角形势垒。在足够高的电压下,势垒的宽度变得如此之小,以至于电子能够穿越势垒从半导体的导带进入氧化物的导带。应用自由电子模型和 WKB 近似来计算隧穿几率,可以得到 Fowler-Nordheim(FN) 隧穿电流密度的表达式为

$$j = \frac{q^2}{16\pi^2 \hbar\, \phi_{ox}} \varepsilon^2 \exp\left(-\frac{4}{3}\frac{\sqrt{2qm^*}\, \phi_{ox}^{3/2}}{\hbar}\frac{1}{\varepsilon}\right) \tag{14.38}$$

其中,ε 为氧化层中的电场强度,m^* 为氧化层中的电子有效质量,$q\phi_{ox}$ 为电子在半导体和绝缘层(氧化层)界面的势垒高度,如图 14.10 所示。FN 隧穿电流的最大特点是随氧化层中的电场强度 ε 指数增大。FN 隧穿电流密度也可表示为

$$j = A\varepsilon^2 \exp\left(-\frac{B}{\varepsilon}\right) \tag{14.39}$$

FN 隧穿不仅形式简洁,更重要的是在过去的几十年中,人们对它进行了详尽的研究,其应用也非常广泛。

直接隧穿就是用梯形势垒代替上面的三角形势垒,结果是对式(14.38)的修正。注意:修正后的电流表达式有很多种,例如

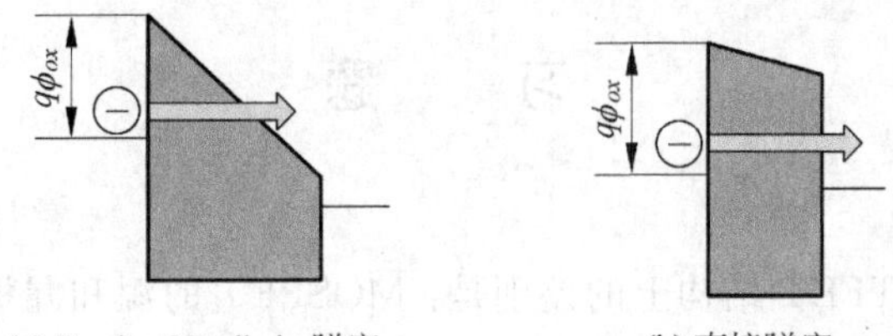

(a) Fowler–Nordheim隧穿　　(b) 直接隧穿

图 14.10　隧穿

$$j=\frac{q^2}{16\pi^2\hbar\,\phi_{ox}}\frac{1}{\Bigg[1-1-\frac{V_{ox}}{\phi_{ox}}\Bigg)^{1/2}\Bigg]^2}\varepsilon^2\exp\Bigg(-\frac{4}{3}\frac{\sqrt{2qm^*}(\phi_{ox})^{3/2}}{\hbar}\Bigg[1-\left(1-\frac{V_{ox}}{\phi_{ox}}\right)^{3/2}\Bigg]\frac{1}{\varepsilon}\Bigg) \tag{14.40}$$

直接隧穿和 FN 隧穿都属于非共振遂穿，电流大小均和温度无关，其中直接隧穿适用于氧化层较薄的小电压范围，FN 隧穿适用于氧化层较厚的较高电压范围。

14.4.3　MIM 隧穿：Simmons 公式

MIM(金属-绝缘体-金属)结构，也称 MIM 二极管。这种结构中隧穿电流的计算普遍采用 Simmons 隧穿电流公式。MIM 的结构如图 14.11 所示。其中，t_b 为 I 层(绝缘层)厚度，$q\bar{\phi}$为平均势垒高度。

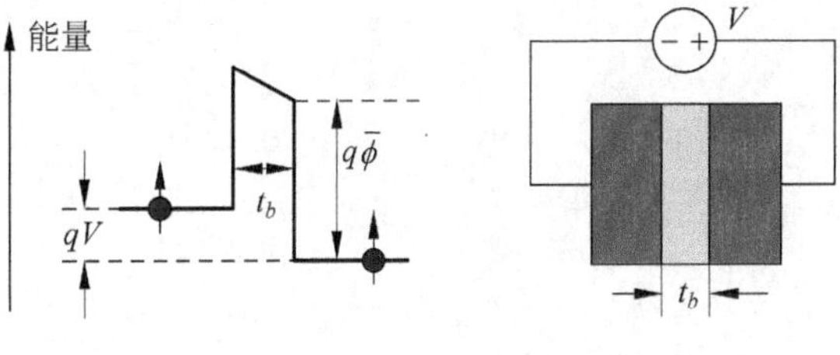

图 14.11　Simmons 模型

Simmons 隧道电流密度可用下式描述($T=0$K)

$$j=J_0\{\bar{\phi}\exp(-A\bar{\phi}^{\frac{1}{2}})-(\bar{\phi}+V)\exp[-A(\bar{\phi}+V)^{\frac{1}{2}}]\} \tag{14.41}$$

其中，$A=\frac{4\pi t_b^*\sqrt{2m^*q}}{h}$、$J_0=\frac{q^2}{2\pi h t_b^{*2}}$皆为与外加偏压无关的常数，$t_b^*$ 为隧穿中有效势垒宽度。这个公式有两部分：第一部分 $J_0\bar{\phi}\exp(-A\bar{\phi}^{\frac{1}{2}})$可看成是从左到右的正向电流密度，第二部分 $J_0(\bar{\phi}+V)\exp[-A(\bar{\phi}+V)^{\frac{1}{2}}]$是从右到左的反向电流密度。式(14.41)给出的电流电压关系呈现非线性，但没有负阻特性。高场下这个公式可退化成 FN 隧穿电流公式。

习　题

以下是判断题。

(1) MOSFET 和 TFET 结构上的差别是：MOSFET 的源和漏极是极性相同的(如 p^+ 和 p^+)，而 TFET 的源和漏极是极性相反的(如 p^+ 和 n^+)。（　）

(2) 根据 WKB 理论，隧穿几率可写成 $T=\exp\left[-2\int_{x_1}^{x_2}k(x)\mathrm{d}x\right]$，这里 x_1 和 x_2 是转折点。（　）

(3) 如果假设价带全被电子占据而导带全空，则有 $f_v-f_c=1$。（　）

(4) 上题中，价带全被电子占据而导带全空的意思是 $E_F^p=E_v$、$E_F^n=E_c$。（　）

(5) 根据公式 $T_{WKB}^{1D}=\exp\left(-\frac{4\sqrt{2m^*}E_g^{2/3}}{3q\hbar\varepsilon_{\max}}\right)$ 可知，锗更适合用作 TFET 而硅不适合，因为锗的禁带宽度比硅的小。（　）

习题参考答案

第 1 章

(1) (1,2,4)　(2) (8)

第 2 章

(1) B　(2) B　(3) A　(4) B　C　E　(5) A　C　F

第 3 章

(1) 错　(2) 错　(3) 对　(4) 错　(5) 对

第 4 章

(1) (1/2)　(2) ($1-f(E)$)　(3) 式(2.10)、式(4.4)　(4) (连续)　(5) (导带底)

第 5 章

(1) B　(2) A　(3) B　(4) C　(5) D

第 6 章

(1) D　(2) B　(3) C　(4) C　(5) A

第 7 章

(1) 小 大　(2) 单向导电性 大于 变窄　(3) 电阻　(4) 加强　(5) 多数　扩散

第 8 章

(1) A　B　(2) A　(3) B　(4) B　(5) A

第 9 章

(1) A　(2) B　(3) C　(4) A　(5) D

第 10 章

(1) 对　(2) 对　(3) 错　(4) 对　(5) 对

第 11 章

(1) YAG　黄　(2) 黄　紫　380～780　(3) B　(4) C　(5) D

第 12 章

简单能带模型，$E(k)=E_c+\dfrac{\hbar^2k^2}{2m^*}$，$\{m^*\}$各向同性。

(a) 单位体积晶体(即 $V=1$)计入自旋、反自旋两个状态，在 $\boldsymbol{k}$ 空间的态密度为 $g(\boldsymbol{k})=2/(2\pi)^3$。

由于$\{m*\}$各向同性，$\boldsymbol{k}$ 空间等能面是球形，体积是$(4/3)\pi k^3$，乘以 $\boldsymbol{k}$ 空间态密度 $g(\boldsymbol{k})$ 得到：$Z=(4/3)\pi k^3\times2/(2\pi)^3$。

(b) 由 $E(k)=E_c+\dfrac{\hbar^2k^2}{2m^*}$ 得到：$k=\dfrac{\sqrt{2m^*\varepsilon}}{\hbar}$(其中 $\varepsilon=E-E_c$)代入 Z 的表达式，有$Z=\dfrac{4\pi}{3}\cdot\dfrac{(2m^*)^{\frac{3}{2}}}{(\hbar)^3}\cdot\dfrac{2}{(2\pi)^3}\cdot(\varepsilon)^{\frac{3}{2}}$。

(c) 对上面 Z 的表达式求导得到：$\dfrac{dZ}{dE}=\dfrac{4\pi(2m^*)^{\frac{3}{2}}}{h^3}\cdot\varepsilon^{\frac{1}{2}}$，即 $g_c(E)=\dfrac{4\pi(2m^*)^{\frac{3}{2}}}{h^3}\cdot\varepsilon^{\frac{1}{2}}$

（其中 $h=2\pi\hbar$）。

第 13 章

磁场中的电子溜边儿走哇：量子霍尔效应中对量子电导有贡献的是边界态，也就是说导电电子是在材料的边界上走的。

一边儿转圈儿，一边儿走哇：量子霍尔效应的实质是在强磁场中电子的运动形态发生变化，由具有一定速度的直线运动变为在垂直磁场平面中的圆周运动。

量子效应无厘头哇：量子霍尔效应是体系态密度在磁场下量子化的结果，只能在量子力学的框架下解释。

没有磁场也能走哇：反常霍尔效应、自旋霍尔效应不需要磁场。

第 14 章

（1）对　（2）对　（3）对　（4）对　（5）对

参考文献①

一、晶体学

[1] 秦善.晶体学基础[M].北京：北京大学出版社,2004.

[2] 罗谷风.结晶学导论[M].北京：地质出版社,1985.

二、固体物理学

[1] 黄昆,韩汝琦.固体物理学[M].北京：高等教育出版社,1988.

[2] H E Hall.固体物理学[M].北京：高等教育出版社,1983.

三、半导体物理学

[1] 刘恩科,朱秉升,罗晋生.半导体物理学[M].第7版.北京：电子工业出版社,2011.

[2] 钱佑华,徐至中.半导体物理[M].北京：高等教育出版社,2003.

[3] 冯文修.半导体物理学基础教程[M].北京：国防工业出版社,2005.

[4] 陈治明,雷天民,马剑平.半导体物理学简明教程[M].北京：机械工业出版社,2011.

[5] 彭英才,赵新为,傅广生.低维半导体物理[M].北京：国防工业出版社,2011.

[6] 虞丽生.半导体异质结物理 [M].第2版.北京：科学出版社,2006.

四、材料学

[1] 赵奕斌.半导体材料浅释[M].北京：化学工业出版社,1999.

[2] 杨树人,王宗昌,王兢.半导体材料[M].第3版.北京：科学出版社,2013.

[3] 郭子政,云国宏.那么小,那么大：为什么我们需要纳米技术？[M].北京：清华大学出版社,2015.

[4] Donglu Shi, Zizheng Guo, Nicholas Bedford. Nanomaterials and Devices[M].北京：清华大学出版社,2015.

[5] 郭子政,时东陆.纳米材料和器件导论[M].第2版.北京：清华大学出版社,2010.

[6] 朱静.纳米材料和器件[M].北京：清华大学出版社,2003.

[7] (英)马克·米奥多尼克.迷人的材料[M].赖盈满.北京：北京联合出版公司,2015.

[8] 樊慧庆.电子信息材料概述[M].北京：国防工业出版社,2012.

[9] 王国梅,万发荣.材料物理[M].武汉：武汉理工大学出版社,2004.

[10] 韦丹.材料的电磁光基础[M].第2版.北京：科学出版社,2009.

五、半导体器件

[1] 曾树荣.半导体器件物理基础[M].北京：北京大学出版社,2002.

[2] (美)S M Sze, Kwok K Ng .半导体器件物理[M].耿莉,张瑞智.第3版.西安：西安交通大学出版社,2008.

[3] 孟庆巨,刘海波,孟庆辉.半导体器件物理[M].第2版.北京：科学出版社,2009.

[4] 彭英才,赵新为,傅广生.低维量子器件物理[M].北京：科学出版社,2012.

[5] 傅英,陆卫.半导体量子器件物理[M].北京：科学出版社,2005.

[6] (日)涩谷道雄.漫画半导体[M].滕永红.北京：科学出版社,2010.

[7] (日)水野文夫.图解半导体基础[M].彭军.北京：科学出版社,2007.

[8] (日)菊地正典.科技时代的先锋：半导体面面观[M].史迹,谭毅.北京：科学出版社,2012.

[9] 靳瑞敏.太阳能电池原理与应用[M].北京：北京大学出版社, 2011.

[10] (英)Tom Markvart, (西)Luis Castaner.太阳电池：材料、制备工艺及检测[M].梁骏吾.北京：机械工业出版社,2009.

[11] 潘立阳, 朱钧.Flash存储器技术与发展[J].微电子学,2002,32(1):1.

---

① 编辑注：参考文献按类别列出。

六、微电子学

[1] 郝跃,贾新章,吴玉广.微电子概论[M]. 北京:高等教育出版社,2003.

[2] 曹培栋,亢宝位.微电子技术基础[M]. 北京:电子工业出版社,2001.

[3] 张兴,黄如,刘晓彦.微电子学概论[M]. 北京:北京大学出版社,2000.

[4] 康光华,陈大钦.电子技术基础(模拟部分)[M]. 第4版.北京:机械工业出版社,1999.

[5] 江文杰,施建华.光电技术[M]. 北京:科学出版社,2009.

[6] (美)Gary S M, Simon M S,施敏. 半导体制造基础[M]. 代永平.北京:人民邮电出版社,2007.

七、物理学史

[1] 郭奕玲,沈慧君. 物理学史[M]. 北京:清华大学出版社,2005.

八、电子学史

[1] 张天蓉.电子,电子!谁来拯救摩尔定律?[M]. 北京:清华大学出版社,2014.

[2] (美)迈克尔·斯韦因.硅谷之火[M]. 王建华. 北京:机械工业出版社,2001.

[3] Ralph K Cavin, Ⅲ, Paolo Lugli, Victor Ⅴ Zhirnov. Science and Engineering Beyond Moore's Law [J]. Proceedings of the IEEE, 2012,100: 1720.

九、金属-半导体接触

[1] 陈克铭.目前金属-半导体肖特基势垒形成机理的新进展[J]. 物理,1982,11(8):490.

[2] 潘士宏. 肖特基势垒形成的研究[J]. 物理,1987,15(11):653.

[3] 王光伟,郑宏兴,徐文慧,杨旭.金属/半导体肖特基接触模型研究进展[J]. 真空科学与技术学报, 2011,31(2): 149.

[4] Freeouf J L, Woodall J M. Schotty barriers: An effective work function model[J]. Appl Phys Lett. 1981, 39(9): 727-729.

[5] Tung T R. Chemical bonding and Fermi level pinning at metal-semiconductor interface[J]. Phys Rev Lett. 2000, 84: 6078-6081.

[6] Tung Raymond T. The physics and chemistry of the Schottky barrier height[J]. Applied Physics Reviews, 2014, 1:011304.

十、自旋电子学

[1] Datta, S, Das B. Electronic analog of the electro-optic modulator[J]. Appl. Phys. Lett., 1990, 56: 665-667.

[2] Awschalom D D, Flatté M E. Challenges for semiconductor spintronics[J]. Nature Phys., 2007, 3: 153-159.

[3] Thomas N. Theis and Paul M. Solomon. It's Time to Reinvent the Transistor! [J]. Science, 2010, 327: 1600.

[4] Seongshik Oh. The Complete Quantum Hall Trio[J]. Science, 2013, 340: 153.

[5] Jairo Sinova, Sergio O. Valenzuela, J. Wunderlich, C. H. Back, T. Jungwirth. Spin Hall effects[J]. Reviews Of Modern Physics, 2015, 87(4): 1213(47).

十一、量子隧穿

[1] 郭子政,江燚,王林,陈杨. MTJ 和 TFET 中隧道电流的计算及研究进展[J]. 信息记录材料, 2014,15(5): 52-57.

[2] 韩忠方. 隧穿场效应晶体管的模拟研究[D]. 复旦大学, 2012.

[3] 焦广泛. 隧穿场效应晶体管和 InGaAs 场效应晶体管的可靠性研究[D]. 复旦大学, 2012.

[4] Zhang Qin. Interband Tunnel Transistors [D]. The University of Notre Dame, Indiana, USA, 2009.

[5] Simmons John G. Generalized formula for the electric tunnel effect between similar electrodes separated by a thin insulating film[J]. J. Appl. Phys., 1963, 34: 1793.

[6] Simmons, J G. Electric tunnel effect between dissimilar electrodes separated by a thin insulating film [J]. J. Appl. Phys. 1963, 34: 2581-2590.

[7] Q Zhang, W Zhao and A Seabaugh. Low-Subthreshold-Swing Tunnel Transistors[J]. IEEE Electron Device Lett. 27, 297 (2006).

[8] Juan C Ranua'rez, M J Deen, Chih-Hung Chen. A review of gate tunneling current in MOS devices [J]. Microelectronics Reliability 46 (2006) 1939-1956.

Simmons J G. The electric tunnel effect between dissimilar electrodes separated by a thin insulating film. J. Appl Phys 1963, 34: 2581-2590.

Zhang Q, W Zhao and A Seabaugh. Low-Subthreshold-Swing Tunnel Transistors. IEEE Electron Device Letters, 27: 297 (2006).

[illegible] M [illegible]. [illegible] gate tunneling current in MOS devices. Microelectronics Reliability 40 (2000) [illegible].